河海大学重点立项教材

垃圾填埋场（池）

——选址、设计与稳定性分析

孙树林　尚文涛　阮晓波　杨正玉　编著

河海大学出版社

HOHAI UNIVERSITY PRESS

·南京·

图书在版编目(CIP)数据

垃圾填埋场(池):选址、设计与稳定性分析 / 孙树林等编著. -- 南京 : 河海大学出版社, 2024. 12.
ISBN 978-7-5630-9522-3

Ⅰ. X705

中国国家版本馆 CIP 数据核字第 2025J5N632 号

书　　名	垃圾填埋场(池)——选址、设计与稳定性分析	
	LAJI TIANMAICHANG(CHI)——XUANZHI、SHEJI YU WENDINGXING FENXI	
书　　号	ISBN 978-7-5630-9522-3	
责任编辑	成　微	
特约编辑	殷　梓	
特约校对	徐梅芝　朱　麻	
装帧设计	徐娟娟	
出版发行	河海大学出版社	
网　　址	http://www.hhup.com	
地　　址	南京市西康路 1 号(邮编:210098)	
电　　话	(025)83737852(总编室)　(025)83722833(营销部)	
经　　销	江苏省新华发行集团有限公司	
排　　版	南京布克文化发展有限公司	
印　　刷	广东虎彩云印刷有限公司	
开　　本	710 毫米×1000 毫米　1/16	
印　　张	15.75	
字　　数	290 千字	
版　　次	2024 年 12 月第 1 版	
印　　次	2024 年 12 月第 1 次印刷	
定　　价	64.00 元	

前言

　　随着国民经济与基建行业的高速稳健发展,我国每年产生的城市生活垃圾、建筑垃圾以及工业固体废弃物等总量可达 70 亿 t。虽然有多种方式处置这些废弃物,如焚烧、回收利用以及堆肥等,但是填埋仍然是一种重要的处置方式。据 2019 年 4 月 22 日生态环境部"无废城市"建设的新闻报道,截至 2018 年 5 月,我国工业固体废物历史累计堆存量超过 600 亿 t,占地面积超过 200 万 hm^2,它的最高堆填高度已达 300 m。由于堆填高度及其他因素的共同作用,填埋场每年均有失稳事件发生,这不但造成人员伤亡和财产损失,而且导致地表环境污染。

　　填埋场通过安全可靠的封闭屏障,将废弃物与环境相隔离。当隔离功能退化时,填埋场的安全运营将受到严峻的挑战;而功能退化的影响因素通常包括内部与外部两方面。对于内部影响因素,主要考虑到废弃物自身的物理化学特性,这些特性会导致废弃物随时间变化而产生不利于填埋场安全运营的渗滤液与填埋气。若渗滤液的导排与收集系统出现故障,渗滤液会在填埋体内富集,这会影响到填埋体的稳定,甚至会对地下水造成严重污染。填埋气包括甲烷、二氧化碳,同时还含有恶臭气体,这些气体的泄漏,不但会对周围环境造成破坏,还会污染大气,加剧温室效应。对于外部影响因素,主要考虑填埋场的选址及其外部环境特征,比如是否存在多雨天气以及潜在的地震灾害等。降雨会使填埋场的入渗量增加、渗滤液水位升高,产生雨水与渗滤液在填埋场内富集一致的不良后果。地震对于抗震设计不足的填埋场来说,会使其失稳,导致废弃物暴露,造成环境污染。

　　随着垃圾填埋场行业的快速发展,我们深感有必要编写一本与时俱进的教材,帮助读者掌握相关的理论和实践知识。本书旨在介绍垃圾填埋场(池)的选址、设计以及稳定性分析,为建造安全可靠运营的垃圾填埋场(池)提供理论基础与实践应用知识,适用于地质工程、土木工程和环境工程等专业的学生及相关从业人员学习参考。

本教材由多位在该领域有丰富教学和研究经验的专家共同编写。内容包括:第一章分析废弃物的特性及处置策略(孙树林、杨正玉);第二章介绍填埋场的选址与设计要求(孙树林、杨正玉);第三章重点讲述填埋场的衬垫系统,即低渗透性土壤衬垫与土工合成材料衬垫(孙树林、杨正玉);第四章介绍填埋场渗滤液的导排系统(孙树林、杨正玉);第五章介绍填埋场气体的收集系统(孙树林、杨正玉);第六章介绍填埋场的最终覆盖系统(孙树林、杨正玉);第七章介绍生物反应器填埋场(孙树林、杨正玉);第八章探讨填埋场静力稳定分析方法(阮晓波);第九章探讨了填埋场地震稳定分析方法(尚文涛);第十章介绍地表污水池(孙树林、杨正玉);第十一章介绍地下水监测系统(孙树林、杨正玉);第十二章介绍填埋场关闭后的场地利用(孙树林、杨正玉)。

本教材为河海大学重点立项教材,由河海大学资助出版。衷心感谢河海大学教务处对本书出版的支持!

书中难免存在不足之处,恳请广大读者批评指正,以便我们进一步完善。

作者

2024 年 10 月

目 录

Contents

第 1 章

废弃物的特性及处置策略

什么是废物？总的来说，废物是生活和文明的产物，是物料有用的部分被分离或消耗后的剩余部分，是可以被随意使用、烧毁、填埋或倒进下水道的东西。从经济学角度看，废物是现今生活或生产中可利用价值小于其本身价值的材料。从管理学观点看，废物是那些被废弃或不能发挥其原始功能的材料。

1.1 废弃物的来源

废弃物的主要来源有六种：清淤和灌溉；采矿和采石；农业和牧业；住宅、商业和公共团体；工业；核能和核防御。

（1）清淤和灌溉

清淤包括将水路、海港或灌渠中的淤泥和沉积物移除，以保持通畅或正确流向。淤泥和沉积物中可能含有工业和农业排放的有害物质。

（2）采矿和采石

采矿是为了获取煤炭和石油以及各种金属和非金属矿产。采矿产生的废弃物是采矿活动的副产品，通常被称为尾矿，由淤泥、细沙或其他聚合物组成。采石是获取岩石、碎石和砂子的活动。采集的材料常被用在工业和建筑业中，作为建筑石材、水泥制品和屋面材料等等。

（3）农业和牧业

农业、牧业或日常活动产生的废弃物主要是变质的食物、多余的作物废料和使用的化学试剂或杀虫剂。

（4）住宅、商业和公共团体

住宅、商业、公共团体、建筑或拆除活动、市政业务、污水处理厂或垃圾焚烧厂是废弃物的主要来源（表1.1）。

表 1.1 某社区的废弃物来源

来源	废弃物主要产生的设施、活动或地点	废弃物的种类
住宅	单独和多户分离的住户；底层、中层、高层公寓；等等	食品废物、纸、硬板纸、塑料、纺织品、皮革、庭院废物、木料、玻璃、罐头瓶、金属、灰烬、街道落叶、特别废物（包括消费电子产品、电池、油和轮胎）、家庭有害废物等等
商业	商店、酒店、市场、办公楼、旅馆、印刷店、服务站、修理站等等	纸、硬板纸、塑料、木料、食品废物、玻璃、金属、特别废物（包括消费电子产品、电池、油和轮胎）、有害废物等等

来源	废弃物主要产生的设施、活动或地点	废弃物的种类
公共机构	学校、医院、监狱、政府	同上
建设或拆除活动	新建工程、道路维修、拆除建筑、破除路面	木料、铁、混凝土、尘埃等等
市政业务（不包括处理设施）	街道清洁、环境美化、集水槽清洁、公园和海滩、其他康乐场地	垃圾、街尘、景观辅料、集水槽碎屑；公园、海滩、其他休闲区的废物
污水处理厂或垃圾焚烧厂	水、废水和工业的处理程序等等	主要由污泥残渣组成的工厂废物

（5）工业

工业企业提供服务并生产种类繁多的产品和材料。一些大型工业企业是工业废物的主要来源，其产生环节涵盖工业建设和拆除、装配制造等生产活动，涉及轻工业、重工业、化工厂和非核电站。

工业固体废物是在工业生产活动中产生的固体废物，通常也被称为工业废物，如高炉渣、钢渣、赤泥、有色金属渣、粉煤灰、煤渣等。

（6）核能和核防御

尽管某些机构产生的核废物是很少的，但这些核废物的辐射是危险的。加之暴露的放射性材料的毒性效应还在研究之中，其对于长期健康和环境的影响也使核废物的安全处理格外困难。

1.2 废弃物的分类

1.2.1 按性质分类

按性质不同，废弃物可被分为：一般废弃物和危险废弃物。一般废弃物，是指危险废弃物以外的废弃物，如废纸、厨余垃圾等；危险废弃物，也被称为有害废弃物，是指对人体健康或环境造成现实危害或潜在危害的废弃物，或指列入国家危险废物名录或者根据国家规定的危险废物鉴别标准和鉴别方法认定的具有危险特性的废物。我国将具有易燃性、易爆性、放射性、腐蚀性、反应性、传染性等六种危险特性的废弃物视为危险废物，如废弃的强酸液、强碱液等。

（1）有害废物

有害废物包含多种化合物和材料，是指固体废物或组合固体废物，由于其质量、浓度、物理、化学或传染特性可能造成：①死亡率增长或人体严重的不可逆改变，或功能丧失，疾病；②对环境潜在的毒害。

表 1.2　有害废物分类

特性	注意事项
可燃性	(1) 液体，乙醇浓度低于 24%、燃点低于 60℃（140℉）水溶液除外；(2) 在通常状况下稳定且能持续燃烧的非液体
腐蚀性	(1) pH 小于等于 2 或大于等于 12.5 的含水材料；(2) 在温度 54℃（约 130℉）下腐蚀速度大于 0.25 in/a① 的可腐蚀钢铁的液体
反应性	(1) 在通常状况下不稳定、起剧烈反应、无爆炸的固体废物；(2) 与水接触发生剧烈反应；(3) 能够与水结合形成爆炸混合物；(4) 与水混合时产生有毒气体、蒸气、烟雾；(5) 含有氰化物或硫化物，当 pH 在 2～12.5 时产生有毒气体、蒸气、烟雾；(6) 经封闭加热或强力影响会产生爆炸；(7) 在标准温度和压力下可能发生爆炸
经毒性特性溶出程序测试定性的毒性	(1) 如果废物为液体（即：物体物质含量小于 0.5%），经过过滤，过滤液为废物；(2) 如果废物中固体材料含量大于 0.5%，将固相与液相分离，必要的话，物体粒度需小到通过 9.5 mm 的筛；(3) 对于不可挥发固体，将固相置于酸环境中，以 30 r/min 的速度旋转 18 h，溶液的 pH 大约为 5，除非固体加基础溶液（pH 可用 3），经过萃取，固体被过滤后弃去；(4) 对于可挥发分析，溶液 pH 可用 5，零顶空萃取器可用于固液分离、搅拌、过滤；(5) 将固体酸性混合物的浸出液与从固体材料中分离出的原始液体结合用来分析指定污染物的效果

若一种固体废物符合下列条件就是有害的：①它显示出表 1.2 中的任何特性；②已经在规章条例中被称为有害废物；③有害废物和无害废物组成的混合物；④由处理、储存、处置有害废物产生的废物。

有害废物的来源分为三类：①非特异性来源的废物，包括制造业等在生产活动中产生的普通废物，如脱脂中使用的卤化溶剂、电镀过程中产生的污水处理污泥、二氧苣等；②特别来源的废物，来自木材防腐、石油加工和有机化工生产等特殊工业，如污泥、废水、残留物；③化工产品废物，由化工产品生产和制造产生的，如氯仿、各种酸性液体、农药。

（2）放射性废物

放射性废物根据其特点分为四类：①高放射性废物（HLW）；②超铀元素（TRU）废物；③低放射性废物（LLW）；④尾矿。不同的放射性废物以不同的速率衰变，但是对人类和环境的健康危害可能会持续上百甚至上千年。

注：① 1 in＝2.54 cm。

超铀元素废物主要产生于对消耗的核燃料再处理和防御工程中的核武器的制造，其特点是有中等贯穿辐射和大于 20 年的半衰期。

低放射性废物包含放射性废料残余，占放射性废物总量的 80%，但其放射性只占大约 2%。低放射性废物的来源除了之前提到的高放射性废物和超铀元素废物的来源，还包括医院、工业厂房、大学和商业实验室。低放射性废物危险性比高放射性废物低得多，一些低放射性的废物可以排放到环境中。低放射性废物也可贮存或掩埋直到其同位素衰减到可以像普通废物那样排放。

尾矿是采矿和从矿物中提取铀的过程中产生的基础残余。这些废物放射出低辐射水平的辐射，大多被掩埋来减少废物泄漏。

（3）医疗废物

医疗废物有七类：①微生物类废物（包括感染废物和可导致人类疾病的相关生物制剂）；②人类血液和血液制品（包括血清、血浆和其他血液成分）；③人体自身的病理性废物（包括人体组织、器官、手术或解剖中分离的肢体部分）；④受污染的动物废物（包括动物尸体、肢体、传染研究机构医学研究期间使用的动物笼舍、制药测试中产生的生物制剂）；⑤感染性废物（包括可使动物或人感染高致病性传染病的废物）；⑥受感染的利器（包括注射针、解剖刀、碎玻璃等）；⑦受污染的利器。

医疗废物只是所有废物中的一小部分，估计最多占 2%。城市固体废物中的病原体可能来自卫生巾、一次性尿片、面巾纸等等。而医疗废物含有更高浓度的病原体。

现在处理医疗废物的趋势是焚毁，像大多废物一样。焚毁可以减小医疗废物体积，杀菌消毒。焚毁的缺点在于可能产生二噁英或有毒灰烬，造成空气污染。目前，处理医疗废物（传染性）的新方法还在探索中，包括放射、微波、高压灭菌、医疗或化学消毒。

1.2.2　按状态分类

按状态不同，废弃物可被分为：固体废弃物、液体废弃物和气体废弃物。①气体废弃物（gaseous waste）包括工厂烟尘、汽车尾气等；②液体废弃物（liquid waste）包括生活污水、工业废水、有机溶剂、废酸、废碱等；③固体废弃物（solid waste），亦称固体废物、垃圾（garbage），包括城市生活垃圾、粉煤灰、渣土、包装材料等。

固体废物是指任何来自废物处理厂、供水处理厂或空气污染控制设施的垃圾、废料、污泥和其他废弃的材料，包括来自工业、商业、农业和社区活动的固体、液体、半固体或包含气体的材料。固体废物可被分为：①家庭固体废物；②商业固体废物;③工业固体废物。家庭固体废物来自家庭、旅馆、露营场地、野餐场地等等;商业固体废物来自商店、办公室、餐馆、仓库和其他非加工工业生产活动。家庭固体废物和商业固体废物一起被称为城市固体废物。

1.3 废弃物的性质

1.3.1 化学性质

化学性质的确定需要明确废物自身、浸出液或两者的化学成分。

（1）块体废物的化学性质

对块体废物进行操作分析的目的在于确定废物自身的化学成分。一般通过研磨,必要时与不同的酸或碱溶液混合搅拌,滤出废物中的成分。一旦成分溶于溶液,可用不同标准的化学分析程序鉴定化学成分的种类和含量。

（2）浸出液的化学性质

浸出液是指降水、地表水或地下水流经废物,使其中的物质溶解或悬浮之后,滤出的液体。浸出液可能极具危险性和腐蚀性,所以要避免它未经处理就进入环境。对从废物处理设施中取得的浸出液样品进行化学分析,可以得出不同化学成分的种类和含量。如果无法获得浸出物,可以用不同的提取程序来制作相似的浸出液。

1.3.2 物理性质

城市废物的典型物理性质,包括颗粒大小和粒径分布、孔隙率、含水率、田间持水量、凋萎系数、容重、饱和渗透系数、抗剪强度和压缩指标等。

（1）颗粒大小和粒径分布

在评估生物转化和再利用时,要考虑颗粒大小、粒径分布和形状等废物中各成分的特性。如果废物成分颗粒大小与土粒大小相似,那么标准筛和液体比重计法可以被用来确定粒径分布。然而,像城市固体废物这样的含有大块固体的废物,不能用土壤颗粒分析方法。在这种情况下,废物成分的大小由测得的长、宽和高定义。废物成分的形状,通常被描述为圆柱体、球体或板形。城市固体废物大小一般在1~20 in。

（2）孔隙率

对于压实的城市固体废物,成分的孔隙率(n)在0.40~0.62。作为对照,压实土的孔隙率(n)大约为0.40,发电厂煤炭燃烧产生的扬尘孔隙率为0.541,底灰孔隙率（n）为 0.578，铜炉渣孔隙率（n）为 0.375。

（3）含水率

废物的含水率有三种表达式：干重含水率、湿重含水率和体积含水率。干重含水率（w）与土工工程技术中用到的含水率含义相同，为水的质量与干固体质量之比。体积含水率（θ）定义为水的体积与总体积之比。重量与体积含水率的关系如下（Zornberg et al.，1999）：

$$\theta = \frac{\gamma_d}{\gamma_w} w \tag{1.1}$$

$$\theta = \frac{\gamma_t}{\gamma_w} \frac{w}{1+w} \tag{1.2}$$

$$\theta = (1-n) G_s w \tag{1.3}$$

式中：γ_d 为废物的干容重；γ_w 为水的容重；γ_t 为废物容重；G_s 为废物中固体的比重。

大多城市固体废物的湿重含水率由于受到湿度、天气条件、废物成分和季节的影响在 15% 到 40% 间变化。体积含水率随填埋深度增加而增大。文献中记载城市固体垃圾的体积含水率变化范围为 0.05～0.30。

（4）田间持水量

田间持水量（θ_{FC}）定义为经过一段时间的重力排水后的体积含水率，也可以定义为在 0.33 bar① 毛细管压下的体积含水量。Fungaroli 与 Steiner（1979）和 Zornberg 等（1999）发现田间持水量取决于废物的容重，两者的关系如下：

$$\theta_{FC} = (21.7 \ln \gamma_t - 5.4) \times 100\% \tag{1.4}$$

式中：θ_{FC} 用百分比表示；γ_t 为废物容重，用 kN/m³ 表示。容重为 13.5 kN/m³ 的城市固体废物，其田间持水量大约为 0.51。对于其他废物的田间持水量，如：发电厂扬尘为 0.187，发电厂底灰为 0.266，铜炉渣为 0.055。作为对比，密实黏土的田间持水量大约为 0.356。

（5）凋萎系数

废物的凋萎系数定义为植物能实现蒸腾作用的最低含水率。城市固体废物的凋萎系数在 0.084 到 0.170 间（Sharma and Lewis，1994；Zornberg et al.，1999）。发电厂煤炭燃烧产生的扬尘、底灰和炼铜炉渣的凋萎系数分别为 0.047 1、0.064 9、0.020。相比之下，土壤的调整系数为 0.29。

注：① 1 bar（巴）=0.1 MPa。

（6）容重

废物的容重定义为总重量与总体积之比。废物的容重主要由初始成分决定。然而，城市废物的原位重度取决于五个因素：废物成分变化程度、分解程度、相对密实程度，垃圾填埋区总厚度和每日覆盖厚度。家庭废物通常比工业废物重。含有大量碎石的填埋场容重会比较大。

废物容重取决于是否压密、密度的测量方法、废物是否粉碎。Sharma 等人（1990）通过查阅不同来源的容重数据和实际量测，发现废物容重在 20 lb/ft³[①] 到 84 lb/ft³ 之间。Oweis 和 Khera（1990）的研究表明焚化炉残渣容重在 41 lb/ft³ 到 52 lb/ft³ 之间，未充分燃烧的残渣容重为 46 lb/ft³，充分燃烧后的残渣容重为 81 lb/ft³。Oweis 和 Khera（1990）总结的数据也显示出 40 ft[②] 到 50 ft 深处的有毒废物、干尘和土容重在 30 到 110 lb/ft³ 之间，有表土覆盖的有毒垃圾填埋场 75 ft 深处的废物和土的容重为 101 lb/ft³。相似的，30 ft 到 40 ft 深处的废物容重为 90 lb/ft³，其 90% 到 95% 的填埋废物在金属桶中。62 ft 深处（平均厚度）的尘土、污泥、焦油、木馏油和土的混合物容重为 75 lb/ft³。

（7）饱和渗透系数

废物的渗透系数决定了浸出液和废物中其他成分的运移速率。城市固体废物具有高度的成分异质性和不均质性，所以很难准确测定这些废物的性能。城市固体废物的标准渗透系数为 1×10^{-3} cm/s。然而，Landva 和 Clark（1990）测得城市废物的渗透率在 1×10^{-3} cm/s 到 4×10^{-3} cm/s 之间。典型的压实黏土衬层的渗透系数在 1×10^{-8} cm/s 到 1×10^{-7} cm/s 之间。压实的电厂煤炭燃烧产生的扬尘、底灰、炼铜炉渣的饱和渗透系数为 5×10^{-3} cm/s、4×10^{-3} cm/s、4×10^{-2} cm/s（Aziz et al.，1992）。

（8）抗剪强度

废物的抗剪强度是一项重要的工程性质，因为它决定废物是否具有再利用的潜力，也是分析垃圾填埋场稳定性所需要的数据信息。由于城市废物的多变性，只考虑传统的实验室结果是不够的。

Kavazanjian 等（1995）对城市固体废物的抗剪强度数据做了系统的评估，得到一条强度包络线（图 1.1），由图可知城市固体废物的抗剪强度在正应力低于 30 kPa 时，$\varphi = 0°$、$c = 24$ kPa，在更高正应力时为 $\varphi = 33°$、$c = 0$ kPa。图 1.1 可用来指导垃圾填埋场的设计。

注：① 1 lb/ft³ ≈ 16.02 kg/m³。

② 1 ft = 30.48 cm。

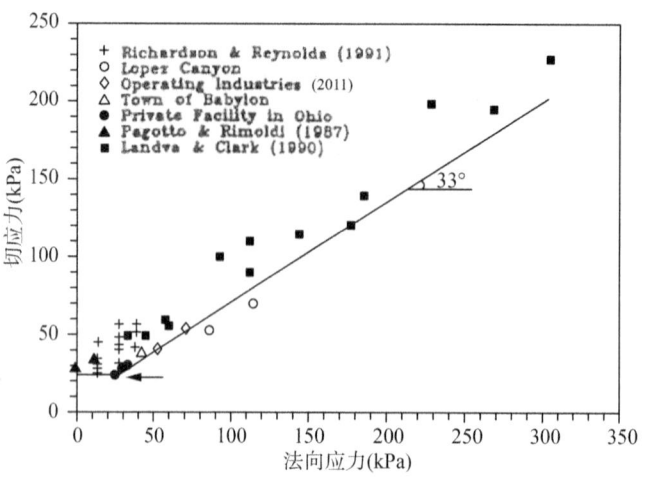

图 1.1　城市固体废物的抗剪强度（Kavazanjian，1999）

（9）压缩指标

废物材料的压缩性是沉降分析中的一个重要因素。由于废物不均匀性质，它的压缩性也是无规则的，但是它表现出类似于泥炭土的许多性质。在废物填埋过程中和填埋后不久，明显的沉降就会出现。这种沉降会以更慢的速率持续很长一段时间，并发生在潜在附加沉降之后。初期沉降为主要沉降，长期沉降为次要沉降。每层的主要沉降可根据下式计算：

$$S = H \frac{C_c}{1 + e_0} \log \frac{P_0 + \Delta P}{P_0} \tag{1.5}$$

式中：S 为某层的主要沉降；H 为该层的最初厚度；C_c 为主要压缩指标；e_0 为该层的初期空隙比；P_0 为表土荷载；ΔP 为表层荷载的增量。在没有空隙压力或空隙压力很小的情况下，主要沉降可根据式（1.5）计算。假定主要压缩指标 C_c 与每层的初期空隙比成比例，根据废物的有机质含量，计算时 C_c 取值范围为 0.15 到 0.55 倍的 e_0。废物的有机质含量低时用 $0.15 e_0$，含量很高时用 $0.55 e_0$。对于承受外部荷载、陈旧的填埋场（使用年限在 10 年到 15 年之间），$C_c/(1 + e_0)$ 的值在 0.1 到 0.4 之间变化。

次级沉降可根据下式估算：

$$S_s = H C_\alpha \log \frac{t_2}{t_1} \tag{1.6}$$

式中：S_s 为该层的次级沉降；H 为该层的最初厚度；C_α 为次级压缩指标；t_1 为观测时段开始时间；t_2 为观测时段结束时间。城市固体废物的 C_α 值的估算与泥炭土相似。建议使用年限在 10 年到 15 年的填埋场 C_α 取值在 0.02 到 0.07 之间。Oweis 和 Khera(1990)建议 C_α 取值在 0.01 到 0.04 之间。次级压缩量按给定的时段分层计算。长期压缩总量按各层压缩量累加的方式计算。

填埋场的沉降受到多种因素影响,比如小的粒子移动到大的空隙、化学反应、填埋场中有机物生物降解、可溶物的溶解、变形性随时间的变化。通常,经过 10 年到 15 年,一个新建的填埋场可能沉降到它原有厚度的 50%,而封闭填埋场可能沉降 15% 到 20% 的厚度。因为填埋场的沉降取决于废物种类和处置方法,所以应该通过沉降监测来估计沉降量。

(10) 动力性质

废物的动力性质可用于分析废物在不同应用中的稳定性,或用于分析填埋场在地震荷载下的稳定性。动力性质包括动态切变模量 (G_s)、动态剪切阻尼 (D)、泊松比 (ν)。最大动态切变模量通常可以直接基于剪切波速和总容重计算得到。剪切波速可以通过一系列地球物理技术测定,如跨空和井下探测、表面波测定。这些动力性质可用于处于地震带的垃圾填埋场的初步设计,但是对于工程设计建议做相应的废物动力性质调查。

1.4 废弃物引起的环境问题

废物有很多来源,成分也具有多样性。有些废物可能是有毒的、有放射性的,或是具有感染性的。因此,谨慎管理和处理废物是很重要的,否则会引起相关环境问题。

1.4.1 数量增长

每年产生和处理废物的数量都是庞大的,而且在不断增长。根据世界自然基金会(1989)资料,在 30 年里,城市固体废物数量增长超过两倍,在 1960 年到 1988 年间,城市固体废物数量从 88 000 000 t 增长到 180 000 000 t。在 1985 年到 1988 年,废物数量增长大约 20 000 000 t,这代表仅在三年间就增长了 11%。

1.4.2 处理不当

在《中华人民共和国环境保护法》通过之前,废物处理没有适当考虑其对公众健康和环境的潜在危害(图 1.2),这样就导致了许多地方的土壤和地下水受到污染,威胁公众安全。

尽管在新的、操作运营更严格的填埋场或焚烧炉处理废物的成本会提高,但

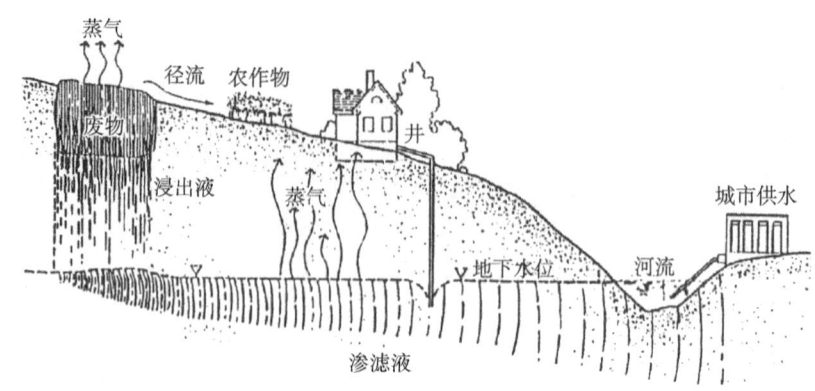

图 1.2　废物处置时的环境情况

是如果废物产生者选择花费小的处理方案，可能会对地表水、地下水、空气、土地造成污染，导致健康问题和环境退化。

1.4.3　有毒化学物质

有很多种化学物质在城市废水、城市固体废物中被发现，特别是在工业有毒废水中。环境中明显可见的化学物质列于表 1.3 中。尽管这些渗滤液中含有有毒化学物质，但与有毒废物处理站相比是很少的。

表 1.3　商业、工业、农业活动产生的典型有毒废物和它们对健康的影响

种类	名称	符号	对人体健康的影响
非金属	砷	As	致癌和诱发突变；若长期接触，有时会产生疲劳和乏力；皮炎
	硒	Se	若长期接触，手指、牙齿、头发会呈红色；虚弱；抑郁；刺激口鼻
金属	钡	Ba	在常温下粉末易燃；长期接触会导致血压升高和神经传导阻滞
	镉	Cd	粉末易燃；吸入粉尘或烟会中毒；一种致癌、高毒性的可溶物；长期接触会在肝脏、肾脏、胰腺、甲状腺中积累；疑似能够诱发高血压
	铬	Cr	六价化合物为致癌物，对人体组织有腐蚀性；长期接触会导致皮肤过敏和肾脏损伤
	铅	Pb	摄取和吸入粉尘或烟气会中毒；长期接触会导致大脑、神经系统、肾脏损伤；先天畸形
	汞	Hg	皮肤接触和吸入烟气或蒸气会中毒；长期接触会毒害中枢神经系统；可能导致先天畸形
	银	Ag	长期接触会导致皮肤、眼睛、黏膜永久变色

种类	名称	符号	对人体健康的影响
有机化合物	苯	C_6H_6	致癌；接触会导致中毒
	乙苯	C_8H_{10}	摄取、吸入、皮肤接触会导致中毒
	甲苯	C_7H_8	接触会导致中毒
卤化物	氯苯	C_6H_5Cl	接触会导致中毒
	氯乙烯	C_2H_3Cl	接触会导致中毒
	二氯甲烷	CH_2Cl_2	致癌；接触会导致中毒、麻醉
	四氯乙烷	$C_2H_2Cl_4$	刺激眼睛和皮肤
农药	异狄氏剂	$C_{12}H_8Cl_6O$	吸入、皮肤接触中毒
	林丹	$C_6H_6Cl_6$	摄取、吸入、皮肤接触会导致中毒

1.4.4 健康影响

在废液中发现多种有毒化学物质，人类接触它们会产生不良反应甚至导致疾病。有毒废物与多种癌症、慢性疾病和反常生殖结果有关，例如婴儿先天畸形、低产重，孕妇自然流产。

放射性材料对人体和遗传有影响。人体反应可能会立即出现也可能会过很长一段时间后出现。立即反应的大多数症状是恶心、呕吐，随后可能会出现血液变化、出血、感染和死亡。长期反应包括白血病和多种癌症，包括骨癌、肺癌、乳腺癌。遗传反应包括基因突变或染色体畸形、女性不孕、胚胎死亡。这使人类的平均寿命略有下降。

1.4.5 对生态系统的影响

废物中的化学物质对整个生态系统有深远的影响。污染物可能通过植物或微生物进入食物链，更高级的生物通过摄取低级生物使化学物质在其体内积累。当污染物沿食物链移动得更深入，化学污染物积累得更多。然后一些关键的物种开始灭绝，生态系统会失去平衡，从而导致灾难性的后果。污染物还可能改变水的化学环境，毁灭水生生物，破坏高等生物赖以生存的地下水生态系统。

1.5 废弃物的处置策略

通常，废弃物的处置策略有：污染预防、废物减量化、回收利用、焚烧和填埋。

1.5.1　污染预防

废物污染预防是所有废物管理方案的基本目的。为了保护下一代的环境，废物管理人员必须把污染预防作为首要任务。如前文所述，侵入空气、水（包括地下水）、土壤中的污染物会破坏生态环境。使用含有更少有毒害成分的替代品，使用现代的泄漏检测系统检测填埋场中的储料场，使用化学中和或脱水作用来减少反应等都是防止环境污染的方法。

1.5.2　废物减量化

通过持续关注废物，专业人员可以掌握废物的动态并且及时发现可能产生问题的产品，可以及时避免这些问题的产生或在灾难到来之前提醒人们。在工业生产中，可以通过材料再利用、使用低毒性的替代材料、更改部件或工艺等方法来减少废物。

1.5.3　回收利用

回收利用是废物减量化的另一个关键。通过对产品，或材料，或花园堆肥，或庭院垃圾的再利用，人们可以节约时间、能源、树木和陆地空间。主要的可再利用材料包括纸、塑料、玻璃、铝、铁、木板。许多产业都对回收产品清洗后再利用，例如在金属表面处理工艺中回收铜和镍，用活性炭和黏土从滤材中提取动植物油和增塑剂，用喷雾焙烧法、离子交换法或结晶法来回收酸。

1.5.4　焚烧

新的焚烧炉更加干净、更灵活、更有效率，能够将废物转化为能量。尽管新的焚烧炉有优点，但它也有缺点。它会污染空气，产生的灰烬常常具有高毒性，因为有毒废物常用焚烧的方法处理，如氯化烃类、医疗废物和农药。

1.5.5　填埋

填埋是最主要的废物处置方法。城市固体废物量在不断增长，但可用的填埋场的数量在逐渐下降。关于废物处理的新法规的要求和控制污染物浸出的高科技衬垫系统的使用大大提高了垃圾填埋场的成本。公众对填埋场的反对大多由于旧的垃圾场污染地下水、气味难闻、降低附近房屋价值。

工程的废物处理设施主要有三种：①城市固体废物填埋场；②有毒废物填埋场；③表层汇水池。城市固体废物包含一般废物，往往来自家庭、团体、学校、不产生有毒废物的企业。

与过去不同,现在设计的垃圾填埋场可以保护人们和环境健康。图 1.3 展示了典型的城市固体废物填埋场的组成,包括衬垫系统、浸出液收集和排除系统、最终覆盖系统、气体收集系统、地下水监测系统。

有毒废物填埋场是用来处置有毒化学物质和危险品的设施。这些填埋场必须被很好地设计,以降低有毒物质泄漏到环境中的可能性。表层汇水池用来处理液体废物。

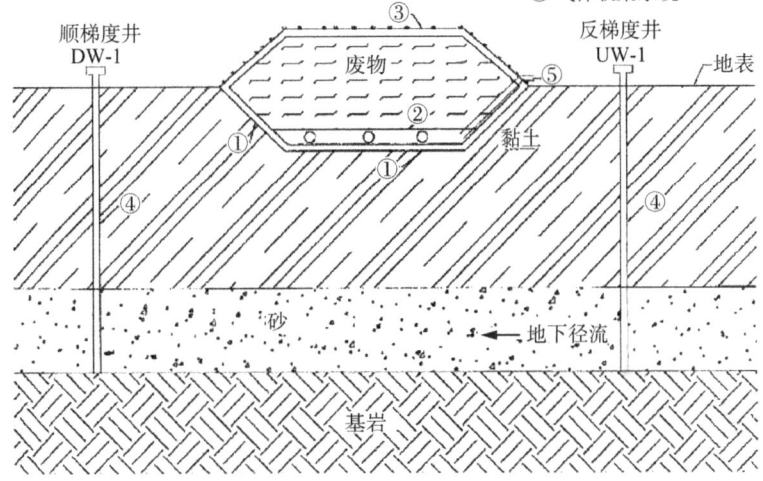

图 1.3　典型城市固体废物填埋场的组成

第 2 章

填埋场的选址与设计要求

随着生活垃圾数量迅猛增长,大量的城市生活垃圾需要在填埋场进行处理。许多现有的填埋场不是关闭,就是已经达到它的最大承载力了。由于合适的地点有限,新的垃圾填埋场选址很困难。这就意味着如果垃圾的产生还像预计的那样不断增加的话,那就需要更多的可以处理垃圾的填埋场。

在为垃圾处理地点选址或者是在设计废物处理设施之前,相关人员应该充分考虑到相关法规条例,这些法规条例都是以环保为出发点,规定了垃圾处理设施及其选址都必须满足的最低环保要求,而且垃圾填埋场的选址、设计和运作也都是由相关部门监管执行的。

2.1 填埋场的选址

在开始选址之前,必须先确定要处理的废弃物是有害还是无害,是液体废物还是固体废物。值得注意的是,城市生活垃圾填埋场只接收非液体、非有害的废物。

2.1.1 垃圾填埋场占地面积的计算

基于服务区域已有的一个垃圾填埋场,可以估计出产生废物的数量。根据计算废物总量,在确定堆填区的空间时应考虑到一切可行的回收办法,同时还要确定垃圾填埋场的设计寿命。根据废物的数量和生活垃圾填埋场的设计,就可以计算出所需要的体积和空间。当所需的空间被计算出之后,结合必要废物堆积深度的近似值,可以推算出该规划区的面积或尺寸以及填埋场的占地面积。对于垃圾填埋场的其他配套要求,如缓冲区、办公楼、道路、入口设施,应按照计算的近似大小或一般地域的最小限度设计。

一个垃圾填埋场垃圾量的估算式如下:

$$V = \frac{R}{D(1-P/100)}(CV) \tag{2.1}$$

式中:V 为固体废物压实后加上覆土(每人每年 1 立方米)的体积;R 为每人每年产生的固体废物;D 为固体废物的未压缩密度;P 为单位体积减小百分比(即 $\Delta V/V$),可通过固体废物压实度和恒压下的土壤覆盖因子计算得出。恒压下土壤覆盖因子 CV 的计算公式为[1+(垃圾填埋场的土壤覆盖层厚度/垃圾填埋场的高度)]。填埋场所需的面积,可以按下式计算:

$$A = \frac{27VN}{d(43\,560)} \tag{2.2}$$

式中：A 是需要的垃圾填埋场面积（亩/年）；N 是人口数量；d 是垃圾填埋场的高度，单位是 ft，43 560 是从 ft^2 到 acre 单位转换系数，计算时还应增加一个额外的面积，用于缓冲废物限制。

2.1.2　文献审查

必须进行全面的文献查阅，以确定建址的可行性。收集有关在该工程场地附近的相关信息，分析对未来垃圾填埋场建设和运营的影响。相关信息包括：①一般信息，指直接得到和间接得到的城市地图、土壤调查、住宅发展、公用事业、公路地图和道路的条件、地形图、土壤图、土地利用图、交通地图、地质图/报告；②滩区地图或洪水保险评级地图；③湿地地图；④自然保护区和森林保留区；⑤空中拍摄的照片；⑥公共水井；⑦房地产成本。

2.1.3　选址的限制

考虑到地震的影响，危险废物的处理、贮存和处理设施，不能置于距离全新世断层 200 ft 以内。建于漫滩上的填埋场和危险废物管理设计、建造、经营和防护必须以防止百年一遇洪水为标准。任何非集装箱和散装液体危险废物的处理厂都不得选址在靠近或坐落于盐丘、地下矿井和洞穴的地段。

对于涉及靠近或者坐落于机场、河漫滩、洪泛区、断层地带、湿地、故障区、地震影响区和地质不稳定地区的生活垃圾填埋场是有选址限制的。选址的具体限制要求如下：

①填埋场与活塞式飞机的机场距离应大于 5 000 ft，与涡轮喷气发动机飞机的机场距离应大于 10 000 ft。这种限制主要是防止鸟类在飞机场附近的填埋场栖息。

②垃圾填埋场不应设在河漫滩。如果一个垃圾填埋场建在一个河漫滩上，那么它很难抵御百年一遇的洪水，也会减少漫滩的临时储存容量，或是使城市固体废弃物被冲刷。

③垃圾填埋场一般不能设在湿地上，除非没有其他不建于湿地上的方案，并要得到国家级或省级人民政府批准。湿地一般包括沼泽湿地、软土或类似性质的土地。此外，堆填区的建设和运作不得违反现行的国家水质标准或有毒污水

注：① 1 亩≈666.67 m^2。

② "ft"即"英尺"，1 ft≈0.304 8m。

③ "ft^2"即"平方英尺"，1 ft^2≈0.092 9 m^2。

④ "acre"即"英亩"，1 acre≈4.046 253×10^3 m^2。

排放标准。

④全新世(11 000多年前至今)以来出现过位移的地域及其方圆200 ft范围内是不可以建设垃圾填埋场的。

⑤垃圾填埋场不能选址在地震多发地带,除非所有的维护结构(如垫层、渗滤液收集系统)按能够抵抗最大水平加速度且能保持其稳定性进行设计。

⑥垃圾填埋场不得建于不稳定的路基之上,除非采取工程措施确保垃圾填埋场结构部件的完整性。这些不稳定路基的地质条件很差(例如,土为高度可压缩土层),土体容易滑动(滑坡);如果是岩溶(喀斯特)地貌,地下还可能隐藏落水洞。

对在关键水域地区的发展、井口保护区、单一来源的含水层、最低的缓冲地带或农业用地的限制,一些要求如下:

①建于单一来源的主要含水层之上的垃圾填埋场都必须有一个低渗透土壤层,这个土壤层至少50 ft厚,水力传导值要小于1×10^{-7} cm/s。

②垃圾填埋场距离任何的乡村城镇道路以及高速公路的距离必须大于500 ft。

③垃圾填埋场的周边需要修筑一个高度大于8 ft的围墙。

④垃圾填埋场距居民区、学校或医院等区域应大于500 ft。

2.1.4 选址的可行性

为了评价选址的可行性,首先需要生成一些同比例尺的地形图,然后把它们覆盖在另一个地图上,寻找一个适合建垃圾填埋场的露天空间。图2.1展示了这种叠加过程,并找出了潜在的两个建址A和B。这些图件应包括:①机场和跑道地图;②居民区、学校和医院分布图;③生态/森林保护区地图;④水井分布图,漫滩分布图;⑤湿地分布图;⑥其他适用的地图等。经过以上的叠加过程,可行的垃圾填埋场建址就可以被确定了。

2.1.5 特殊地域上建址的识别

制作一个可行性建址的列表,然后分析不同建址的各方面优势,包括:①可用面积;②访问权限;③交通影响;④土地所有者;⑤区域范围(托运距离);⑥电力和下水道设施;⑦土地成本等。

2.1.6 水文地质初步勘查

在可行性建址通过了环境评估后,就需要进行场地调查,场地调查包括:①土壤钻孔;②试坑;③土壤和地下水的取样和测试;④现场试验与实验室试验

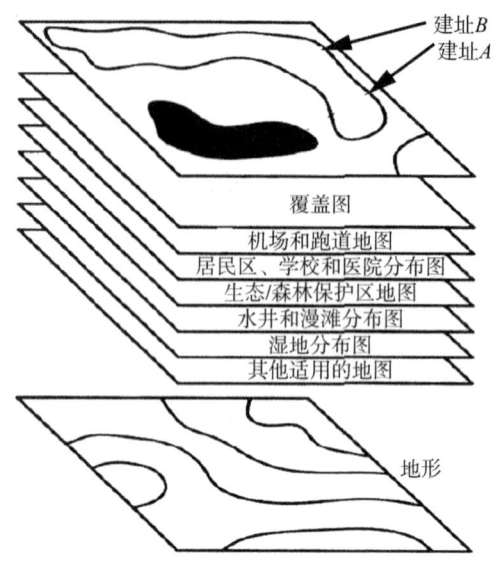

图 2.1　使用叠图法分析潜在建址

（渗透系数等）；⑤地球物理测试；⑥监测井。调查完毕后需编写水文地质报告。

2.2　填埋场的设计要求

　　垃圾填埋场分为两类：城市生活垃圾填埋场和有害废弃物填埋场。城市生活垃圾填埋场，只适用于非液体废弃物，而有害固体废弃物填埋场适用于非液体有害废弃物。

2.2.1　垃圾填埋场的概念设计

　　关于垃圾填埋场的初步设计，应包括九个方面：①设计垃圾填埋场的几何形状和配置；②设计衬垫系统；③设计渗滤液收集和移除系统；④设计最终覆盖系统；⑤设计地面排水系统；⑥设计地下水监测方案和其他场地条件；⑦设计气体收集系统；⑧决定最终使用的垃圾填埋场属性；⑨制订响应行动计划。

2.2.2　垃圾填埋场的设计标准

　　（1）垃圾填埋场衬垫

　　垃圾填埋场衬垫有两种选择（图 2.2），即复合衬垫渗滤液收集系统和基于性能的垫层。

①复合衬垫渗滤液收集系统

衬垫必须有一个柔性薄膜衬垫，在其下面应铺垫厚度至少为 2 ft 的压实土，该土的渗透系数应小于等于 1×10^{-7} cm/s。渗滤液深度应小于 30 cm。

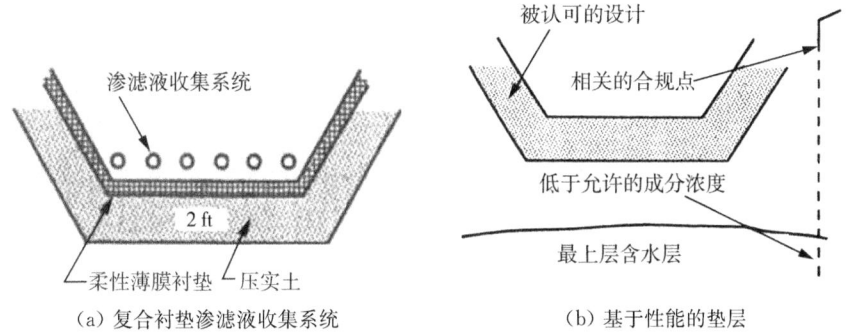

（a）复合衬垫渗滤液收集系统 　　　　（b）基于性能的垫层

图 2.2　垃圾填埋场的衬垫设计

新的城市固体废物填埋场（MSWLF）和填埋场的横向扩张必须构建组合衬垫和渗滤液收集系统。组合衬垫必须由上部的一个柔性薄膜衬垫［至少 30 mil 厚的薄膜衬垫或至少 60 mil 厚的高密度聚乙烯（HDPE）］和下部的至少 2 ft 厚、渗透系数（k）小于等于 1×10^{-7} cm/s 的压实土构成。对于所有新建的城市固体废物填埋最后覆盖防渗系统，必须由至少 6 in 厚的植物层构成侵蚀层，其覆盖层由至少 18 in 厚、渗透系数小于等于 1×10^{-5} cm/s 或小于等于底层系统渗透系数的土料构成的渗滤层。图 2.3 展示了新的城市固体废物填埋底部的各种组件（基础和边坡）和最终覆盖防渗系统。

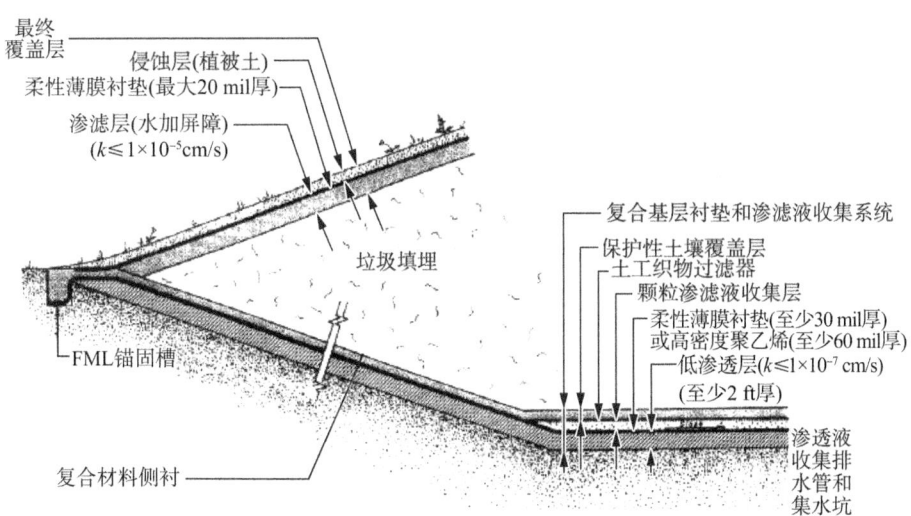

图 2.3　城市固体废物填埋场的衬垫和最终覆盖层系统

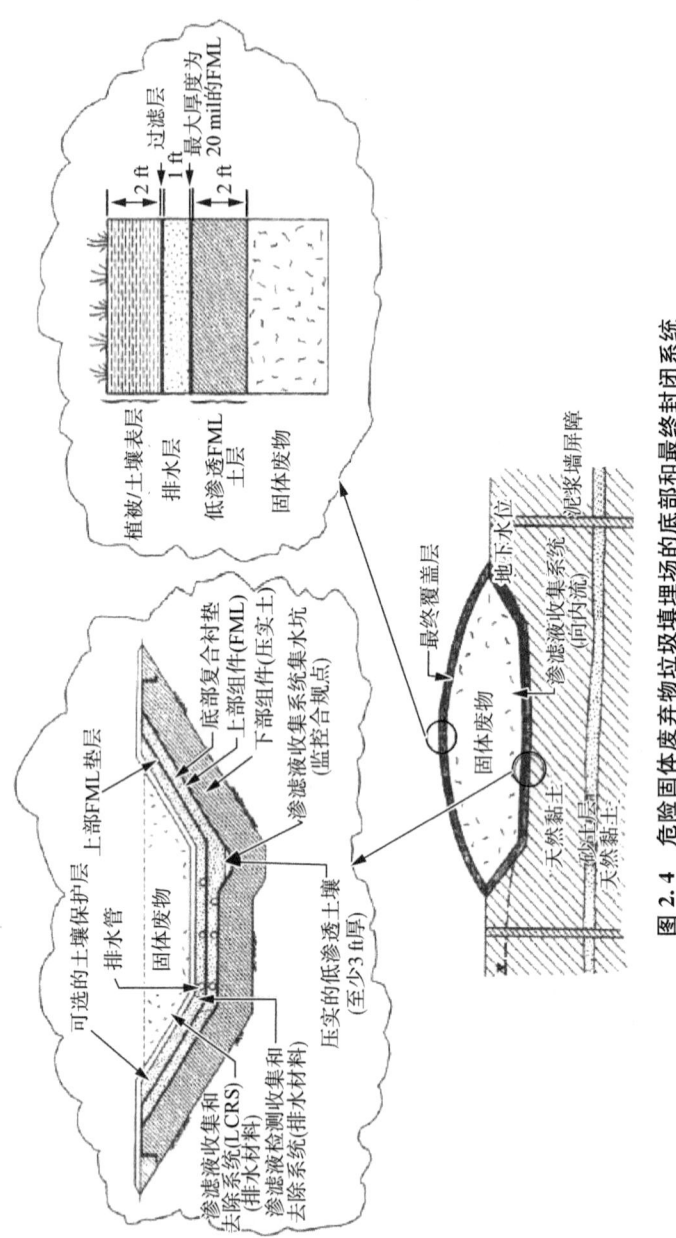

图 2.4 危险固体弃物垃圾填埋场的底部和最终封闭系统

危险固体废物填埋场必须有两个或两个以上的衬垫、一个渗滤液收集系统和移动系统之间的衬垫。图 2.4 展示了危险固体废物填埋系统的各种组件。

对于新的危险品地表面废水池来说,危险固体废物处置的最低技术要求是建立一个放置在衬垫之间的双衬垫泄漏检测收集层。该系统必须有一个顶层衬垫(土工膜)和复合底层衬垫(土工膜和压实土)。顶层衬垫和上层组件的复合垫层,必须在运行和封闭期间设计建成,以防止有害成分迁移到衬垫中。底层组件的设计和建造必须能够实现有害成分迁移最小化,这是因为如果上衬垫组件(土工膜)撕裂,下部的组件将作为第二道防御。对垃圾填埋场来说(图 2.2),复合衬垫的下部组件必须由厚度至少 2 ft、渗透系数小于 1×10^{-7} cm/s 的压实土材料构成。

上部或初始土工膜至少有 30 mil 厚,在其上方有保护土壤或者土工布层覆盖。如果土工膜未被覆盖或者直接接触到了其他元素,则其厚度至少应该达到 40 mil。为了防止故障或者适应更高的技术要求,有些土工膜需要达到更大的厚度。通常对 HDPE 衬垫来说,推荐厚度为 60~100 mil。

一个泄漏检测、收集和移除系统(LDCRS)被放置在两个衬垫之间(即下面放置主要的土工膜和上面放置次要的土工膜),以便在运行与维护的时候及时发现、收集和移除泄漏的成分,该系统的建成要求底坡至少有 1‰ 的坡度。同样,对表层蓄水层来说(图 2.5),如果系统由粒状材料构成,它应该至少有 12 in 厚,同时渗透系数至少达到 1 cm/s。如果系统是由合成的排水材料构成,其透射率至少为 3×10^{-3} m²/s。粒状或合成的排水材料应该对废物的化学成分有耐腐蚀性,尽量实现不阻塞。系统必须配备规模足够大的污水坑和足够动力的泵去收集和移除液体。

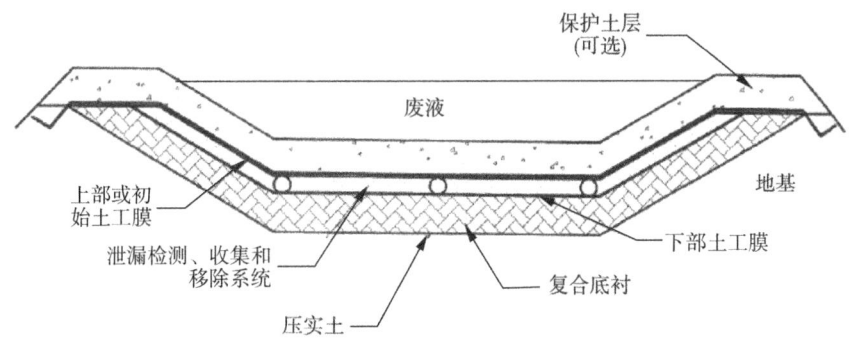

图 2.5 危险废弃物的表层蓄水层横截面(双层衬垫和复合底层衬垫)

图 2.6 展示了用两个组合衬垫（土工膜/土壤压实层）来分离泄漏检测层和收集层。在许多情况下，一个防止土壤颗粒迁移到排水层的分离装置会被放置在上层压实土层与排水层之间。为了防止废物化学元素从废水池中渗出，这种双重复合衬垫提供了更好的保证。

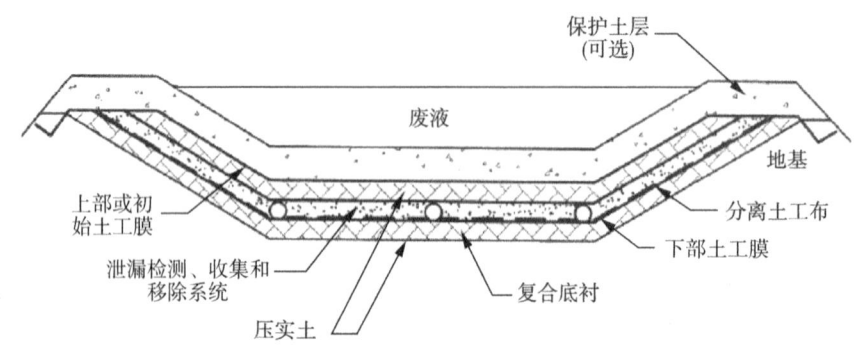

图 2.6 危险废弃物的表层蓄水层横截面（复合双层衬垫）

对于无毒害废物的表层蓄水层来说，一般情况下单一复合衬垫是可以使用的。实际上，在许多情况下，这些衬垫之下有渗透系数小于等于 1×10^{-6} cm/s、厚 2 ft 压实土的合成垫层。图 2.3 至图 2.6 展示了由各种天然和合成材料组成的衬垫。这些垫层由低渗材料构成，包括天然黏土、混合黏土材料、合成材料（如高密度聚乙烯）、土工黏土衬垫（GCL）和排水材料等。排水材料可以由天然的砂或碎石组成，也可以由合成材料组成，如土工布、土工网和土工合成材料等。

②基于性能的垫层

垫层的设计必须确保控制点的污染物浓度值低于有关规定限制的各种成分的最高浓度。

（2）最终回填

①最终回填之前的准备

在最终回填之前，应当制定一个维护方案使得垃圾填埋场 30 年内的损坏降到最小。该方案必须考虑到确保垃圾填埋场安全和质量的措施。这些措施包括：(a)对最终覆盖系统的完整性和厚度进行保养和维护；(b)对渗滤液系统运作和控制的保养和维护；(c)对地下水的监控；(d)对气体监控系统的保养和维护。

此外，还需要编写一个书面的计划，计划内容包括一系列监控措施的类型和实施频率、相关负责人以及最终封盖后的物业用途。

②垃圾填埋场的回填

危险废物处置填埋场必须有渗滤液收集系统、顶部的薄膜衬垫、渗滤液检测系统和移除系统以及复合衬垫系统(图2.7)。垃圾填埋场封盖时,必须给其加上一个覆盖层以最大限度地减少液体的进入。此外,这个覆盖层要具有维护功能,能够促进排水,防止表面腐蚀,适应沉降,且渗透率不得大于任何一层垫层以及目前自然土壤的渗透率。图2.8展示了一个已经封盖的危险废物填埋场的最终覆盖系统。

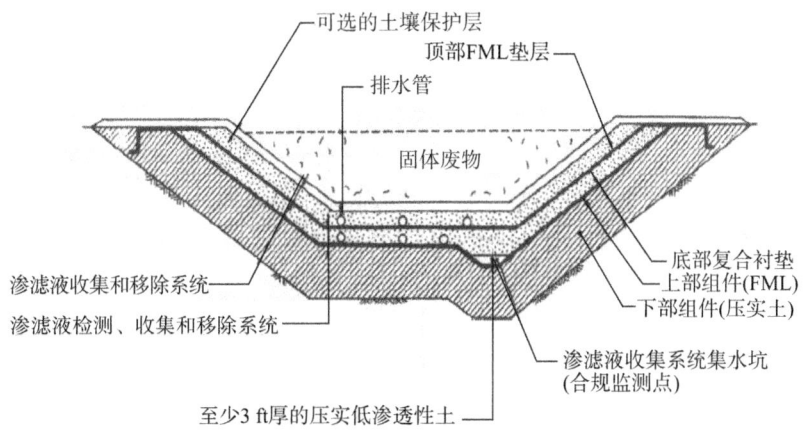

图2.7 危险废物填埋场的基本衬垫系统

城市固体废物和危险废物填埋场的设计和操作必须符合相关规定,包括以下三种情况:(a)雨水管理系统的排放;(b)渗滤液的处理;(c)施工期间的雨水排放。

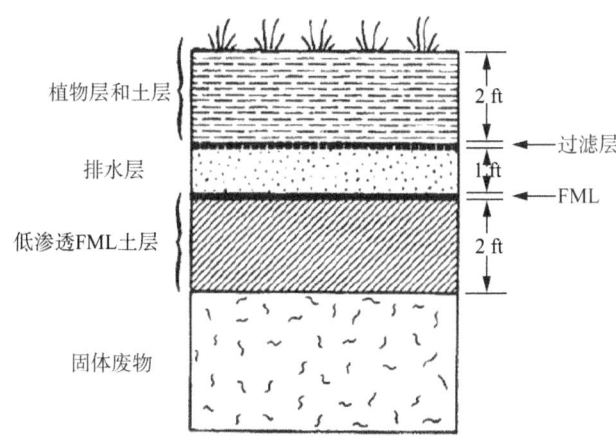

图2.8 危险废物填埋场的最终覆盖系统

垃圾填埋场的回填涉及最终覆盖系统，此系统的厚度取两个层的最小值。渗透层以及下面的土层必须由至少有 18 in 的深度、渗透系数小于或等于衬垫系统或自然土壤，或 1×10^{-5} cm/s 的材料组成。上层是一个防侵蚀层，材料必须至少有 6 in 深并且能够维持植被生长。图 2.9 展示了这样一个覆盖系统。

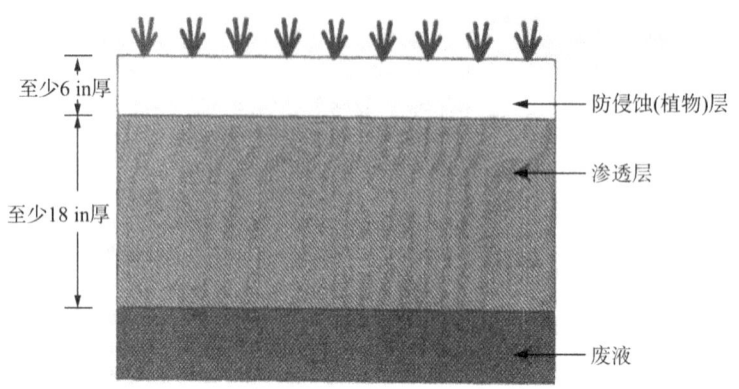

图 2.9　垃圾填埋场的最终覆盖系统

还必须准备一个书面的填埋计划，其内容包括：①最后的封面设计和安装；②在填埋场使用期间随时要求最终覆盖面积最大；③最大的现场库存的废物；④封闭时间表。

此外，最终回填必须在收到废弃物后 30 天内开始启动，而且必须在 180 天内完成。

2.2.3　地下水保护标准

最主要的含水层必须进行污染监测。监测计划包括监测系统的安装和建立一个采样与分析程序。如果监测结果表明，在统计上显著的成分在最主要的含水层增加，那么就必须进行评估监测。如果相关成分在统计上数据增加了，必须采取纠正措施。

各设施的设置必须确保有害成分的含量不能高于所规定的值，从监管区进入地下水的化学成分不得高于所规定的浓度。

2.3　渗滤液导排的设计要求

垃圾渗滤液收集导排系统（以下简称 LCRS）的设计准则如下：
①能够收集和移除设计的渗滤液量。设计渗滤液量是通过利用特定点的气

象数据对垃圾填埋场性能模型进行分析及水文评价估算出来的。

②分析结果表明防渗结构上部渗滤液的深度应该低于 12 in。考虑到渗滤液的最大允许深度，导排层的厚度通常设计为 12 in，能够保证废弃物堆放期间渗滤液都处于较低水头的土工合成材料及强透水材料除外。

③应该最大限度地减少管道堵塞及使用排水材料。

LCRS 的设计(图 2.10)应包括：①估计渗滤液对渗滤液收集和导排材料层的冲击影响；②选择排水层材料及确定层厚；③选择渗滤液收集管的尺寸及设计布局；④设计沉淀池、引水管、集液井以及抽水泵。

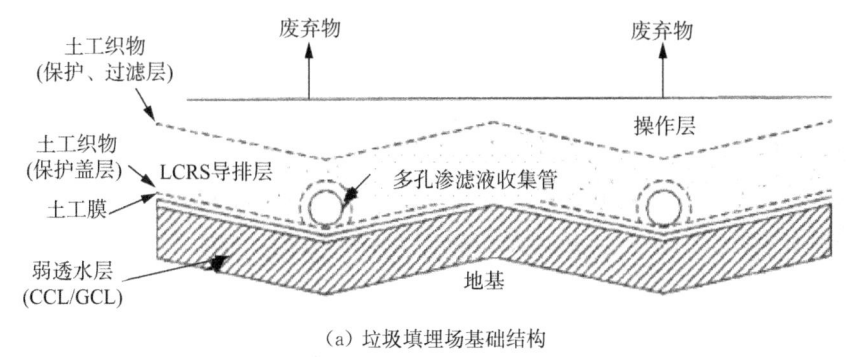

(a) 垃圾填埋场基础结构

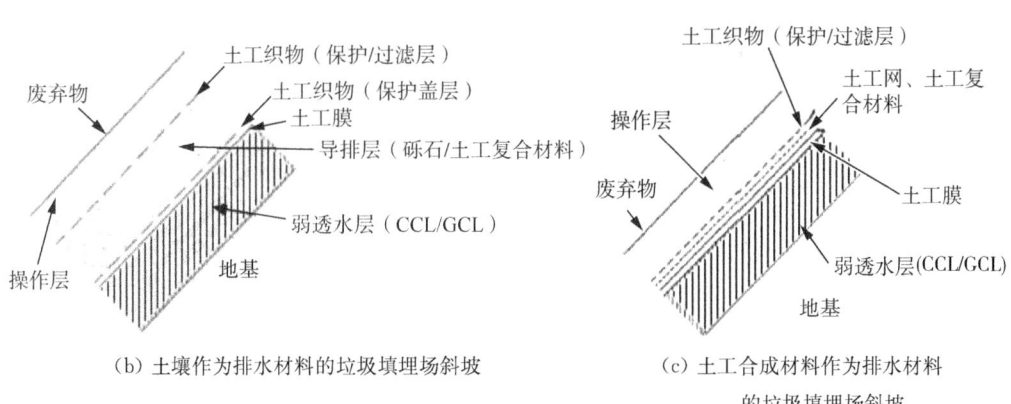

(b) 土壤作为排水材料的垃圾填埋场斜坡

(c) 土工合成材料作为排水材料的垃圾填埋场斜坡

图 2.10　标准渗滤液收集导排系统

另外，还要考虑下部防渗层对上部渗滤液收集和导排材料层的穿刺性能以及防渗层锚固沟的设计。

2.4　填埋场埋深与最终覆盖层的限制

2.4.1　基本填埋形式

四种基本填埋形式的垃圾填埋场，如图 2.11 所示。

①区域填充。区域填充无须开挖，一般在地下水位很浅（接近地面高程）的平坦地区使用[图 2.11(a)]。

②地上和地下部分填充。地上和地下填充涉及一次挖掘和填充大单元的施工操作。最后单元之间的区域都被覆盖。该填充类型适合地下水位较深的平坦地区[图 2.11(b)]。

③河谷填充和峡谷填充。山谷和峡谷填充用于山区地形。山区地形的天然地表是由山谷和峡谷组成的。废物可放置在谷壁，这样可以降低甚至省去开挖成本[图 2.11(c)]。

④沟槽填充。沟槽填充类似地上和地下部分填充，只是单元比较小和填充方向平行。这些都是用于小废物流的[图 2.11(d)]。

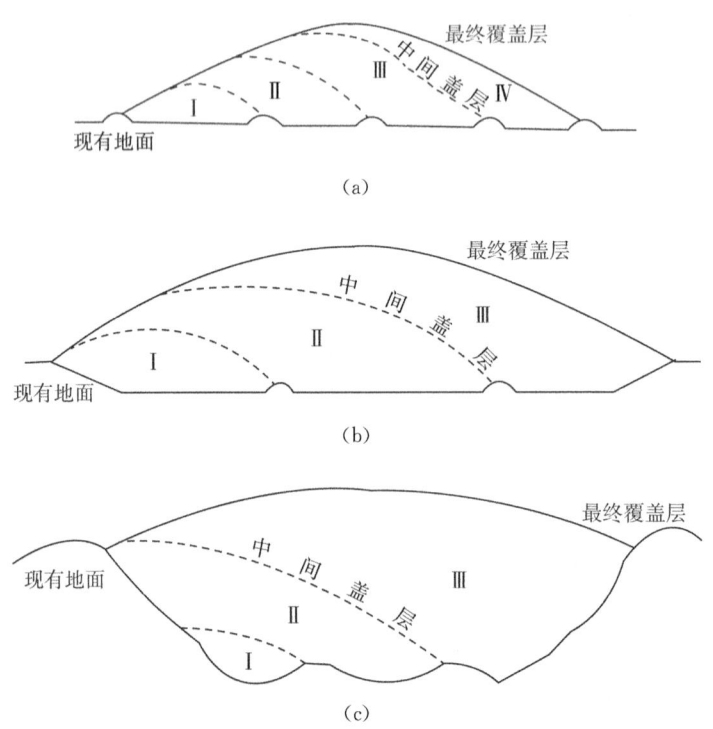

(a)

(b)

(c)

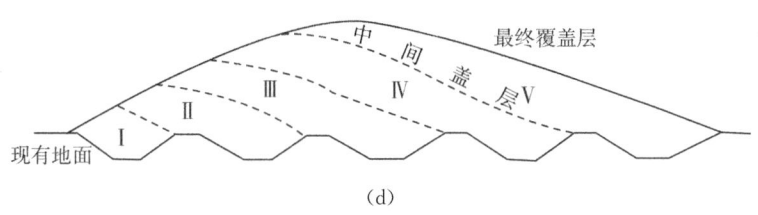

（d）

图 2.11　垃圾填埋场配置

2.4.2　占地面积和单元布局

占地面积是指在分配了其他设施如通道、缓冲区、办公楼和入口设施等所需的面积之后，现场可用的最大面积。废物区分为几个小单元，如图 2.12 所示，这样做有三个优点：①小单元可以一个一个地建造，从而降低初始投资成本；②可以减少渗滤液的产生；③避免储存大量的挖掘土壤。一般情况下，单元区大小取决于垃圾填埋场的废物流和期望的使用时间，一个单元 1 年到 3 年的使用时间对应大小范围为 2 亩到 8 亩。

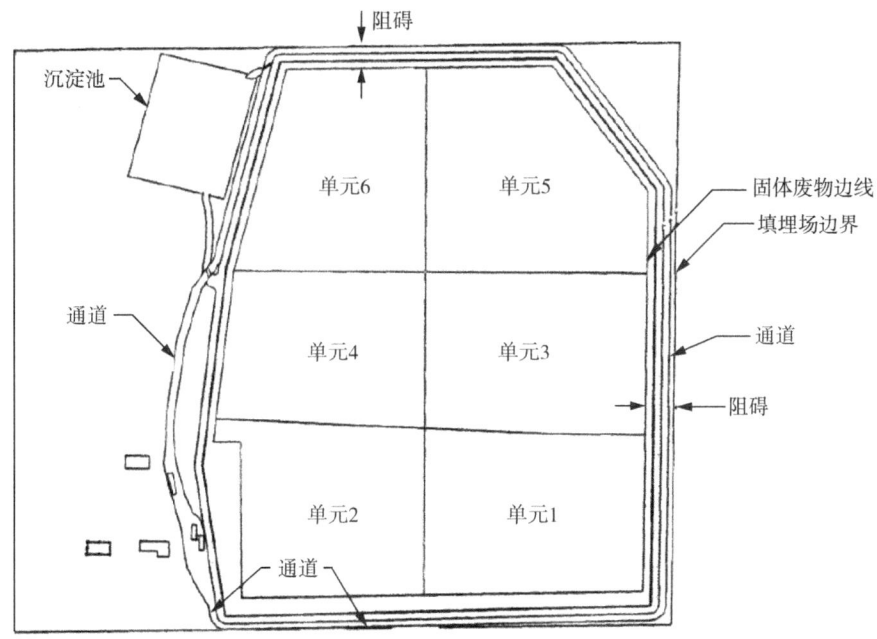

图 2.12　垃圾填埋场的占地面积和单元布局

2.4.3　填埋场埋深的限制

底板埋深决定了不同地区占地面积的开挖最大深度。底板埋深和最终覆盖系统决定了垃圾填埋场的储存空间和废物处置容量。为了最大限度地提高空间，应当尽可能深地进行挖掘。然而，在决定底板埋深的时候，必须考虑以下因素：

（1）地下水位或主要含水层深度

底板和地下水之间的最小间隔应符合相关规范要求，否则可能造成路基处于地下水位的下面；然而如果开挖深度大于地下水位，那么开挖成本可能会因为降水而大幅提升。当地下水位或潜水位低于填埋场的基础，就会出现如图 2.13 所示的向外的梯度。而如果地下水位或潜水位高于填埋场的基础，就会出现如图 2.14 所示的向内的梯度。

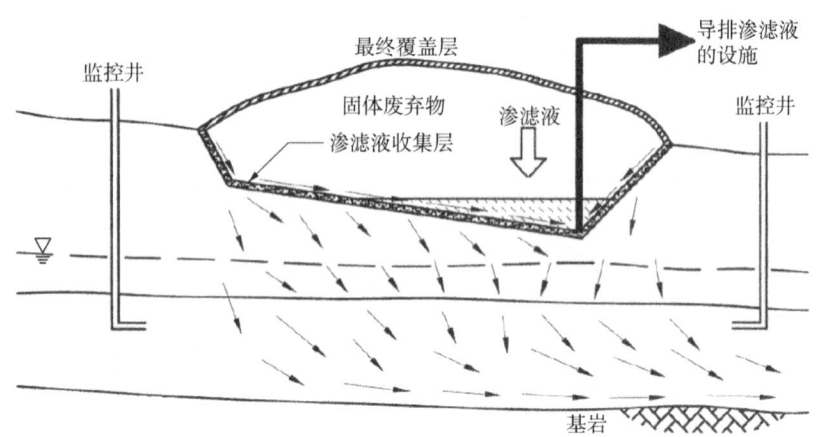

图 2.13　梯度向外的渗滤液收集系统的设计理念

（2）基岩的深度

如果需要大规模的岩石爆破工作，那么开挖成本将大幅提升。因此，在可能的情况下，垃圾填埋场的基础应与基岩的海拔非常接近。

（3）基础稳定性

应对影响基础稳定性的三个危害区认真评价（先前的矿区、落水洞和隆坡）。如果场地中存在如图 2.14 所示的主要含水层，那么就可能出现隆起现象。

为了防止发生隆起，造成破坏，必须在含水层的周围覆盖足够的土壤。施工期间的隆起条件是非常关键的，此外，是否隆起还取决于主要含水层的潜水位。

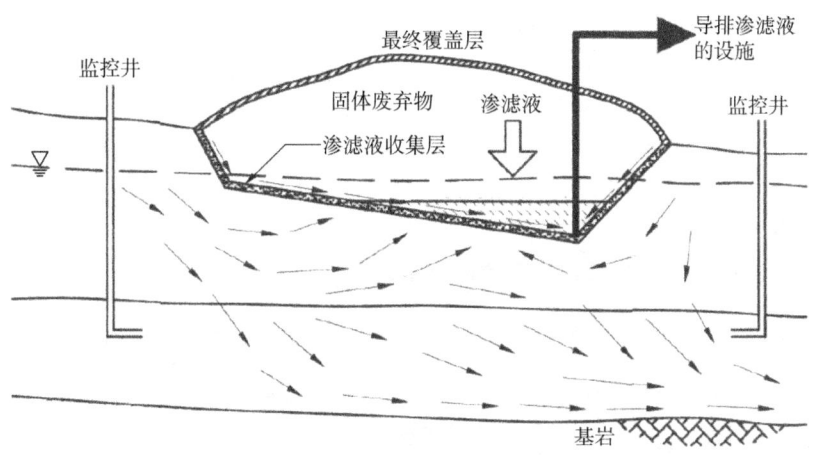

图 2.14　梯度向内的渗滤液收集系统的设计理念

如果潜水位比填埋场的基础低,那么就不会出现隆起现象。反之,就会出现隆起现象。如图 2.15 所示,应用下列公式可计算出安全系数:

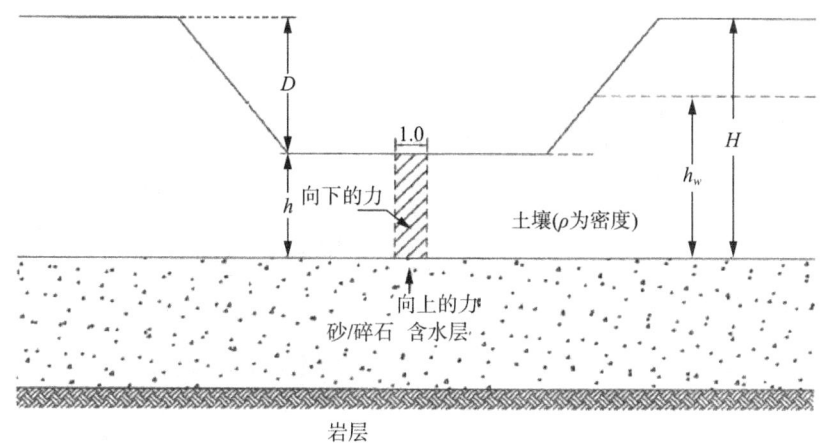

图 2.15　隆起计算分析

$$向下的力(DF)＝土的重力＝\rho g(h \times 1 \times 1)$$

$$向上的力(UF)＝\rho_w g(h_w \times 1 \times 1)$$

$$F_s＝\frac{DF \downarrow}{UF \uparrow}＝\frac{\rho g h}{\rho_w g h_w}＝\frac{\rho h}{\rho_w h_w} \tag{2.3}$$

式中:h 为含水层的顶部和垃圾填埋场的底板之间的距离;h_w 为含水层的

顶部到在此压力下水头高度的距离；ρ_w 表示水的重度；F_s 为安全系数，设计时应保证其大于 1；D 为垃圾填埋场底板至地面的高度。

（4）现场地形和斜坡的稳定性

在考虑基础等级时，现场地形及斜坡的稳定性是非常重要的。任何开挖的斜坡以及填埋场大规模斜坡的稳定性都应被检查以防斜坡崩塌。Sharma 和 Lewis（1994）提出了适用于垃圾填埋场的静态和地震作用下的边坡稳定性分析方法。

（5）土壤平衡

在开挖过程中，保持土壤平衡（开挖并填充）是经济的，所以，挖出的泥土的体积约等于每天覆盖、回填路基或路堤填方所需的填充体积。

2.4.4 最终覆盖层的限制

为了估计空间，编写一个初步的最终覆盖层分级计划是必要的。最终覆盖层必须能确保斜坡的稳定，满足高度的限制，也应当能够控制径流。

2.5 填埋场最终覆盖层的设计要求

2.5.1 填埋场最终覆盖层设置的原因

设置垃圾填埋场顶部最终覆盖层系统的注意事项如下：

①避免降雨渗入至垃圾体，避免浸出液的产生，降低浸出液治理的成本；

②最小化垫层系统内的水头，降低地下岩土体污染的可能性；

③避免风和径流的侵蚀；

④控制垃圾填埋场气体的运移或者提高气体的回收利用率；

⑤将垃圾按单元隔离；

⑥更美观。

最终覆盖层的设计必须考虑如下要求：

①低渗透性：降低渗透，提高表面排水；

②耐久性：避免受到腐蚀、干裂、冻融、穴居动物破坏、植物根部贯穿等问题的影响；

③适应性：在不产生裂缝的前提下，要能够很好地适应大范围场地条件的差异和局部沉降问题；

④边坡的稳定性：要满足以上的设计要求，最终覆盖层系统要由不同的层组

成。根据场地的特殊条件,一个覆盖层不一定要包含图 2.16 中的所有层,有时候只保留部分层即可满足设计要求。防侵蚀层由大鹅卵石、沥青、土组成,布置在最上部,并且在其上方可以种植一些植物;防护土层在某些情况下可以布置在防侵蚀层和排水层之间;排水层应该选用天然材料,例如砂和卵石,或者一些合成材料,例如土工复合材料;典型的阻挡层是由压实黏土衬垫(CCL)、柔性薄膜衬垫(FML)、土工合成材料黏土衬垫(GCL)中的一种或几种组合形成的;气体收集层可以由天然材料组成,例如砂和卵石,也可以由合成材料组成,例如土工布或土工合成材料。

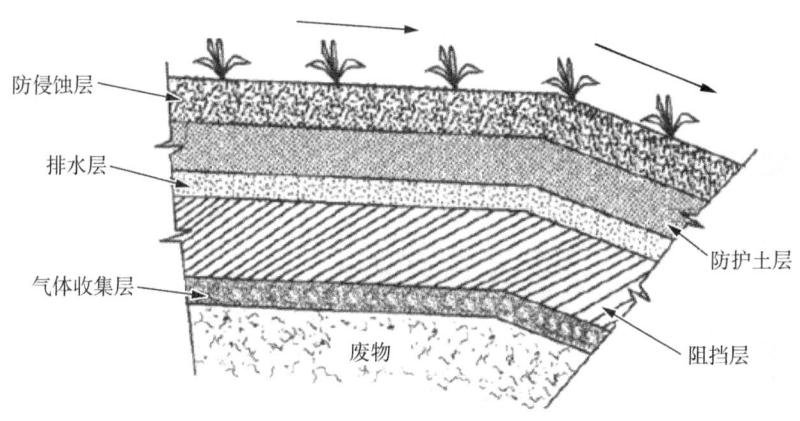

图 2.16 最终覆盖层系统的组成部分

2.5.2 不同类型覆盖层系统的基本要求

(1) 城市固体废物(MSW)垃圾填埋场的覆盖层系统

研究表明最终的覆盖层必须由侵蚀层以及其下的浸润层组成,浸润层必须由至少 18 in 厚的土质材料组成,这种土质材料的渗透性要小于或等于任何在其底部的垫层或天然存在的地基土,或者其渗透系数不大于 $1×10^{-5}$ cm/s。这就意味着若在其基础底部使用了这种垫层,则覆盖层系统中必须使用这种合成材料的垫层。防侵蚀层必须由至少 6 in 厚的土质材料组成,并有维持自然植物生长的能力。图 2.17 展示了推荐的最终覆盖层系统。一个优秀的最终覆盖层系统设计方案,包括能够实现渗透当量减少的浸润层和能够避免风水侵蚀的防侵蚀层。

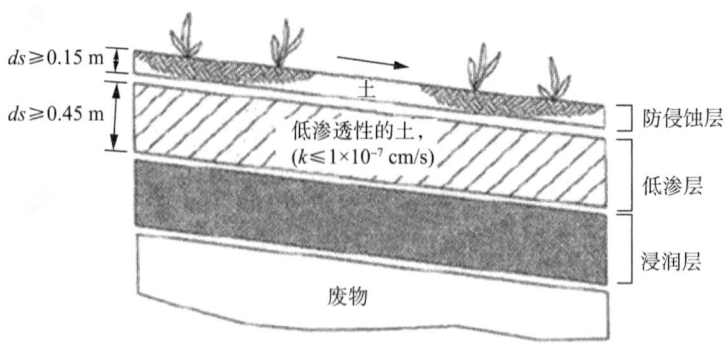

（a）非密封性的 MSW 垃圾填埋场

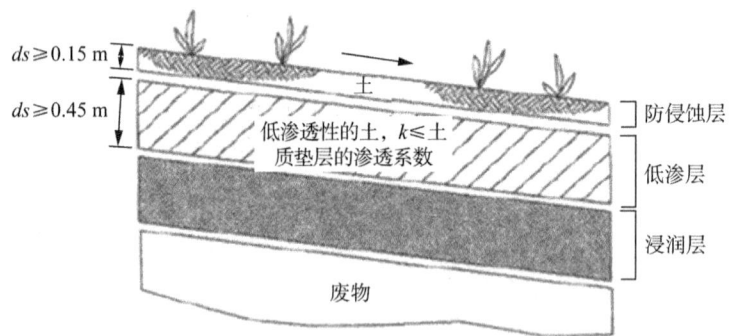

（b）在土质垫层下部的 MSW 垃圾填埋场

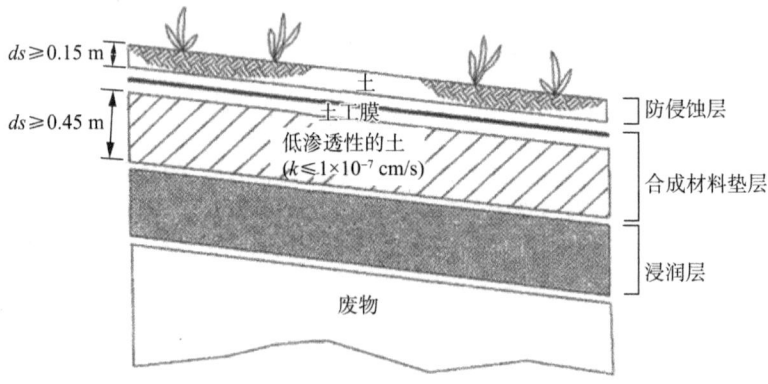

（c）在土工膜或复合材料垫层下面的 MSW 垃圾填埋场

注：ds 表示土层的厚度。

图 2.17　最终覆盖层系统

有人提出最终覆盖层系统必须由上部的保护层和下部的低渗层组成(图 2.18)。低渗层可以由以下的任何一种组成:①厚度至少为 3 ft、渗透系数大于等于 1×10^{-7} cm/s 的压密的土质垫层;②性能等效于或优于压密的土质垫层的土工膜;③性能等效于或优于压密的土质垫层或者土工膜的任何一种低渗层。最终的保护层应该有至少 3 ft 厚的土层,并且具有支持植物生长和抵抗干燥、破裂、冻融或者其他因素对低渗层破坏的能力。

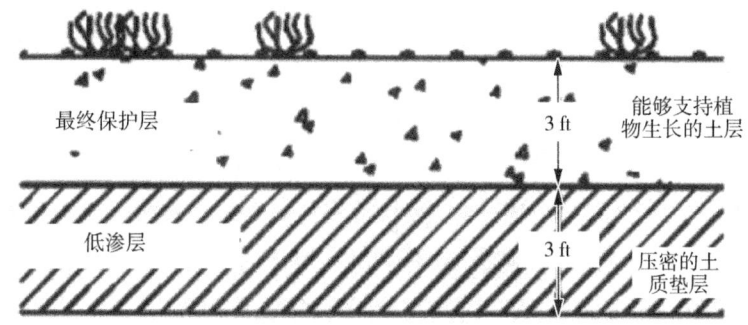

图 2.18 具有上部保护层和下部低渗层的最终覆盖层系统

(2) 有危险性污染的垃圾填埋场的覆盖层系统

对于有危性污染垃圾填埋场最终覆盖层系统的基本设计要求,从顶部到底部要为(图 2.19):①顶部土壤层至少 2 ft 厚;②由能够防止土壤或者植物根系堵塞其下部排水层的土质或土工合成材料(例如土工布)组成的过滤层;③排水层可以由渗透系数至少为 1×10^{-2} cm/s 的 1 ft 厚的颗粒材料或者等效的土工合成排水材料(例如土工复合材料)组成的;④至少 20 mil 厚的土工膜垫层;⑤至少 2 ft 厚的低渗层,其渗透系数不超过 1×10^{-7} cm/s。

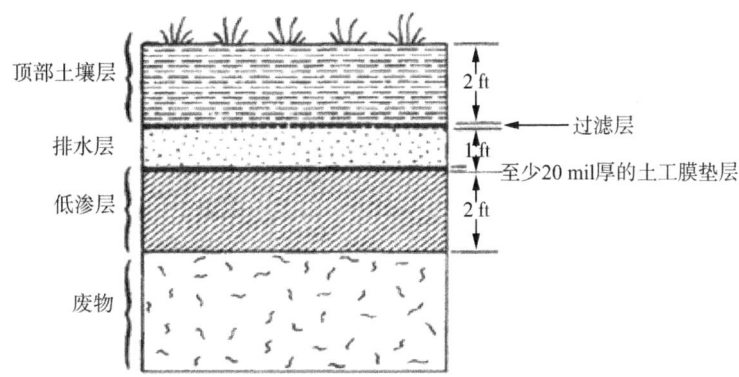

图 2.19 满足要求的最小覆盖层系统

（3）非传统的最终覆盖层系统

传统最终覆盖层系统的主要特征是使用一个或多个防护垫层。例如,城市固体废物传统最终覆盖层系统要求具有渗透系数不超过 1×10^{-5} cm/s 的防护垫层。同样的,有危险性污染的垃圾填埋场最终覆盖层系统要求具有最大渗透系数不超过 1×10^{-7} cm/s 的黏土防护层。除了对渗透系数有单独规定外,最终覆盖层的渗透系数也必须小于或者等于底部垫层或者天然底土。

通过对垃圾填埋场环境的调查发现,与传统最终覆盖层系统相比,如果使用非传统覆盖层系统,并且其具有相同的或更好的使用效果时,那么垃圾填埋场建设和维护的费用会明显地减少。

一个非传统覆盖系统主要特征是使用其他等效垫层来代替传统防护垫层。例如,一个毛细格栅由一层细粒土壤和一层粗砂材料构成的两个垫层,该隔栅是由于细粒土层和粗砂层之间孔隙大小变化而产生的,而且与两垫层间没有孔隙变化,覆盖在粗粒土之上的细粒土会贮存更多的水分,由此形成毛细压力。如果在现场没有达到预期的孔隙大小变化,或者有太多的水积聚在细粒层,那么系统会失效。图 2.20(b)展示了一层沥青屏障,它代替了压密的黏土垫层。在干旱的气候中,黏土垫层很容易失效,所以这样的代替是非常合适的。

没有阻挡层的非传统覆盖系统工作原理是基于土壤的持水性能,大部分降水通过蒸发返回到大气中。这样的覆盖层叫作蒸散(ET)覆盖层。蒸散覆盖层通过采取两种措施来控制水分渗透进入废弃物:第一步是通过土壤储存渗透水;第二步是通过蒸散去除土壤中贮存的水分。

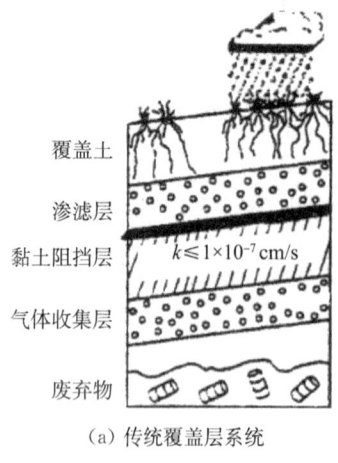

(a) 传统覆盖层系统

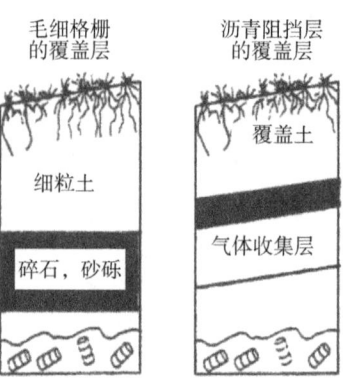

(b) 推荐的阻挡层设计

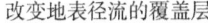

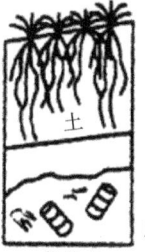

改变地表径流的覆盖层　　营养土覆盖层　　蒸散覆盖层

（c）没有阻挡层的非传统覆盖系统

图 2.20　传统式和非传统的最终覆盖层系统

图 2.20（c）展示了蒸散覆盖层系统，其建设和维持所需的费用要远远小于传统覆盖层系统，适用于干旱、半干旱气候的地区。然而，设计师应该仔细地评估蒸散覆盖层的植被类型和合适土壤的可用性。因为如果没有合适的评估，在蒸散覆盖层系统所在地过短的植被生长季节和不适合的土壤将造成负面影响。蒸散覆盖层系统的一个存储层的饱和导水率介于 1×10^{-5} 和 1×10^{-4} cm/s 之间。

第 3 章

填埋场的衬垫

3.1 低渗透土壤衬垫

用于衬垫系统的低渗透性土壤材料对所有垃圾填埋场和表层废水池都有效。通常情况下,采用压实黏土和混合土壤作为低渗衬垫材料(土壤与黏土混合,如膨润土)。

3.1.1 土壤特性与渗透性的关系

多孔介质(如土壤)渗透系数(k)的表达式,在考虑多孔介质与流体属性之后,可以表达为(Lambe and Whitman,1969):

$$k = CD_s^2 \frac{\gamma}{\mu} \frac{e^3}{(1+e)} S^3 \qquad (3.1)$$

式中:C 为形状系数;D_s 为有效粒子直径;γ 为液体的单位重量;μ 为流体的黏度;e 为孔隙比;S 为饱和度。方程(3.1)仅适用于粗颗粒(无黏性)的土壤。

(1)孔隙比。由式(3.1)可知,随着孔隙比的减小,土壤导水率也随之减小,反之亦然。

(2)颗粒大小。式(3.1)展示了渗透系数(k)随着颗粒直径的平方(D_s^2)变化的规律,这意味着粒径越小,渗透率越低;也展示了土壤细粒数量的百分比(即使用一个200目筛子时的过筛百分率)对土壤的渗透性有显著的影响(图3.1),同时证明了颗粒的类型也会影响渗透系数,如与淤泥和粗颗粒土相比,黏土颗粒的渗透系数值减小得更快。

(3)土壤矿物质。在孔隙比相同的情况下,蒙脱石的渗透系数值明显低于高岭土(图3.2),这证明了黏土的矿物质类型影响渗透率。同时,在相同的孔隙比下,钙蒙脱石比钾蒙脱石的渗透系数值更高。

(4)土壤结构。压实细粒土壤的实验结果表明:越絮凝的土结构渗透性越高,而越分散的土结构渗透性越低。一般来说,压实后的黏土或干燥后达到最优含水率(OMC)的土壤具有絮凝结构,而湿润压实的黏土具有分散结构。对于压实土壤来说,干燥的土壤会比湿润的土壤渗透性高。

(5)饱和度。由式(3.1)可知,渗透系数随饱和度的立方值(S^3)的变化而变化,这意味着渗透系数随 S 的减小而减小(图3.3)。

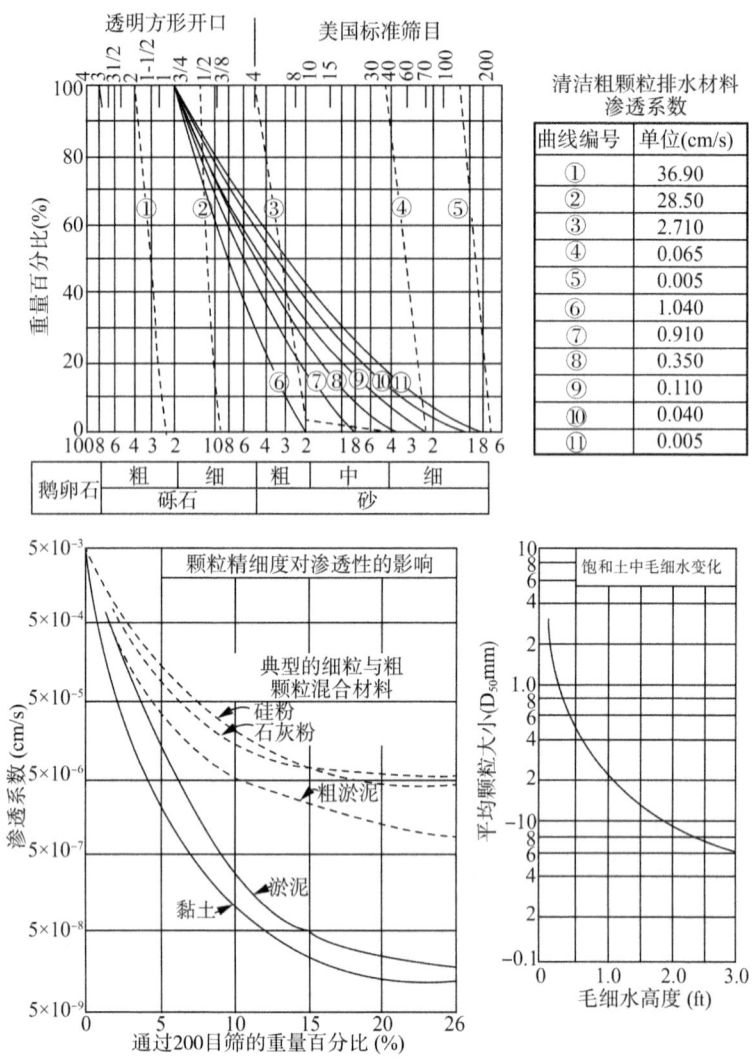

清洁粗颗粒排水材料渗透系数	
曲线编号	单位(cm/s)
①	36.90
②	28.50
③	2.710
④	0.065
⑤	0.005
⑥	1.040
⑦	0.910
⑧	0.350
⑨	0.110
⑩	0.040
⑪	0.005

图3.1　排水材料的渗透性和毛细现象

3.1.2 典型压实土壤的渗透系数值

对于大多数黏土、淤泥和黏土混合物，在达到最大干密度和最优含水率时，$k < 1 \times 10^{-6}$ cm/s（表3.1）。这些值变化很大，依赖于粒度分布、黏土矿物、压实度和含水率。表3.1中渗透率值仅供可行性研究和设计阶段参考。对于最终设计来说，建议采用场地的水和化学液体在场地的土壤中进行渗透率的测试。

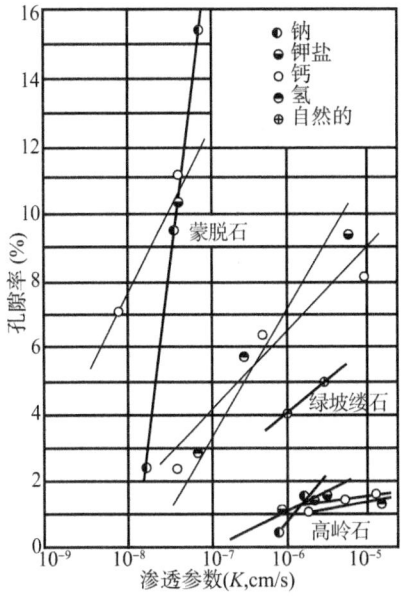

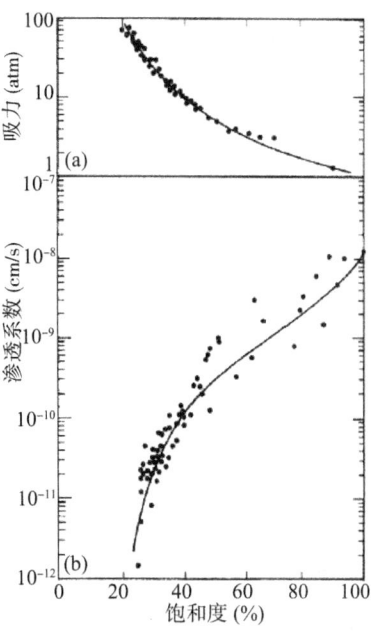

图 3.2　矿物质类型对渗透性的影响　图 3.3　吸力和渗透系数对耐火黏土的饱和度影响

表 3.1　压实土壤的典型渗透系数

代号	土壤分类名称	典型渗透系数(cm/s)
GW	级配好、干净砾石砂混合物	2×10^{-2}
GP	级配不良、干净砾石、砾石砂混合物	5×10^{-2}
GM	粉土质砾石、级配不良砾石砂粉土	$> 5 \times 10^{-7}$
GC	黏土质砾石、级配不良砾砂黏土	$> 5 \times 10^{-8}$
SW	级配良好、干净砂、砾质砂	5×10^{-4}
SP	级配不良、干净砂、砂砾混合物	5×10^{-4}
SM	粉土质砂、级配不良砂粉混合物	$> 2 \times 10^{-5}$
SM-SC	砂质粉质黏土,混有微塑性细粒	$> 1 \times 10^{-6}$
SC	黏土质砂、级配良好、砂粉混合物	$> 2 \times 10^{-7}$
ML	无机粉土和黏质粉土	$> 5 \times 10^{-6}$
ML-CL	无机粉土和黏土混合物	$> 2 \times 10^{-7}$
CL	低-中塑性无机黏土	5×10^{-8}
OL	低塑性有机粉土和粉质黏土	—
MH	无机黏质粉土、弹性粉土	$> 2 \times 10^{-7}$
CH	高塑性无机黏土	$> 5 \times 10^{-8}$
OH	中-高塑性有机黏土	—

注：① 1 atm＝1.013 25$\times 10^5$ Pa。

3.1.3 低渗压实黏土衬垫施工

低渗压实黏土衬垫可以用天然黏性土或者膨润土复合材料来建造。

（1）压实性与渗透性的要求

影响压实黏土渗透性的主要因素有：黏土矿物、压实之后的含水率、压实方法和压实度（或相对压实度）。这些因素影响孔隙大小分布、粒子方向和压实黏土的结构，引起强度和渗透率的变化。此外，冻融也会影响压实黏土的强度和渗透性。

如图 3.4（a）所示，从微孔隙角度来看，最优含水率的黏土矿物颗粒，在干燥状态呈絮凝结构，在湿润状态呈分散结构。较高孔隙率的絮凝结构对应较高的渗透系数。此外，土壤越干燥（即土壤含水率低于最优含水率），强度也会越高。相比之下，最优含水率条件下黏土湿润部分的间孔隙越小，因此渗透系数也较低，由于这些土样的含水率高于最优含水率，与低于或等于最优含水率的压实黏土相比表现出较低的强度。此外，受整体含水率影响的个别颗粒排列方向会影响渗透系数。

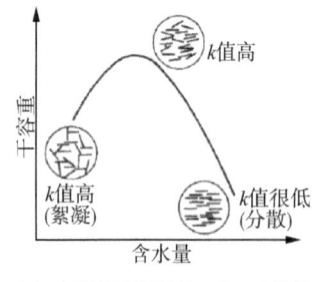
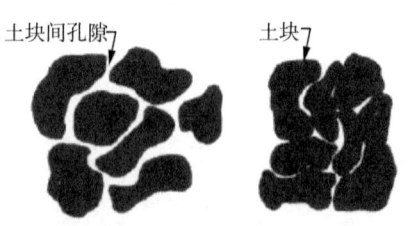

(a) 土壤粒子排列（Lambe，1958）　　　(b) 土块间孔隙对渗透系数的影响（Olsen，1962）

图 3.4　间孔隙、湿度和渗透系数

Olsen（1962）提出了大孔隙的概念，被称为土块理论。根据这个理论，如图3.4（b）所示，当黏性土壤被压实成最优含水率的湿润部分时，柔软而湿润的土块将会被改造，使土块内部的孔隙变小，导致渗透系数变小，与被压实达到最优含水率的干燥部分的土块相比具有较高的孔隙率和更高的渗透系数。

一般来说，从微孔隙角度看，絮凝结构（最优含水率密实土的干燥部分）比分散结构（最优含水率密实土的湿润部分）具有较高的渗透系数。Garcia-Bengochea 等（1979）还指出渗透系数受到以孔隙大小分布的二阶矩为标准的大孔隙分布的变化的影响[图 3.5（a）]。

黏土矿物对渗透系数的影响如图 3.5（b）所示，图中指出了含 Na 离子的饱和土壤的渗透系数会比那些含 Ca 离子的饱和土壤低,因为较低价的 Na 会形成一个双倍厚度的层,导致分散结构的形成,而含较高价的 Ca 的饱和土壤将会形成絮凝结构。图 3.5(c)表明通常渗透系数随着压实含水率的增加而减小。图 3.5(d)描述了两种相似的压实方法模型,表明动力压实法比静态压实法更有效率。

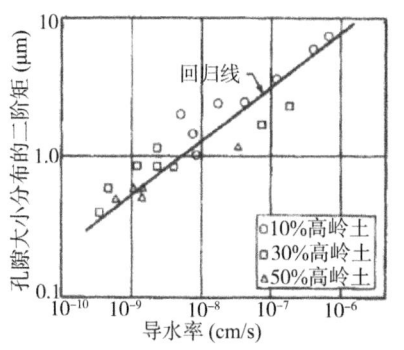

(a) 孔隙大小分布(Garcia-Bengochea et al.,1979)

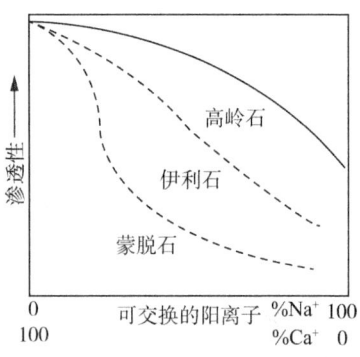

(b) 黏土矿物学和可交换的阳离子
(Yong and Warkentin,1975)

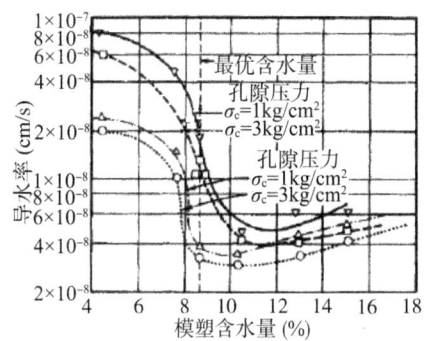

(c) 压实过程中的水分含量(Mitchell et al.,1965)

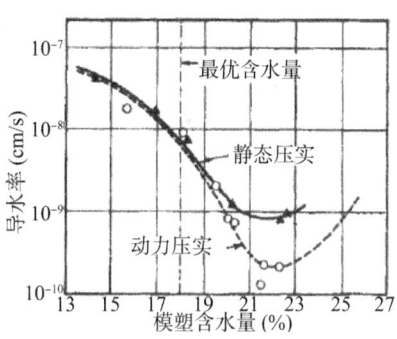

(d) 不同压实方法下导水率与模塑含水量
的关系(Mitchell et al.,1965)

图 3.5 影响压实黏土渗透性的因素

图 3.6 表明对于通常采用同一种压实方法,渗透系数随着压实压力的增大而减小(各种 Proctor 试验显示的结果);随着压实含水率的增加而减小;在相同压实含水率下,随着密度的增加而减小。对指定渗透系数值的黏土衬垫来说,要求压实采用的传统方法(图 3.6 所示)。根据这个方法,一个土壤衬垫渗透系数在压实含水率 ω_1 及 ω_2 之间具有的最小干密度 γ_d(或者一个相对压实度 $RC = \gamma_d / \gamma_{dmax}$)会得到最大允许值,这给出了一个指定的可接受范围,如图 3.7 所示。

这方法需用到衬垫的其他参数，比如土壤剪切强度、衬垫接口强度、膨胀压缩情况等。图 3.8(a)表明了在可接受的渗透系数条件下含水量与干容重的区域，图 3.8(b)表明了其他因素的设计所需要的数值范围。为了满足所有相关因素的设计需要，这些范围需要叠加起来并且确定一个总体可以接受的范围。

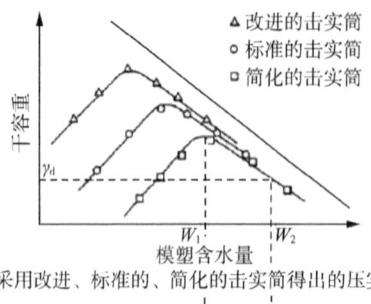

(a) 采用改进、标准的、简化的击实筒得出的压实曲线

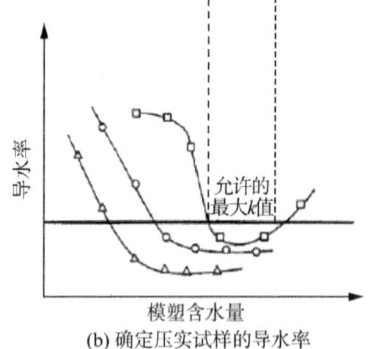

(b) 确定压实试样的导水率

图 3.6 确定密实曲线和导水率

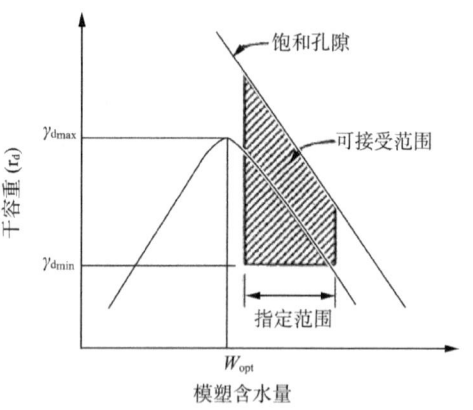

图 3.7 传统方法规范的可接受的
黏土衬垫的含水量和干容重

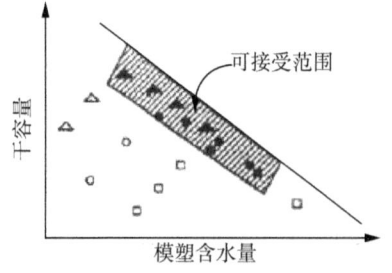

（a）按达到渗透系数最大允许值的压实试样的
可靠记录来修改压实曲线

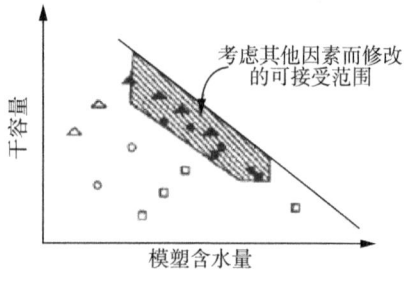

（b）基于其他考虑因素如抗剪强度和当地
施工情况而修改的可接受范围

图 3.8 建议设计过程

图 3.9(b)展示了某地区干旱土地上压实黏土衬垫的案例,这个衬垫需要达到:①渗透系数小于等于 1×10^{-7} cm/s;②无侧限抗压强度大于等于 30 lb/in^2 [①];③干燥情况下的体积收缩率小于等于 4%(这是根据低收缩与潜在的干燥情况下可能开裂而要求的)。如果相对密度(RC)在 96% 和 98% 之间变化并且含水率在最优含水率范围的 2% 左右,这个地区的特定黏土能符合上述要求。

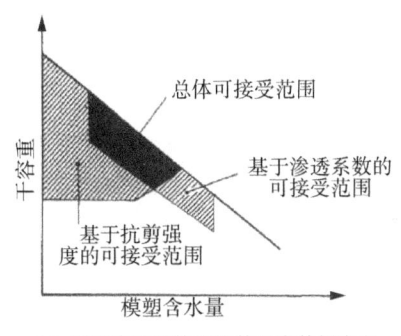 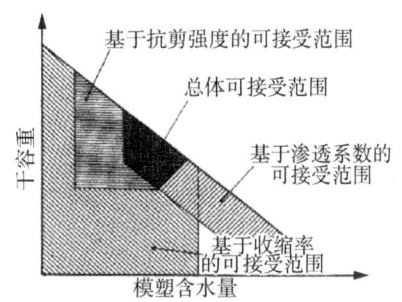

(a) 利用渗透系数和抗剪强度数据定义 单一的可接受范围

(b) 基于低渗透系数、低干燥引起的收缩率和高 无侧限抗压强度的可接受范围

图 3.9 干容重与模型水分含量的关系以及可接受的区域

(2) 黏土材料衬垫的一般要求

黏土衬垫的主要目的是为废弃物封存内衬系统提供一个低渗透性(通常 $k \leqslant 1 \times 10^{-7}$ cm/s)的膜。对整个衬垫系统的评价来说(如边坡稳定性的要求),其他衬垫特性(如压实黏土的不排水强度、一个合成衬垫与土之间的界面强度)同样重要。不管怎样,这些特性的要求通过改变整个废弃物封存装置的几何结构(如高度和坡度等)来适应。

Benson 等(1999)提出了这些衬垫可以由类型广泛的黏性土建造,主要强调的是在最优含水率条件下的湿边进行压实。天然土壤材料的最大粒子尺寸为 25 mm 至 50 mm,砾石百分比低于 30%,细粒成分含量(通过 200 目标准筛的百分比)约高于 40%,可塑性指数大于 15%,当压实恰当时(湿度和密度通过实验室测试来确定),能达到渗透性的要求($k \leqslant 1 \times 10^{-7}$ cm/s)。

3.1.4 混合型低渗透性土壤衬垫

如果现场没有足够的所需要的黏土材料,可利用高渗透性的土料与低渗透性的黏土或者外来黏土混合使用。一般情况下,都应该先确定合适的土料混合

注:①1 lb/in^2=7.030 70×10^2 kg/m^2。

渗透系数比例，大约 5%至 10%（干容重）的钠基膨润土与分选性良好的土混合能够实现 $k \leqslant 1 \times 10^{-7} \, cm/s$。分选性差（统一评级）的土料，与大约 10%至 15%的膨润土混合可能达到相似的渗透性。例如，黄土与 5%的膨润土混合能使 $k \leqslant 1 \times 10^{-7} \, cm/s$，相似的渗透性也能利用砾石和砂（约 27%的细骨料）与 6%的钠基膨润土混合的混合材料制得（Knitter et al.，1993）；Sivapullaiah 等（2000）提出了预测膨润土和砂的混合物的渗透系数的方法。

3.2　土工膜衬垫

土工膜衬垫是渗透率非常低（也泛称为不透水）的薄膜衬垫，用来控制工程项目中的流体迁移。目前使用的土工膜主要有三大类型：

（1）热塑性聚合物。这意味着聚合物可以融化，并且可以冷却它直到恢复原来的结构。这类的土工膜有聚氯乙烯（PVC）、聚乙烯（PE）[分为不同的密度，例如很低密度聚乙烯（VLDPE）、线性低密度聚乙烯（LLDPE）、中等密度聚乙烯（MDPE）、高密度聚乙烯（HDPE）]、氯化聚乙烯（CPE）、氯磺化聚乙烯（CSPE）和乙烯聚合物合金（EIA）。

（2）热固性聚合物。这些聚合物只能处理一次，因为进一步的处理会导致材料的降解。比如丁基或异戊二烯异丁烯（IIR）、乙烯丙烯（EPDM）、聚氯丁二烯（polychloroprene）、乙烯-丙烯三元共聚物（EPT）和乙烯-醋酸乙烯酯共聚物（EVA）。

（3）组合。这个类型的有聚氯乙烯/丁腈橡胶（PVC/NBR）、聚乙烯/乙丙橡胶（PE/EPDM）和聚氯乙烯-乙基乙酸乙烯酯。

在废弃物填埋场的应用中，通常使用的是热塑性塑料土工膜，它与原料树脂一起使用并增加添加剂（包括氧化剂、加工剂和润滑剂）、填充剂和增塑剂，这种土工膜为高密度聚乙烯（HDPE）和很低密度聚乙烯（VLDPE），每种都有 96%至 97%的原料树脂，0.5%至 1%的添加剂，2%至 2.5%的炭黑填料，没有增塑剂。相比之下，聚氯乙烯（PVC）有 45%至 50%的树脂，3%至 5%的添加剂，10%至 15%的炭黑填料和 35%至 40%的增塑剂。这说明上述几种土工膜，实际上都是确定了成分及其比率的一种化合物。

在废弃物封存系统中，常用的两种土工膜类型是聚乙烯（PE）和聚氯乙烯（PVC）。尽管聚氯乙烯（PVC）由于价格经济与易于安装[聚氯乙烯（PVC）适用于熔剂焊接、聚乙烯（PE）适用于热焊接]的特点被广泛推荐和应用在许多废弃物封存实例中，但在垃圾填埋场中，聚乙烯（PE）还是最常用的基础和覆盖衬垫材料。聚乙烯(PE)土工膜也广泛应用在表面废水池衬垫中,主要是因为它的高耐化学腐蚀性和持久性。

3.2.1 材料性能及测试

土工膜的材料特性,包括物理性质、力学性质、持久性能等。

(1) 物理性质

物理性质包括膜的厚度、密度和单位面积上的质量、熔体流动指数(MFI)、透湿性(WVT)和溶剂蒸气渗透(SVT)。

①厚度。测量土工布和土工膜的实际厚度的标准测定方法是使用一个在 5 s 内受到 20 kPa 的测厚仪。对于一个特定结构的土工膜,测量一般在光滑的边缘地带进行。这个方法得到的是公称厚度,不一定是最小厚度。

②单位面积上的质量和密度。一个土工膜的密度和特定重量是用密度小于 $1 \ g/m^2$ 的材料来测定的。

③熔体流动指数。熔体流动指数描述了熔融土工膜树脂的流动性。通过将聚合物在一个炉子里加热至熔化,然后在 10 min 内用恒定荷载推动熔体通过一个孔来测定该指数。

④透湿性。土工膜的渗透性非常低,间接解释了透湿性实验中渗透系数值的范围只有 0.5×10^{-13} cm/s 至 0.5×10^{-10} cm/s。传统的岩土渗透率测定方法是不适用的,测试土工膜 k 值的间接方法是用透湿性测定。

⑤溶剂蒸气渗透。一个废物封存单元,除了水之外还有其他液体,需要使用的土工膜能收容这些液体。这些液体包括垃圾填埋场渗滤液、垃圾填埋场覆盖系统中的甲烷和废弃物表面的碳氢化合物蒸气等。在这些液体存在的情况下,与单纯使用水的测试相比,这些液体的分子大小和相互之间的吸引力对于聚合物衬垫材料来说会导致蒸气渗透值的截然不同。例如,甲醇的 SVT 值对于 32 mil 的 HDPE 是 $0.16 \ g/(m^2 \cdot d)$,对于 30 mil 的 LDPE 是 $0.74 \ g/(m^2 \cdot d)$;对于二甲苯形成的 HDPE 和 LDPE 这两种类型的 SVT 值分别是 $21.6 \ g/(m^2 \cdot d)$ 和 $116 \ g/(m^2 \cdot d)$。

(2) 力学性质

力学性质包括拉伸性能、撕裂阻力、抗冲击性、环境应力开裂、穿刺阻力。

①拉伸性能

图 3.10 为土工膜在指数拉伸试验、宽幅试样拉伸试验和轴对称拉伸试验下的应力-应变曲线。结果表明不同实验类型下的定量值(应力-应变)不同。选择正确的实验来模拟现场条件是非常重要的。典型的抗拉强度值的范围:60 mil

厚的 HDPE 的值是 225 lb/in 至 245 lb/in，80 mil 厚的 HDPE 的值是 280 lb/in 至 325 lb/in，40 mil 厚的 VLDPE 的值是 125 lb/in 至 140 lb/in，40 mil 厚的 PVC 的值是 90 lb/in 至 95 lb/in。

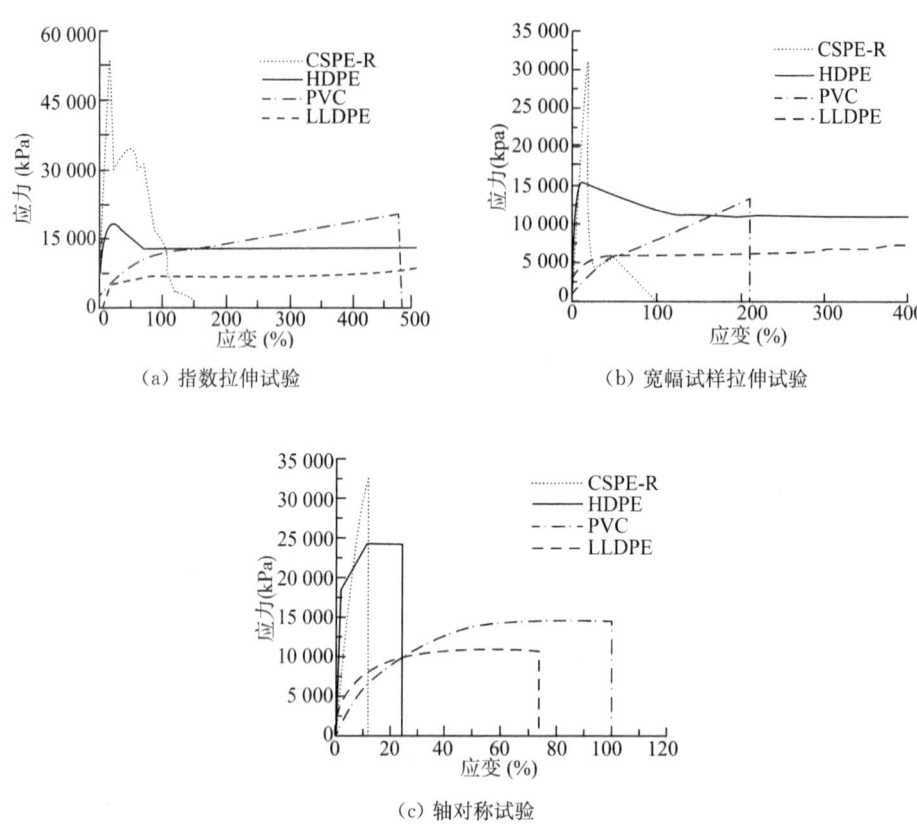

图 3.10　多种土工膜的应力-应变实验曲线

②撕裂阻力

对于土工膜没有特定要求的撕裂阻力值，但是撕裂阻力越高越好。热塑性土工膜常被用来测试撕裂阻力。例如，60 mil 厚的 HDPE 的撕裂阻力值是 40 lb 至 45 lb，80 mil 厚的 HDPE 的撕裂阻力值是 50 lb 至 60 lb，40 mil 厚的 VLDPE 的撕裂阻力值是 15 lb[①]至 20 lb，40 mil 厚的 PVC 的撕裂阻力值是 10 lb 至 12 lb。随着土工膜变得越来越厚，其撕裂阻力会增加，同时装置的撕裂也可能不会再成问题。

注：① 1 lb＝0.453 592 kg。

③抗冲击性

土工膜对高空坠物有一定抗冲击性,可以防止土工膜撕裂以及撕裂造成的泄漏。抗冲击性测试可以使用做自由落体运动的投掷物,还可以通过施加摆锤式冲击来进行。实验表明:土工膜越厚其抗冲击性越高;将土工布覆盖在土工膜上或放在土工膜的下面都能显著地提高其抗冲击性;此外,与只在土工膜一侧放置土工布相比,同时在土工膜两侧都放置土工布能显著地提高其抗冲击性。

④穿刺阻力

当被放置在粗糙面、石头和锋利物体之上或之下时,土工膜容易被刺破,导致泄漏。由于检测和处理这种泄漏是非常困难和昂贵的,评价土工膜的穿刺阻力显得非常重要。进行具体试验时,可以先用一个直径 1.75 in 的环状土工膜样品夹住,然后用一个直径 5/16 in、具有 45°倒角的杆以 12 in/min 的速度穿透薄膜,测出的最大荷载就是穿刺阻力。

加固过的土工膜比没有加固过的具有更大的穿刺阻力。土工膜的抗穿刺性随着厚度的增加而增加,如 80 mil 厚的 HDPE 的穿刺阻力为 900 N,60 mil 厚的 HDPE 的穿刺阻力为 700 N。当一个 12 oz/yd^2 针刺非织造土工布放置在土工膜之上(之前)时,80 mil 厚的 HDPE 的穿刺阻力从 900 N 增加至 1 150 N;当土工膜的两侧都放置这种土工布时,穿刺阻力会增加至 1 600 N。

⑤环境应力开裂

环境应力开裂(ESC)是指土工膜在遭受一个小于抗拉强度(短期)的应用拉应力时,所引起的破裂或裂缝(内部或外部的)。尽管环境应力开裂(ESC)能发生在 PE、PVC 和聚酯中,但它更可能发生在密度较高(因为结晶度)的聚醚砜(PES)中。环境应力开裂经常发生在被磨伤之后留下的划痕所引起的裂缝中。同时,大多数环境应力开裂发生在封存室的表面,因为薄膜暴露在空气中,空气温度的变化使拉应力也产生了变化。

土工膜可以通过混合或制造加工提升适当的聚合物性能来加强环境应力开裂(ESC)阻力,如重量、方向和分布。图 3.11 展示了从缺口恒定拉伸载荷(NCTL)试验结果中得到三种可能的曲线类型。在这个图中 T_t 表示转换时间,σ_t 表示转换应力,表明了材料转变为脆性开始的时间和说明了材料转换成了慢性裂缝生长机制。典型的 T_t 值范围是 10 h 至 5 000 h,当前对一个可接受的 HDPE 土工膜的推荐时间是 100 h。

注:① "oz/yd^2"即"盎司/平方码",1 oz/yd^2 = 33.906 g/m^2。

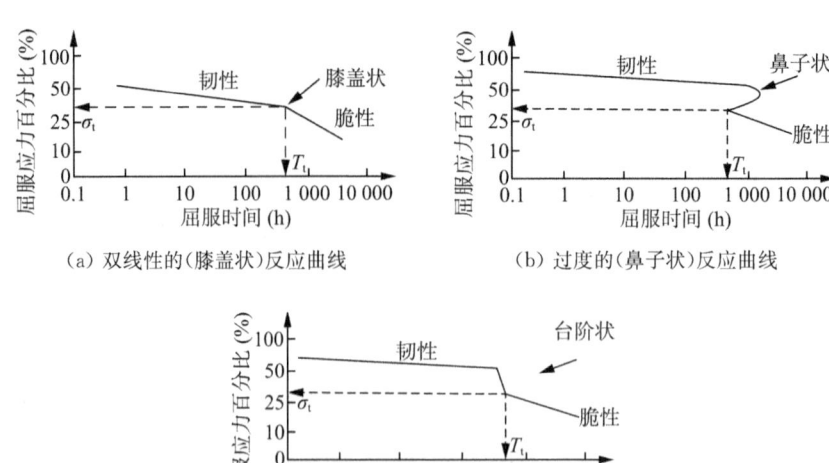

（a）双线性的（膝盖状）反应曲线　　　（b）过度的（鼻子状）反应曲线

（c）三线性的（台阶状）反应曲线

图 3.11　缺口恒定拉伸载荷试验的典型曲线

（3）持久性能

许多的因素，如紫外线、辐射、生物作用、化学作用、热气流和氧化作用等，可能引起土工膜聚合物结构中聚合物结合链被打断，从而影响土工膜的长期性能。随着时间的推移，土工膜的应力-应变行为使它变得脆弱。因此，可以从物理和机械性能方面评估聚合物退化的影响。

①抗紫外线强度

土工合成材料的紫外线退化是由紫外线中波（UVB 的波长范围在 280 nm 至 315 nm）的能量引起的，表现为严重的聚合物伤害。在土工膜中添加炭黑色素使损害最小化。如果 HDPE 中的炭黑含量达到 2%，PVC 中的含量达到 10%，那么一般认为土工膜具备一定的抗紫外线强度。

②抗辐射强度

大家普遍意识到高级别的放射性废物会造成土工膜的聚合物降解，而低级别的放射性废物可以在一个以 HDPE 为内衬的维护系统中处理。

③耐化学腐蚀性

土工膜是用于将垃圾封存系统的衬垫，能把污染物包在系统中。因此，土工膜需要对所包含化学物质具有耐化学腐蚀性。

一般来说，这个实验首先要确定土工膜的物理和机械性能，然后将土工膜试样放入一个带有特定场地化学物质的浸槽中，实验时的温度是室温（22°）和更高的温度（50°）。实验还设置不同的时间段（30 d、60 d、90 d 和 120 d），在每个时间段的末尾,试样会被取出并评价性能的变化。为了防止化学挥发的物质损失,培育过程发生在一个封闭的槽中。如果实验表明重量的变化小于10%、抗拉强度的变化小于20%、断裂延伸率的变化小于30%,可以认为PVC、LLDPE、VLDPE和CSPE对特定的化学物质具有抗性。要使HDPE变得有抗性,那么重量的变化应该小于2%,屈服强度的变化应该小于20%,屈服延伸率的变化应该小于30%,撕裂阻力的变化应该小于20%,穿刺阻力的变化应该小于20%。

④耐热性

过高和过低的温度会对土工膜的物理和机械性能产生影响,过低的温度使其灵活性降低,从而使接缝变得更加困难,这将造成安装问题。

⑤抗氧化性

氧气与自由原子团(由聚乙烯链中的碳原子生成)通过分子结构的传递结合之后,生成过氧氢根自由基原子团。如果一个土工膜暴露被不饱和土覆盖很长一段时间,会导致"断链"和退化。如果将土工膜表面的氧气移除,氧化降解就不会发生。因此,薄膜由于覆盖着废弃物和液体不会经历这一问题。

⑥ 生物抗性

土工膜在特定的场地情况下使用,会出现生物抗性(动物、真菌和细菌)的问题。目前没有详细的、适用的对生物抗性进行测试和评估方法,但是一般认为高分子聚合物土工膜具有良好的生物抗性。

3.2.2 土工膜的接缝

尽管土工膜可以被制造成各种各样的规模尺寸,但为了在现场安装几英亩^①的土工膜,仍然需要现场缝合。PVC土工膜缝合使用高温或熔剂焊接;PE土工膜通常使用高温焊接。表3.2展示了HDPE土工膜的现场缝合技术,其中最常用的两种PE土工膜缝合方法是:

①圆角挤压焊接。这是由一个手动操作的挤压焊机从熔化的母材中挤出珠状焊接的方法(表3.2)。

表3.2 HDPE土工膜的现场接缝技术

方法	接缝形式	代表性速率	备注
圆角挤压焊接		100 ft/h	上下板必须打磨;上板必须斜切;手动控制高度和位置;挤出物必须使用相同的聚合化合物;空气加热器可以预热板材

注:① 1英亩=4 046.86 m²。

续表

方法	接缝形式	代表性速率	备注
扁平挤压焊接		50 ft/h	适用于长平面；高度自动化；边坡施工困难；挤出物必须使用相同材料；空气加热器可以预热板材
热风焊接		50 ft/h	有利于板间黏合；手持式和自动化设备；气温波动很大；无挤出物
热楔焊接		300 ft/h	可用单路径或双路径；内置无损检测；高度自动化；无挤出物
超声波焊接		300 ft/h	土工膜的新技术；全自动化
电焊		未知	土工膜的新技术；仍处于发展阶段；挤出物必须使用相同材料

②双楔焊接。它是通过熔化两个 PE 土工膜的面板边缘表面，然后在两个表面之间运转一个高温金属楔来焊接，最后用一个滚轴施加压力形成均匀连接，图 3.12 展示了一个双楔焊接的典型剖面。

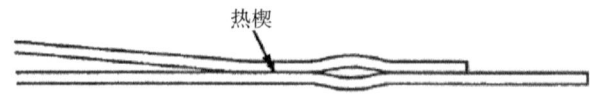

热楔

图 3.12　通过双楔焊接的典型截面

接缝强度可以通过破坏性实验和非破坏性实验来测量。剥离和剪切是两种常见的破坏性实验是，图 3.13 是对试样进行剥离和剪切实验的原理图。非破坏性实验并不能测试接缝强度，但是可以用来检测在接缝处是否存在漏洞（泄漏）。两个常见的非破坏性实验是真空和气压实验。在真空实验中，将一种含有肥皂的溶液涂在接缝上，再将一

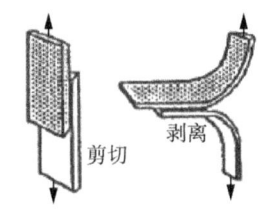

剪切

剥离

图 3.13　剪切和剥离示意图

个真空盒子放置在接缝上，实验中应用的真空度是 5 psi。如果出现一连串的肥皂泡，就表明接缝处存在泄漏而且必须修理。气压实验只在双楔焊接中进行。实验中，先密封原本通畅无阻的双楔焊接的两端，然后用大约 30 psi 的气压压大约五分钟。如果气压减少超过 2 psi，说明接缝处存在泄漏而且必须进行修理。

注：① "psi"即"磅力/平方英寸"，1 psi＝6.895 kPa。

一般所需要的接缝强度，基于剪切实验，对于 HDPE 来说，通常是 90％的原土工膜屈服强度。对 PVC 来说，80％原土工膜的断裂强度是可以接受的，根据剥离试验，推荐接缝强度应该是大于 60％原土工膜屈服强度的剥离强度并且小于在实验最后的 10％剥离强度。

3.3 土工织物

土工布被定义为一个由纺织品组成的、可渗透土工合成材料。大多数土工布是聚酯或聚丙烯聚合物，一些土工布是由聚乙烯或聚酰胺制成。使用在各种土工布中的不同纤维有：

①单丝纤维。通过使用一种包含几个较小直径孔的装置挤压熔融聚合物，然后拉伸冷却而制成，这种装置叫作纺丝机。

②短纤。通过纺丝机压挤生产，将纤维缠绕在一起，再切割成长度 1 ft 到 4 ft 不等的短纤。

③淤泥膜纤维。通过挤压制出的连续片材聚合物并将其切割而成。

可以将上述纤维再制成纺织或非纺织土工布，纺织土工布采用的都是传统的编制方法，而非纺织土工布是由针冲孔或熔融黏合或黏接纤维树脂制成。

在废弃污染设施中，土工布的功能如下：

增加总系统的拉伸强度，纺织土工布一般用于加固用途。非纺织土工布的用途包括：分离两种不同材料，例如粗粒集合体和细颗粒土；在两种尺寸显著不同的颗粒材料之间进行流体流动过滤操作，例如在粒状渗滤液收集层和颗粒混合的操作层之间；用于排水，使得在土工布平面保持足够的液体流动；为保护土工膜，作为支撑上覆的大棱角岩石的缓冲材料，例如在垃圾填埋场的高密度聚乙烯和渗滤液收集层之间。

3.3.1 材料性能

土工材料性能，主要包括物理性质、机械性能、水力特征、耐力特征、降解性能和抗紫外线性能。

（1）物理性质

土工材料的物理性质，包括比重、厚度、面密度和刚度，其中在实践中最常见的特性是厚度和面密度（单位面积质量）。

①厚度。通过织物上部和下部表面在压力 42 lb/ft^2 下测得。厚度不直接运用在设计中，但是与材料属性有关，尤其影响材料的强度和渗透率。

②面密度（单位面积质量）。就是获取已知长度、宽度和厚度的不同位置织物样本，在零张力下进行称重，测量精度达到 0.01 g。质量的指定单位为 oz/yd² 或者 g/m²，通常取值范围在 4~20 oz/yd²。虽然面密度和织物的各种力学性质之间没有直接关系，但是普遍认为重的土工织物有更好的机械性能。

（2）机械性能

土工织物的机械性能包括单轴拉伸强度、多轴拉伸或爆裂强度、撕裂强度和穿刺阻力等。

①单轴拉伸强度。拉伸强度是土工布最重要的一个性质（图 3.14），该试验是通过按住夹具试样的两端，应用拉伸加载来测量伸长率。典型的单位宽度上强度与扩展的单轴拉伸试验曲线如图 3.15 所示。通过此曲线发现，如最大抗拉强度应力值（也叫织物强度）和拉伸应变破坏和弹性模量获取。图 3.16 展示通过不同生产制造过程的各种土工织物的拉伸反应情况。

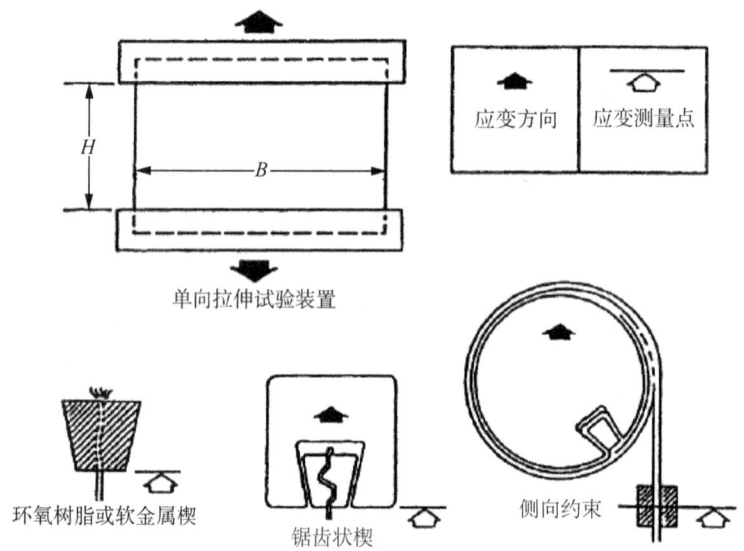

图 3.14　单轴拉伸试验夹紧系统

②多轴拉伸或爆裂强度。爆裂测试常用来评估三轴荷载效果，例如车轮荷载。填埋定点的选择或对土工织物进行穿刺等现场条件可能对织物施加压力甚至导致其破裂。可模拟这类情形的两种方法如下：

（a）针织物及非织造布水压胀破强力试验方法——膜片式胀破强力仪法。在这种方法中，直径 5 ft 土工织物被测试，通过扩展的膜片施加压力直到土工布发生破裂。

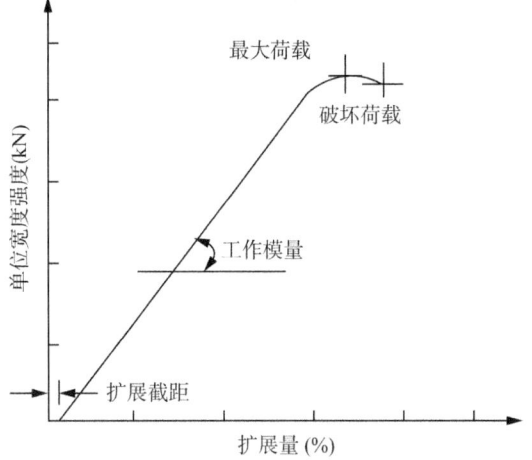

图 3.15　单位宽度上强度与扩展的单轴拉伸试验曲线

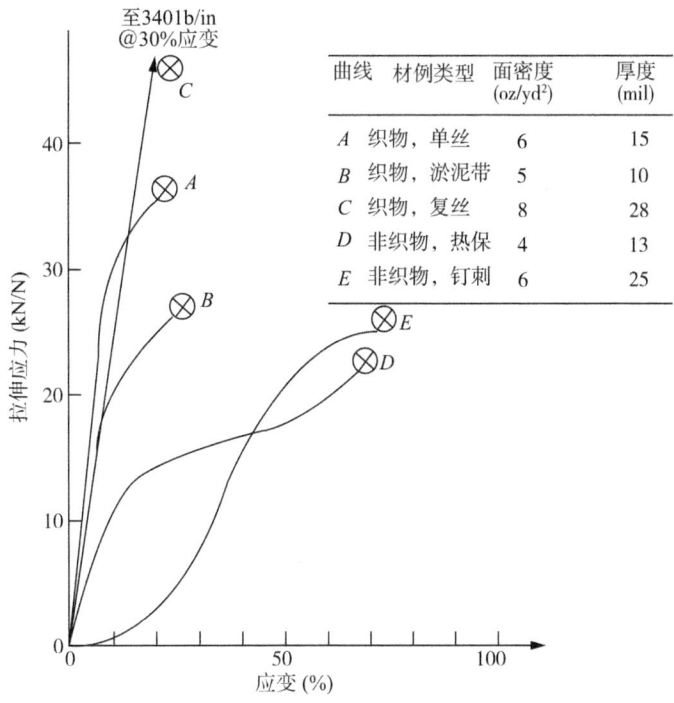

曲线	材例类型	面密度 (oz/yd²)	厚度 (mil)
A	织物，单丝	6	15
B	织物，淤泥带	5	10
C	织物，复丝	8	28
D	非织物，热保	4	13
E	非织物，钉刺	6	25

图 3.16　不同生产过程制造的各种土工织物拉伸测试(聚丙烯材料初始试样宽 8 in,高 4 in)

　　(b)膜片测试法。在这个试验中,一个巨大的矩形试验样本通过下面的橡胶薄膜而变形,同时压力与应变也被监测,这个试验装置非常难建立。

③撕裂强度。因为织物在装设时可能会承受撕裂压力，所以撕裂强度的测试在土工布一开始装设时进行。常用的测试织物抗撕裂能力三种方法分别为：(a)切口撕裂测试；(b)埃尔门多夫撕裂测试；(c)梯形撕裂测试。其中，最常用的方法为梯形撕裂测试，在该测试中，在矩形试样上标记等腰梯形，并切割 0.6 英寸(15 mm)的长口子，以便开始测试。在一个以匀速推动使之撕裂的机器中进行，梯形撕裂强度是引起样本撕裂的最大值。

④穿刺阻力。穿刺阻力是测试土工布在与有尖角的颗粒材料接触情况下的抗穿刺性能，一般用来测试排水材料。常用的测量方法有：(a)土工织物及相关物体抗穿刺阻力指数测试法；(b)加州承载比(CBR)抗穿刺法。但是这两种方法在现场条件下并没有代表性，因为所用的探头是平的，而非尖锐角度型。

（3）水力特征

当织物用于过滤和排水时，需要评估其属性如显孔尺寸（空隙尺寸）、介电系数（交叉平面渗透率）和透射率（平面渗透率）。

①显孔尺寸是指土工布与其空隙相当的颗粒能够有效地通过的尺寸。对显孔尺寸进行测试的过程包括：(a) 将土工布样本进行筛选；(b) 将与其空隙大小相当的玻璃珠置于土工布表面；(c) 晃动土工布和框架以便珠子通过试样；(d) 在相同的样本上用不同大小的玻璃珠重复此过程。

在土工布应用中，当显孔尺寸用来作为保持土壤颗粒与相邻颗粒区别的方法时，对于土工布过滤和排水时非常重要。表 3.2 展示了典型的非纺织土工布属性选择范围。

表 3.2　典型非纺织土工布属性选择范围

材料属性	织物面密度(oz/yd^2)				
	4	6	8	12	16
AOS(U.S. 标准筛)	50～140	70～140	70～140	80～200	100～200
穿刺阻力(lb)	40～70	25～100	95～145	90～210	160～300
马伦爆裂强度(psi)	140～260	210～350	360～450	250～700	500～900
梯形撕裂(lb)	35～60	53～90	75～110	90～145	110～220
抓获拉伸(lb)	90～130	100～225	200～225	265～390	340～500
宽度拉伸(lb/in)	50～62	70～83	90～98	130～184	150～206
介电系数(F/m)	0.70～2.30	0.10～2.00	0.90～1.90	0.05～1.20	0.50～1.10

②介电系数。通过用来过滤的土工布中的水的横向(或垂向)流动进行测量。可定义为如下公式:

$$\psi = K_n/t \tag{3.2}$$

式中:ψ 为介电系数;K_n 是一种厚度为 t 的土工布的交叉平面渗透系数。表 3.2 中给出了典型的非织造土工布介电系数值范围。

③透射率(平面透射率)。透射率(θ)是水流通过土工布平面的衡量值,表达式如下:

$$\theta = k_p t = \frac{QL}{WH} \tag{3.3}$$

式中:k_p 是面内导水率;t 是土工布的厚度;Q 是单位时间内液体排出的均值;L 是样本的长度;W 是样本的宽度;H 是通过样本的总水头高度。

对于织造土工布,其 θ 值在 1.2×10^{-8} m²/s 和 3×10^{-8} m²/s 之间,对于非织造土工布(针刺型)其 θ 值为 2×10^{-6} m²/s,对于非织造土工布(热合成)为 3×10^{-9} m²/s(Gerry and Raymond,1983)。

(4)耐力特征

按照原理,可以通过材料的耐力特征评估土工布的持久性能,然而,由于缺少现行的、长期的恢复样本评估验证试验装置(尤其是来自废弃物封存的结构装置),该特征往往只能提供定性的发展趋势。例如,为使安装损坏最小化,除了采取特别的预防措施以避免安装损坏,不然面密度小于 8 oz/yd² 的土工布不会被使用。

(5)降解性能

土工布的降解性能由于聚合物老化而涉及多种不同降解过程(如温度降解、氧化降解、水解降解、化学降解、生物降解和紫外线降解)。

(6)抗紫外线性能

太阳紫外线(β射线)能损伤高分子聚合物,因此当暴露在太阳光下,土工布的持久性将受到损害。土工布免受紫外线和水的损害试验广泛用于土工布性能评估。许多文献中的试验结果显示,必须保护土工布免受长期紫外线照射,最好的方法是在其外部加一个保护层。覆盖在土工布上的保护层,从工厂装载直到使用之前,都不应展开或者移除。

3.3.2 土工布接缝

通常通过重叠面板进行土工布缝合,依据材料的可压缩性和抵抗因面板重叠产生土工布间摩擦的外加荷载所需的土工布强度，土工面板重叠范围一般是从 10 in 到 24 in。现场缝合土工布面板能有效地替代这种重叠。

普遍建议接缝强度至少要达到 70% 的织物强度。

3.4　土工合成材料黏土衬垫

土工合成材料黏土衬垫（GCL）是由生产商织造的液压屏障卷，通过在土工布间放置膨润土或在土工膜上放置黏合剂制作而成。膨润土是一种自然黏土，具有低渗透性，并且土工合成材料为 GCL 提供密闭单元。图 3.17 显示了可用的 GCL 横截面。如图 3.17(a)所示，两层土工布之间的黏合土可以更换，其商标叫作 Claymax(由 CETO 公司生产)。为了增加黏合土中腔面板的剪切强度，NaBento 公司使用针脚结合法[图 3.17(b)]。图 3.17(c)显示增加中腔剪切强度同样可以通过锁定穿透针刺 GCL 厚度的纤维来实现，这些就像膨润土一样可行。有一种产品叫作 GundSeal，其使用土工膜作为胶着膨润土的一层载体材料（Konerner，1996）如图 3.17(d)所示。

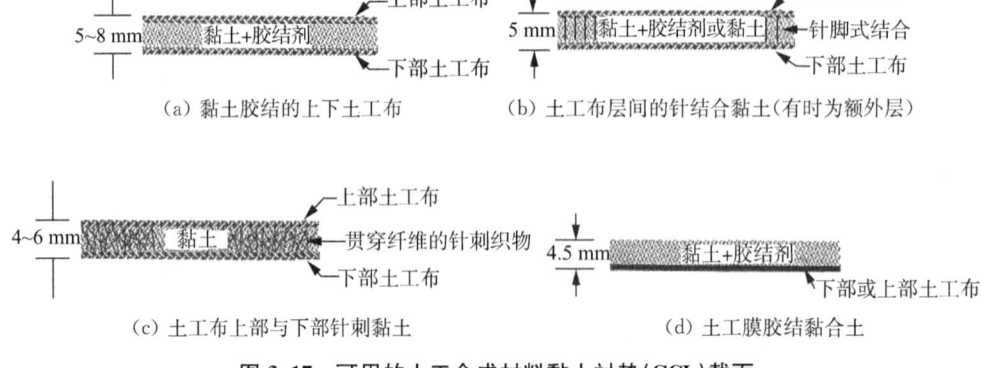

（a）黏土胶结的上下土工布　　　　　　（b）土工布层间的针结合黏土（有时为额外层）

（c）土工布上部与下部针刺黏土　　　　　　（d）土工膜胶结黏合土

图 3.17　可用的土工合成材料黏土衬垫(GCL)截面

3.4.1　GCL 与 CCL 的比较

表 3.3 为压实黏土衬垫（CCL）与 GCL 的对比，除了符合导水率的要求之外，GCL 比 CGL 有更多优势，GCL 现在已经被用于各种废物封存衬垫系统。

表 3.3 GCL 与 CCL 部分不同之处

特性	土工合成材料黏土衬垫(GCL)	压实黏土衬垫(CCL)
材料	膨润土、黏合剂、土工织物和防渗膜	原生土壤或混合原生土壤和膨润土
厚度	通常为 7~10 mm	通常为 300~900 mm
渗透率	≤(1~5)×10^{-11} m/s	≤(1~5)×10^{-11} m/s(美国标准) ≤1×10^{-10} m/s(德国标准)
施工速度	快速、安装简便	慢、建造复杂
MQC 和 MQA 需求	定期检查材料生产	天然材料或矿层通常几乎不需要检查
CQC 和 CQA 状态	简单、直接、程序常见	过程复杂,需专业人员操作
场地干燥敏感性	GCL 在施工中不能变干除非过早水化	CCL 近乎饱和,在施工中可变干
材料可用性	方便运送	不容易运送
经验	人们对其认知度有限	已被广泛使用

注:①来源:Koerner and Daniel,2020。
　　②MQC—生产质量控制;MQA—生产质量保证;CQC—施工质量控制;CQA—施工质量保证。

表 3.4 总结了 GCL 需要解决的各种技术等效问题,许多等效问题依赖于特殊的 GCL 产品和独特的场地条件,即边坡稳定性。总的来说,作为废物封存衬垫,GCL 能起到与 CCL 等效甚至更好的作用。

3.4.2 材料属性

在 GCL 中对膨润土和土工合成材料的试验有许多方法,最相关的 GCL 属性和试验可分为两类:生产质量控制(MQC)试验和工程设计试验。MQC 试验首先重点集中在每种 GCL 组分上(如膨润土、土工布和土工膜),如果可行,则考虑综合 GCL 试验。对于设计工程师而言,最重要的试验是渗透系数试验和直接剪切试验。不过,对于特定场地可能需要额外试验。

(1) GCL 的渗透系数或水力特征

试验表明一种 GCL 的水力特征依赖于作用在样本上的抗压应力。在低压应力(小于 20 kPa)条件下,k 值在 $1×10^{-9}$ 到 $1×10^{-8}$ cm/s,当处于高压应力(大于 100 kPa)状态下时,k 值在 $1×10^{-10}$ 到 $1×10^{-9}$ cm/s(Daniel,1996)。

表 3.4　评价 GCL 类别和需要解决的具体问题

类别	评价标准	可能相关的	
		衬层	覆盖
水力特征	水稳定流量	√	√
	稳定溶质通量	√	√
	化学吸附能力	√	√
	爆发时间	√	√
	水	√	√
	溶质	√	√
	水平流动	√	√
	防渗膜下水平流动	√	√
	固结水的产生	√	√
	气体渗透率	√	√
物理/力学特征	冻融特性	√[a]	√
	干湿特性		√
	总沉降响应	√[b]	√
	沉降差响应	√[a]	√
	边坡稳定性考虑	√	√
	易受侵蚀	√	√
	承载力	√	√
建设问题	穿刺阻力和再密封	√	√
	路基条件考虑	√	√
	易于放置或建造	√	√
	建造速度	√	√
	材料可用性	√	√
	水需求	√	√
	空气污染问题	√	√
	天气限制	√	√
	质量保证	√	√

注：①来源：Koerner and Daniel，2020。
②a　只有在衬层被覆盖，且能防止冻结之前才相关；b　衬层沉降只有在特定的情况下（如垂直或横向膨胀）才考虑。

（2）化学物质对 k 值的影响

众所周知，高浓度的化学物质，如强酸、强碱和碳氢化合物，都可以对 GCL 的 k 值有负面影响。然而，当 GCL 接触到固体废物填埋场的渗滤液时保持其水力渗透系数。在这种情况下，特殊化学物质对 GCL 的 k 值影响问题值得担忧，对这些特殊问题则需做兼容性试验。

（3）水力等效性

如果水头或者深度（h）是在渗透率 k 和厚度 t 的低渗透衬层面上，水的稳定流量或流速（v）有以下关系：

$$v = ki = k(h + t)/t \qquad (3.4)$$

式中：t 为水力梯度；k 为低渗透衬层渗透系数，对于 CCl 代表压实黏土的 k 值，而对于 GCL 则代表膨润土成分的 k 值。

Koerner 和 Daniel（1995）通过等同通量评价了 GCL 与 CCL 的水力等效性（即 $v_{GCL} = v_{CCL}$），并且得到了 GCL 与 CCL 在水流量稳定同等性能的如下关系：

$$(k_{GCL})_{要求的} = k_{CCL} t_{GCL}(h + t_{CCL}) \big/ [t_{CCL}(h + t_{GCL})] \qquad (3.5)$$

根据以上关系，可以计算一个 2 ft 厚的 CCL 具有的 k 值（k_{CCL}）范围：$k \leqslant 1 \times 10^{-7}$ cm/s，等效的 GCL（7 mm 厚）水化后的 k 值（k_{GCL}）为 3.4×10^{-9} cm/s。绝大多数商用膨润土能满足这一对渗透系数的要求。

（4）其他影响因素

影响 GCL 水力特性的其他因素有重叠、干湿周期、冻融循环、不均匀沉降、易穿透性、气体渗透率和膨润土朝 HDPE 土工膜起皱的底部区域迁移。一般来说，干粉末状膨润土添加在重叠位置以达到密封作用。含水 GCL 在干燥条件下容易开裂，但干燥裂缝再水化又会愈合。

因此，干湿周期不会对 GCL 的水力特征产生负面影响，然而自然条件下含有二价阳离子的孔隙水却值得注意。例如，暴露在水中具有较高的二价化合物（$CaCl_2$）的干湿循环周期中的 GCL 的 k 值会明显增大。GCL 的渗透系数在冻融循环条件下不会改变。不均匀沉降评估试验表明，GCL 的 k 值没有明显增大的情况下，能承受大尺度扭曲（Δ/L 高达 0.5）和拉伸应变（高达 10%～15%），其中 Δ 是长度 L 的变形值，相比之下，正常固结土在拉伸应变超过 0.85% 时将会产生开裂。GCL 如果被小物件如钉子或小石头刺穿的话能够"自愈"，然而由它的厚度小，GCL 比 CCL 更容易被刺穿，尤其是被建设设备不小心刺穿。

3.5 土工网

尽管土工网可以由聚丙烯、聚苯乙烯或其他材料制成，但是制作土工网最常用的材料为聚乙烯。

3.5.1 材料属性和土工网试验

土工网有许多属性对长期现场应用是非常重要的，如物理性质、机械性能、耐力以及环境属性。对于排水的两个非常重要的特性是厚度或透射率。

（1）厚度

厚度测试是织物材料厚度测量方法和测量土工布或土工膜的正常厚度方法。土工网的厚度测试是在接近 3 psi 常压下进行测试的，尽管厚度本身不是土工网的一种显著特性，但是土工网越厚，其流通能力越强。

（2）透射率

透射率为每单位宽度式样的平面平行方向上的每单位流量梯度的体积流速。透视率试验是根据土工布或土工织物产品平面流的恒定头压液透视方法进行的。流速取决于正常水压和水力梯度。在真正的现场条件下，土工网夹置在土工布或土工织物和土工膜之间。表 3.5 展示了在各种水力梯度下 6.3 mm 厚的土工网两种情况流量行为的比较数据：①当土工网两侧有 1.5 mm 厚的高密度聚乙烯（HDPE）；②当土工网装设在一个质量密度为 540 g/m² 非织造针刺土工布和一个 1.5 mm 厚的 HDPE 土工膜下面。当周围物质进入土工网时将降低液体流速，保持正常水压和水力梯度恒定。

表 3.5　两种土工网夹层之间的流速比较[a]

法向应力（kPa）	横截面	水力梯度（i）					
		0.03	0.06	0.12	0.25	0.50	1.00
50	HDPE（双面）	0.005	0.011	0.019	0.032	0.055	0.095
	GT/黏土（单面）	0.004	0.008	0.013	0.022	0.038	0.059
	不同	0.001	0.003	0.006	0.010	0.017	0.036
	缩小	20%	27%	31%	31%	31%	38%
250	HDPE（双面）	0.005	0.011	0.017	0.028	0.048	0.077
	GT/黏土（单面）	0.004	0.008	0.012	0.019	0.032	0.052
	不同	0.001	0.003	0.005	0.009	0.016	0.025
	缩小	20%	27%	29%	32%	33%	32%
500	HDPE（双面）	0.005	0.010	0.017	0.027	0.047	0.072
	GT/黏土（单面）	0.004	0.007	0.012	0.018	0.028	0.043
	不同	0.001	0.003	0.005	0.009	0.019	0.029
	缩小	20%	30%	29%	30%	40%	40%

续表

法向应力 （kPa）	横截面	水力梯度（i）					
		0.03	0.06	0.12	0.25	0.50	1.00
950	HDPE（双面）	0.005	0.008	0.013	0.021	0.035	0.054
	GT/黏土（单面）	0.004	0.007	0.011	0.017	0.024	0.035
	不同	0.001	0.001	0.002	0.004	0.011	0.019
	缩小	20%	12%	15%	19%	31%	35%

注：a 这两个案例是一个 6.3 mm 厚的土工网夹在：①两个 1.5 mm 厚的土工膜之间；②一个非织物土工
布和黏土之上与一个 1.5 mm 厚的土工膜之下。

3.5.2 土工合成排水管

土工合成排水管通常会用土工网进行排水和土工布进行分离和过滤。土工复合排水通常会用一个土工网夹在两片土工布之间或者一侧为土工布另一侧为土工膜。目前，使用土工布与土工布是典型的通过热黏合实现强度增加的方法，土工网和土工布同样适用于土工合成排水管组成部分。

3.6 各种衬垫组件的界面强度

填埋场的设计，需要考虑各衬垫组件界面（内部或外部）之间的强度，这些界面一般包括：低渗透性土壤和合成膜、合适的地基和 GCL 或其他土工合成材料、GCL 的内部强度、土工布和土工合成材料。

这些接口和内部强度对于一个密闭系统的稳定性评价是非常重要的，尽管有多种界面强度试验过程，如扭转环、倾斜台等，普遍认为直接剪切试验是一个比较好的为废物封存设计应用而建立的界面强度试验。

3.6.1 直接剪切试验

试验确定剪切应力和位移之间的关系，可以解释以下组合间的抗剪强度：①土壤对土工合成材料；②土工合成材料对不同或相近的土工合成材料；③土和土工合成材料的任意组合；④任意类型的 GCL 材料的间隔强度。

3.6.2 界面剪切强度：抗剪包络线

与理想的摩尔-库仑包络线（代表的是剪切应力与正应力之间的关系）不同，在衬垫界面的峰值和峰后位移的强度包络线一般都是在正应力之上的曲线。图 3.18 展示了低渗透性的压实黏土和变形 HDPE 土工膜的应力包络线。图

3.19 展示了变形 HDPE 和非织造土工加筋 GCL 的强度包络线,在本图中界面剪切破坏包络线为 ABC,这些包络线可视为在狭窄范围内的正常压应力直线,但在大范围的正常压应力下为非线性或多重线性(一条或两条以上线)。

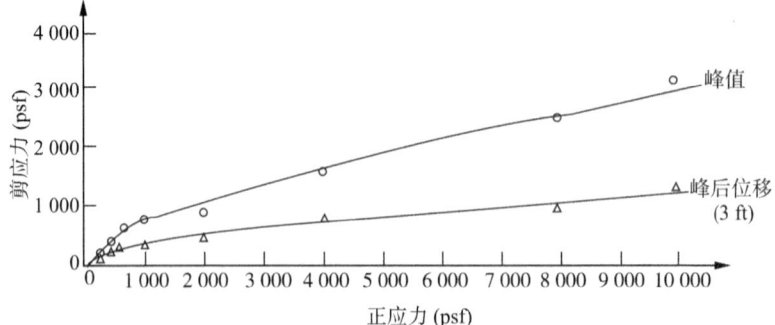

图 3.18 变形 HDPE 的典型剪应力与正应力关系图

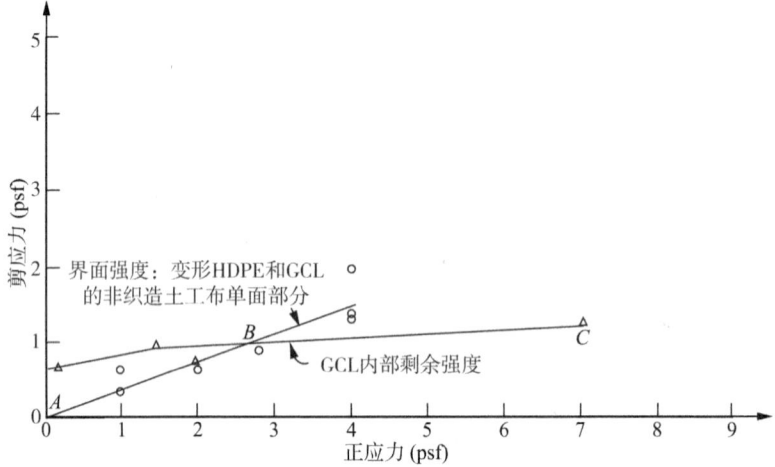

图 3.19 GCL 内部与界面强度数据

第 4 章

填埋场渗滤液的导排

垃圾渗滤液收集导排系统(以下简称 LCRS)的目的是通过对渗滤液收集并将它从垃圾填埋场移除,达到尽可能降低防渗层上的渗滤液积累。一个标准复合防渗结构(包含柔性膜衬砌上的覆夯实土)设计要符合 LCRS 要求,确保衬砌上方渗滤液深度不超过 12 in;用于渗滤液收集和导排的材料层不会穿透下覆防渗结构;防渗结构固定合适不存在过度受拉状态。

一个标准的 LCRS 包括五个部分:①直接置于分级防渗层或防护层上的可渗透导排层;②置于防渗层和导排层间的防护层,用于保护防渗层不受导排层上的建筑物和废弃物荷载所带来的机械损伤;③多孔渗滤液收集管体系;④导排层上部的防护、过滤层,在项目建设运营期,防止导排层堵塞以及保护导排层和管道不受废弃物里面的尖锐物体损伤;⑤集液井,沉淀池以及用于移除渗滤液的泵。

4.1 衬垫系统的渗滤量估算

4.1.1 渗滤机制

通过土壤衬垫的渗漏量(q_s),可以用下列公式来估算:

$$q_s = k \frac{\Delta h}{L} A \tag{4.1}$$

式中:k 是渗透系数;$\Delta h/L$ 为每单位长度的水头损失;A 为流动发生的横断面积。

土工膜衬垫发生渗漏的原因有:①由压差引起的渗流(液体或气体);②土工膜缺陷的渗漏,如土工膜针孔、缺口、穿刺和撕裂。

通过一针孔的液体流量(Q_p),可以根据如下公式估算:

$$Q_p = \frac{\pi \rho g h_w d^4}{128 \eta T_g} \tag{4.2}$$

式中:针孔是指尺寸小于土工膜厚度(T_g)的一种缺陷;ρ 为液体的密度;g 为重力加速度;h_w 为在土工膜上的液体深度;d 为孔直径;η 为液体黏度。

通过直径等于或大于土工膜厚度的张开孔的液体流量,可由下列公式计算:

$$Q_h = C_B {}^a\sqrt{2gh_w} \tag{4.3}$$

式中:C_B 是一个与孔径边界形状相关的无量纲系数,对于边缘它等于 0.6;a 是土工膜洞的面积。关系式(4.3)为伯努利方程,并且假设土工膜任何一面渗透率大于 0.1 cm/s 的材料具有无限渗透率。

4.1.2　复合衬垫渗滤量

复合衬垫是由低渗透材料组成，如土工膜覆盖的土壤衬垫。通过复合衬垫缺陷的流动有三个途径：首先，液体通过土工膜孔发生的流动；其次，液体沿着低渗透性土壤衬垫和土工膜之间界面流动；最后，液体通过低渗透性土壤衬垫向下流动。

如果土工膜和低渗透性土壤衬垫紧密接触，界面流动将不会发生。Giroud 和 Bonaparte(1989)指出有小孔的土工膜复合衬垫系统泄漏速率(Q)和湿区半径(R)为：

$$Q = 0.7a^{0.1}k_s^{0.88}h_w \tag{4.4}$$

$$R = 0.5a^{0.05}k_s^{-0.06}h_w^{0.5} \tag{4.5}$$

式中：a 为土工膜洞的面积；k_s 为低渗透土壤衬垫的渗透系数；h_w 为土工膜上的液体深度。

例 4.1　复合衬垫系统由一个厚度为 60 mil 的 HDPE 土工膜覆盖的厚度为 2 ft(渗透系数为 10^{-7} cm/s)的压实黏土衬垫组成，在质量保证或质量控制条件下，估算：①在正常操作条件下；②对标定 LCRS 组件大小条件下的衬垫泄漏量。对于以上两种情况，已知在衬垫系统上的液体深度为 6 in，假设总衬垫面积为 20 亩。

解：

①运用式(4.4)，将正常操作条件下 $k_s = 10^{-7}$ cm/s，$a = 0.005$ in^2，$h_w = 6$ in 代入，得：

$$Q = 0.7 \times (0.005)^{0.1}\left(10^{-7}\frac{1}{2.54}\right)^{0.88}(6)(20) \text{ in}^3/\text{s}$$
$$= (7.5 \times 10^{-7}) \times 20 \text{ in}^3/\text{s}$$
$$= 1.5 \times 10^{-5} \text{ in}^3/\text{s}$$

②唯一的区别是用一个 0.16 in^2 的孔，即 $a = 0.16$ in^2 代入式(4.4)，得到以下方程：

$$Q = 0.7 \times (0.16)^{0.1}\left(10^{-7}\frac{1}{2.54}\right)^{0.88}(6)(20) \text{ in}^3/\text{s}$$
$$= 2.1 \times 10^{-5} \text{ in}^3/\text{s}$$

4.2　渗滤量的数值模拟与导排设计

渗滤液是由废弃物与浸润水接触而产生的一种污染液体。降雨、地表水以及地下水入侵均可使水渗透进废弃物而产生浸润水。渗滤液的产生量取决于当地的气候条件、垃圾填埋场地表状况（包括最后覆盖层的类型）、废弃物状况以及地基条件等。

垃圾填埋场主要关注的是渗滤液进入地下水的可能性。因此，垃圾填埋场设计的主要内容是通过垃圾渗滤液收集导排系统（LCRS），有效地收集渗滤液并将它从垃圾填埋场底部移除。为了设计垃圾填埋场的这些部分，尤其是防渗结构和渗滤液收集导排系统，必须知道渗滤液的产生速率和化学组分。最后的覆盖层或盖帽使进入废弃物的渗水降到最低，进而控制渗滤液的产生。

4.2.1 渗滤量的数值模拟

为了估计渗滤液的产生量，建立了水循环系统，如图 4.1 所示。入渗量通过式(4.6)给出。

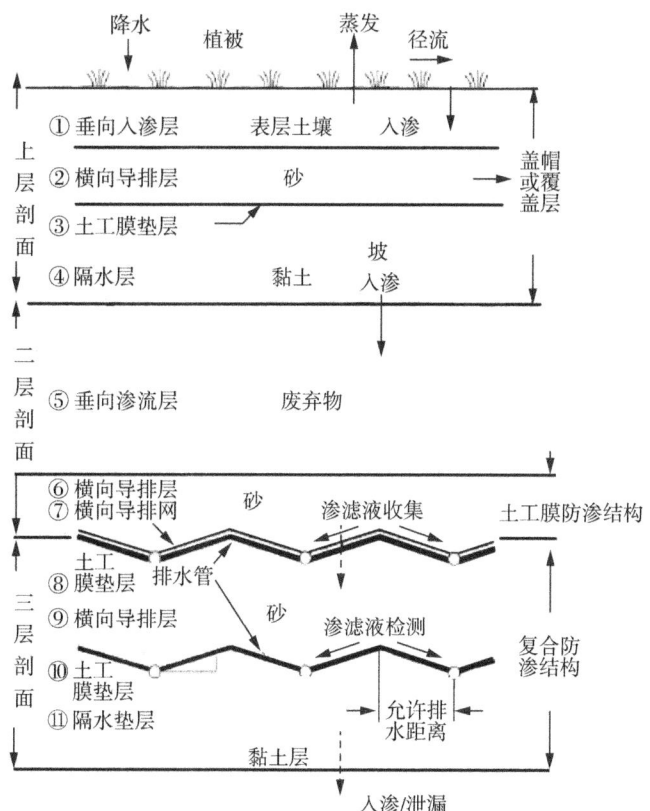

图 4.1 垃圾填埋场剖面特征概要

$$入渗量 = P - RO - ET \pm \Delta S \qquad (4.6)$$

式中：P 为降雨量；RO 为地表径流量；ET 为蒸发量；ΔS 为下覆材料的水分存储变化量。该式不包含废弃物腐烂产生的渗滤液量。

垃圾填埋场运移的水文预测模型（Schroeder et al.，1994a），简称 HELP，是专门用来评估在特定地点气候条件下，垃圾填埋场渗滤液产生速率的模型，是模拟水流流入、流经及流出垃圾填埋场的一个二维水文模型，可精确模拟隔水顶板上部的一维垂向流和一维侧向流的。该模型的建立需要当地的气象资料、材料参数、设计参数、地表径流的补给、浸润、渗流、蒸发、土壤储水系数及横向排水情况。垃圾填埋场系统的模拟，包括地表各种植被、废弃物单元、特定排水层、相对不透水层、合层覆盖膜以及防渗垫层。这个模型适用于开放、半开放及全封闭的场地，是设计者最优化设计垃圾填埋场的工具。

（1）HELP 分析输入模块

HELP 所需的当地气象学资料，包括：降雨、气温、光照、蒸发信息（例如大蒸发量及蒸发深度）。

HELP 分析所需的材料数据包括地层类型、层厚、初始含水量及土质特性。材料层分为四种形式：垂直入渗层、水平排泄层、隔水土壤防渗垫层及包含合成膜的土壤防渗垫层。可以利用这些类型层中的一种模拟上部覆盖层结构中的所有层渗滤液收集系统和垫层系统。

设计数据包括层的设计参数（排水长度、排水坡度及排水管分布）、地表径流曲线值（SCS）、垃圾填埋场地表情况、垃圾填埋场面积及地表植被。

（2）HELP 分析输出模块

HELP 可以模拟分析 2～100 年范围的变化，分析的结果包括每天、每月、每年和长期的地表径流平均变化，蒸发量，横向排泄量，穿过防渗垫层的渗流量，垫层上水头值及土壤储水率。但 HELP 不能模拟：垫层内部存在水力梯度时渗入垫层的水量、污染物运移、植被随时间的成熟度（生长期除外）、来自相邻流域的地表水径流、填埋场老化的特征（沉降、破裂及干化等）、衰变和分解产生的渗滤液及当地的水或土壤特性的变化。虽然有这些限制因素，但 HELP 仍具有建模简单、假设合理的优点，被广泛使用。

HELP 通常用来模拟以下两种情况：

①填埋期间垃圾填埋场处于开放的情况。基于最坏情况考虑，废弃物层厚通常情况下模拟成 10 in 或者 20 in 厚，每日覆盖于防渗垫层或 LCRS 上的覆盖层为 6 in。此种情况下假设场地没有地表径流。

②填埋完成后的封闭情况。这种情况下，要在相应地点模拟最后覆盖层，并

且假定垃圾填埋场里面材料的含水量是稳定的。

HELP 模拟结果用来最优化设计垃圾填埋场、LCRS 及最后的覆盖层,和大多数模型一样,HELP 模型包含多种假设,并且需要一些必要的限制条件,例如达西定律的使用需要假设材料是饱和的。

例 4.2 已知一个城市垃圾填埋场单元,渗滤液收集管中心间距为 140 ft。防渗结构底部沿 Y 方向的坡率为 1.5%,沿 X 方向的坡率为 0.54%。(a)利用 HELP 分析计算渗滤液的产生量以及复合防渗结构顶部的水头值,模拟时间为 30 年;(b)利用预测的水流值计算渗滤液收集管的尺寸。

解决方案:

(a)考虑三种情况:

第一种工况:基于当地的气候状况,防渗垫层上部具有 10 ft 厚的城市生活垃圾,运行时间为 30 年。输入数据如下:

几何参数:见图 4.2。

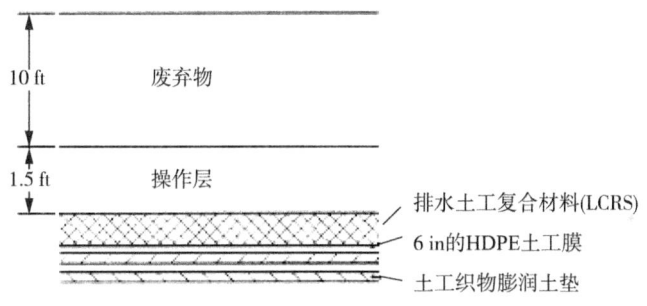

图 4.2　几何参数标注

- 废弃物:18 号材料;基于保守估计给土壤含水量设定一个初始值。

- 操作层:27 号材料(SC);基于保守估计给土壤含水量设定一个初始值。

- 土工复合材料 LCRS:0 号材料(注意 HELP 分析中需要材料编号值。处于夯实黏土层或 HDPE 土工膜下面的颗粒状 LCRS 材料可以利用相似的分析进行模拟运算,这时候将会用到 HELP 的材料编号,但是需要指定)。

- 水力传导(k):根据制造商的生产规格,导水系数 $T = 0.1 \times 10^{-3}$ m²/s,厚度 $t \approx 5$ mm。

$$k = \frac{T}{t} = \frac{0.1 \times 10^{-3} \text{ m}^2/\text{s} \times (1\ 000 \text{ cm}^2/\text{m}^2)}{5 \text{ mm}} = 2.0 \text{ cm}^2/\text{s}$$

- 排水结构的长度及坡度:见图 4.3。

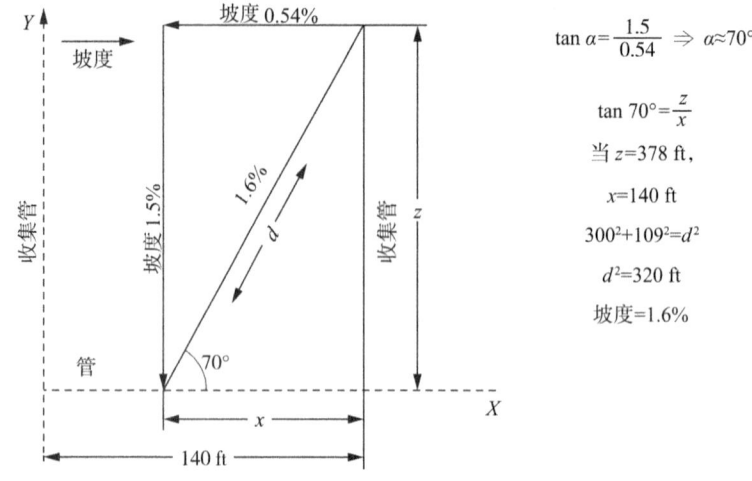

图 4.3 排水结构的长度及坡度示意图

- 土工膜：35 号材料，每 acre 设两个孔，须具备良好的安装条件。
- 土工织物膨润土垫：17 号材料，基于保守估计给土壤含水量设定一个初始值。
- 常规设计数据：坡长＝300 ft；坡率＝2%（假定值）；地表无径流，场地裸露，采用默认的 SCS 径流曲线；蒸发深度＝40 in（假定值）；场地面积＝1 acre（为了简化缩放）；初始雪水＝0 m³/s；地下流量＝0 m³/s。
- 气象数据：假定当地年降雨量为 16.5 in/a；温度：假定当地的温度；当地的光照系数依当地所处纬度而定。

第二种工况：依照当地的气候条件，废弃物的厚度为 100 ft，覆盖于防渗结构上面的覆盖层为 2 ft，运行时间为 30 年，这种工况代表了垃圾填埋场位于上顶板（坡率 3%，长度 275 ft）下面。其他所有的输入数据都和第一种工况一样。

第三种工况：依照当地的气候条件，废弃物的厚度为 50 ft，覆盖于防渗结构上面的覆盖层为 2 ft，这种工况代表了垃圾填埋场位于侧坡（坡率 29%，长度 230 ft）下面。其他所有的输入数据都和第一种工况一样。

经 HELP 软件运算后，三种工况结果的总结如表 4.1 所示：

表 4.1 三种工况下的 HELP 运算结果

工况	h_{max}(in)	Q_{max}(ft³)	Q_{avg}(ft³)
工况 1	0.093	96.3	2 356.0
工况 2	0.064	66.1	130.6
工况 3	0.064	66.1	133.1

$h_{\max}$ = 防渗垫层上最大水头值的每日峰值

$Q_{\max}$ = 单位 ft^3 中每天的流量最大值

Q_{avg} = 单位 ft^3 中年均水流量

由表 4.1 可知,三种情况下防渗垫层上的水头值都小于 1 ft,因此,这个设计是合理的。

(b)假定的排水结构型号如图 4.4 所示。

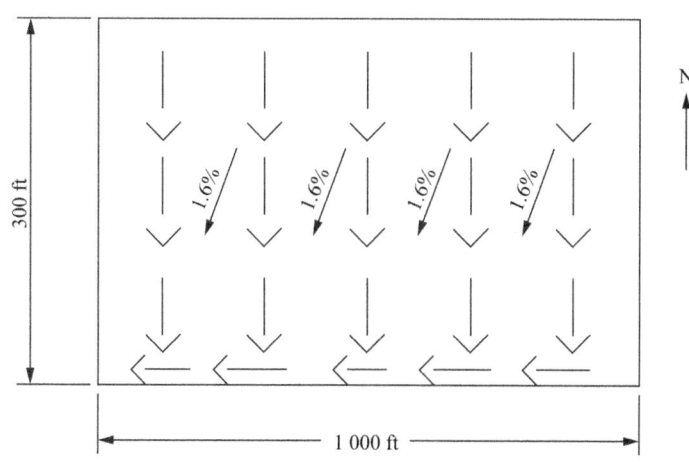

图 4.4　排水结构型号

面积 $\approx$ 300 ft × 1 000 ft $\approx$ 300 000 ft^2 = 6.89 acre $\approx$ 6.9 acre

• 最大流量:集流管,所有的流量都流向位于单元南部的集流管,集流管里面的水流流向单元的西南拐角,并通过排水结构排入主要的污水池。基于 HELP 对工况一(废弃物厚度为 10 ft)分析可知:

$$Q_{\text{total}} = \frac{Q_{\max}}{\text{acre}}(\text{area}) = \frac{96.3 \text{ ft}^3}{\text{acre} \cdot \text{day}} \times 6.9 \text{ acre} = \frac{667 \text{ ft}^3}{\text{day}} \approx 7.7 \times 10^{-3} \text{ ft}^3/\text{s}$$

• 根据曼宁(Manning)方程计算集流管的尺寸:

$$\text{集流管流量} = Q\left(\frac{\text{ft}^3}{1}\right) = \frac{1.486}{n}(R_h)^{2/3}S^{1/2}A$$

式中:n 表示粗糙度系数,值为 0.009(Driscopipe 设计手册);$R_h = \dfrac{A}{p} = \dfrac{(\pi D^2)/4}{\pi D} = \dfrac{D}{4}$;$S$ 表示集流管的坡度,值为 0.005 4;A 表示截面积(ft^2)。

集流管直径太小可能会造成生物堵塞，可设置管的最小直径为 6 in.。

利用下式验证直径为 6 in（$D = 0.5$ ft）的集流管的容量：

$$R_h = \frac{0.5 \text{ ft}}{4} = 0.125 \text{ ft}$$

$$A = (0.25)^2 \pi \approx 0.196 \text{ ft}^2$$

$$Q_{pipe} = \frac{1.486}{0.009}(0.125)^{\frac{2}{3}}(0.005\ 4)^{\frac{1}{2}}(0.019\ 6) \approx 0.59 \text{ ft}^3/\text{s}$$

直径为 6 in 的集流管的安全系数：

$$\frac{Q_{pipe}}{Q_{max}} = \frac{0.59 \text{ ft}^3/\text{s}}{7.7 \times 10^{-3} \text{ ft}^3/\text{s}} \approx 77$$

尽管直径为 6 in 的集流管的容量比渗滤液量大很多，但是如上述讨论，水头管的直径最小为 6 in。二级管道对渗滤液的排出没有一级管道那么重要，因此管道直径可以设置为 4 in。

通常认为，在干旱半干旱地区，HELP 模型在估计渗滤速率的时候偏高，然而，在湿润和半湿润气候地区，HELP 模型在估计渗透速率的时候是合理的。渗透模型 UNSAT-H（Fayer，2000）能够合理的预测在干旱半干旱气候地区的渗滤液渗滤速率，并且此种气候条件下就应该利用该模型。

4.2.2　渗滤液收集管

埋置在导排层内部的割缝管道网用来收集渗滤液，然后导排至渗滤液收集点，渗滤液可以从垃圾填埋场的这些点集中移除。管道的类型、尺寸以及排布间隔都要进行精选，管道类型的选择需要考虑的五个方面因素，其中包括渗滤液的相容性、持久性、物理特性、安装的难易程度以及开支费用。考虑到渗滤液的相容性以及开孔要求，通常选择灵活的热塑性塑料管道，内径在 4～8 in 的割缝高密度聚乙烯（HDPE）管最为常见。管道的类型和尺寸选择要取决于水力及结构分析以确保能够容纳预测渗滤液量，并且要确保施加外部荷载（施工荷载及废弃物荷载）条件下的稳定性。管道间隔的选择应该确保导排层内的渗滤液水头不超过 12 in。

（1）管道间距

管道的最大间距取决于计算得出的渗滤液最大深度，这个深度是由渗滤液运移进入导排层产生的。垃圾填埋场的场地基础应当进行纵向和横向的分级划分，以确定渗滤液收集管以及收集池的水流流向。比较典型的渗滤液导排防渗

系统(LCRS)结构图见图4.5,其管道间距(L)可以通过下式(Moore,1980)进行计算:

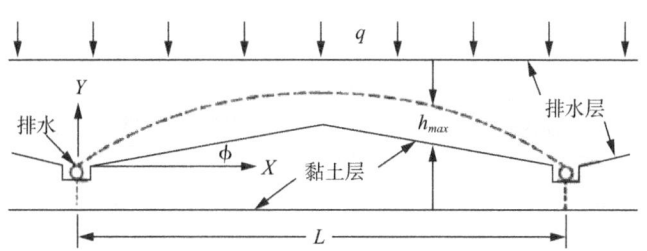

图4.5 倾斜衬砌情况下的渗滤液收集系统

$$L = \frac{2h_{\max}}{\sqrt{c}\left[\left(\dfrac{\tan^2\phi}{c}\right)+1-\left(\dfrac{\tan\phi}{c}\right)\sqrt{\tan^2\phi+c}\right]} \tag{4.7}$$

式中:$c=q/k$;ϕ 为防渗垫层坡度;$h_{\max}$ 为渗滤液最大深度;q 为流量。

某些情况下,在 LRCS 中可能使用土工网或土工复合材料导排网来代替粒状排水材料。土工网的水力特性是通过导水系数表达,而不是渗透系数。因此,对于渗滤液收集导排系统中的土工网或土工复合材料导排网,其在式(4.7)中的水力系数应当转化成等价的导水系数,这种转化可根据达西定律,利用式(4.8)进行推导得出。

$$q=kiA \tag{4.8a}$$

$$q=ki(wt) \tag{4.8b}$$

$$kt=\theta=\frac{q}{iw} \tag{4.8c}$$

$$k=\frac{\theta}{t} \tag{4.8d}$$

式中:q 为流量;k 为水力系数;i 为水力梯度;A 为垂直于水流的截面面积;w 为水流宽度;t 为土工合成排水材料厚度;θ 为土工合成排水材料的导水系数。上述换算包含了一个假定:即土工合成排水材料是饱和的,并且水流为层流。在某些情况下,这种假定是不正确的,应当使用土工合成排水材料单位宽度的流量。HELP 分析模块可以根据计算的渗滤液量以及防渗垫层上的 12 in 的水头限值来估算渗滤液收集管的间距。

渗滤液的一部分流入渗滤液收集管,剩余的部分可能会穿过防渗垫层,渗漏到下部地层,为了量化这种渗滤液的分布,通常采用 Wong(1977) 开发的模型。这种模型假定流向渗滤液收集地点的渗滤液瞬间产生并做层流运动,渗滤液液面平行于防渗垫层。

为使渗滤液渗漏量达到最小值,相关研究表明:防渗垫层的渗透系数要比排水层渗透系数至少小四个数量级,而且垫层的坡度应该在 2% 左右;收集管的管间距越小,排水系统的效率越高。

（2）水力分析

在估测完渗滤液收集管间距以后,要进行水力分析,以确定合适的管径、开缝尺寸和间距。为了确保收集管容量充足,利用曼宁(Manning)方程进行计算收集管中的流量 (Q) (Simon and Korom,1997):

$$Q = \frac{1.486}{n} A (R_h)^{2/3} S^{1/2} \tag{4.9}$$

式中: A 为横截面面积(ft^2); R_h 为水力半径(in); n 为曼宁(Manning)的粗糙度系数; S 为坡度(ft/ft)。安全系数可以利用下式进行计算:

$$FS = \frac{Q}{Q_L} \tag{4.10}$$

式中: Q_L 是利用 HELP 分析模型计算出来的预期渗滤液流量。

收集管上的孔槽流量可以开缝。利用方形孔口理论计算(Simon and Korom,1997):

$$Q = CA(2gH)^{1/2} \tag{4.11}$$

式中: C 约为 0.6; A 为横截面面积; H 为衬砌上的水头值; g 为重力加速度。由此就可以计算单位英尺长度上收集管所需要的开孔数量,为了预防堵塞或者排水层颗粒的流失,通常需要满足以下条件:

$$\frac{D_{85} \text{ 排水土层}}{\text{孔槽的直径或宽度}} \geq 2 \tag{4.12}$$

（3）结构分析

高分子聚乙烯管（HDPE）强度高、耐腐蚀,目前在 LCRS 设施中最常用到 HDPE 管灵活易弯曲并且可以将压力传递给周围的土壤,可很好地应用在垃圾填埋场数百英尺深的垃圾下部。PVC 管也可以使用,但是其耐腐蚀性不如 HDPE 管优良,因此,HDPE 管是 LCRS 结构中的工业标准管。

上述讨论的三个参数是有关深埋管道性能分析中最关键、最具代表性的参数,管壁压碎、压弯和竖直管道的挠度可以通过下式进行计算:

$$\frac{\delta}{D} = FKP(1.1)\frac{2E}{3(SDR-1)^3} + 0.061 E'$$ (4.13)

式中:F 为滞后系数(一般等于1);K 为基床常数,为 0.085;P 为压力(包括排水层、废弃物层和最后覆盖层);E 为弹性系数;E' 为土壤模量(lb/in^2);SDR 为管的标准尺寸比(管径/管厚)。管道被压碎的可能性可通过下式进行计算:

$$P_w = \frac{(SDR-1)P}{2}$$ (4.14)

式中:P_w 为管壁压力;P 为压力(lb/in^2)。

然后,比较 P_w 和材料容许压力计算安全系数:

$$FS = \frac{P_{w允许}}{P_{w计算}}$$ (4.15)

最后,为了评估管道发生弯曲的可能性,利用下述方程计算管道在不受外围压力情况下的临界失稳压力:

$$P_{cr} = \frac{2.32E}{(SDR)^2}$$ (4.16)

没有土壤包围的管道,其临界屈服压力利用下式进行计算:

$$P_b = 1.15(E'P_{cr})^{1/2}$$ (4.17)

于是可以通过下式计算管道的抗弯曲安全系数:

$$FS = \frac{P_{b允许}}{P_{b计算}}$$ (4.18)

材料的容许挠度以及容许强度可以参考管制造商的数据表。

4.2.3 排水层材料的选择和厚度

(1)排水层材料

通常使用的排水层材料有三种类型:粗粒土(砂和碎石土等)、土工合成材料(土工网和复合土工布等)和替代材料(回收利用的材料,例如废轮胎碎片或碎玻璃等)。理论上,这些材料应该具备了三方面特征:①材料透水,足以收集和运移渗滤液，避免渗滤液积累在衬砌上产生的水头值大于 1 ft；②材料和废弃物兼容，不发生反应；③材料不会损坏衬砌。一般材料的最小厚度为 12 in，对土壤和材料均适用，且材料的渗透系数要大于等于 1×10^{-2} cm/s。

如果土壤的渗透系数大于 1.0 cm/s，可能需要做其他专门试验。为了测试土壤的化学兼容性，土样要在代表性渗滤液中浸润 2~3 个月，然后进行颗粒分析试验。如果被测试土壤和原状土壤的颗粒直径存在显著差别，需要做粒径改变对渗透系数产生影响的试验。

如果排水层中存在尖锐物体，就可能对衬砌造成破坏，尤其是土工膜施工期间和施工完成后。因此，为了保护衬砌，排水土壤应该使用小的（通常小于 3/8 in）、圆的、次圆形颗粒，或在土工膜和排水层之间铺设土工布。

对使用的替代材料（回收利用的材料，例如废轮胎碎片或碎玻璃）进行评估的步骤和土壤材料相似。对于土工合成材料，要考虑它的等价渗透系数。

不管排水层使用什么材料，都要计算它在斜坡上的稳定性。另外，必须评估排水材料发生堵塞的可能性，并采取相应的措施阻止它发生。

（2）边坡稳定性

随着土质材料越来越普遍的应用到渗滤液排水层，排水材料必须在斜坡上保持稳定。但是，当利用土工合成材料作为排水层材料时，其斜坡上的稳定分析必须考虑土工合成材料的特性，例如，厚度、抗拉强度、接触面剪切强度。

由于排水层的厚度相对边坡长度来说比较薄（通常为 12 in），边坡稳定性分析时按均质无限边坡进行处理。图 4.6 为置于衬砌结构上部的排水层结构简图，在不考虑地下水和渗流情况时，安全系数可按下式进行计算：

$$FS = \frac{\tan \delta}{\tan a}(c_a = 0) \text{ 或 } FS = \frac{\tan \phi}{\tan \alpha}(c = 0) \qquad (4.19)$$

式中：δ 为排水材料和下覆材料（压实土、土工膜、土工布等）之间的接触摩擦角；ϕ 为排水材料的内摩擦角；c 为排水材料的黏性系数；c_a 为排水材料与下覆材料之间的黏性系数；α 为坡角。如果 c_a 不等于 0，F_s 通过下式进行计算：

$$FS = \frac{c_a}{\gamma H \cos^2 \alpha \tan \alpha} + \frac{\tan \delta}{\tan \alpha} \qquad (4.20)$$

对于斜坡上排水层的稳定性分析，已有多种不同的分析方法用来考虑边坡几何条件以及荷载情况。Koerner 和 Hwu（1991）提出了一种方法，假定存在两个离散区域，如图 4.7 所示。假定一个小的被动楔形体抵抗一个沿坡面延伸的

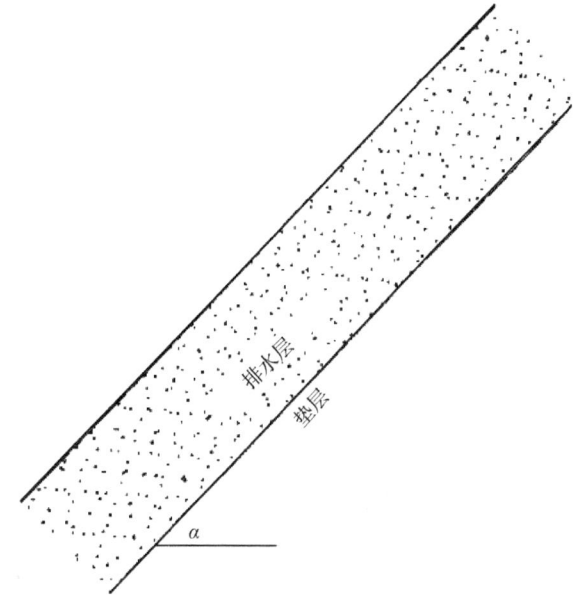

图 4.6　置于衬砌结构上部的排水层结构

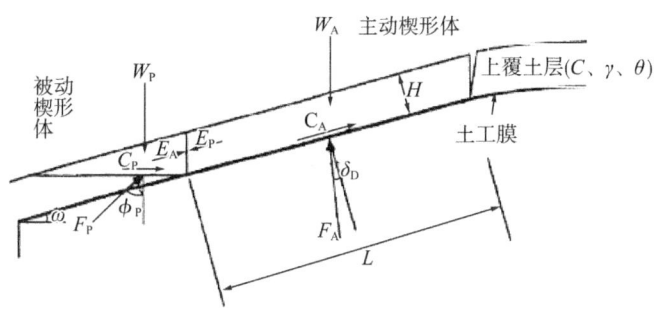

图 4.7　考虑边坡几何形状以及荷载条件的稳定性分析

长-薄层状的楔形体,在坡顶或中间平台处存在张裂缝,张裂缝导致它和上部土壤分离。

　　抵抗排水层土壤发生滑动主要依靠与下覆土层之间的土壤的黏聚力以及接触摩擦角,因此我们需要测定接触面的 c_a 和 δ 值。被动楔形体假定在下部排水层土壤上发生滑动,因而需要利用排水层材料的剪切参数 c 和 ϕ。取被动楔形体和主动楔形体为滑动体,进行力学分析,可以通过下式计算安全系数:

$$FS = \frac{-b \pm \sqrt{b^2 - 4ac}}{2a} \tag{4.21}$$

其中：

$$a = 0.5\ \gamma L H \sin^2 2\alpha$$

$$b = -[\gamma L H \cos^2 \alpha \tan \delta \sin 2\alpha + c_a L \cos \alpha \sin 2\alpha +$$
$$\gamma L H \sin^2 \alpha \tan \phi \sin 2\alpha + 2cH \cos \alpha + \gamma H^2 \tan \phi]$$

$$c = (\gamma L H \cos \alpha \tan \delta + c_a L) \tan \phi \sin \alpha \sin 2\alpha$$

式中：H 为层高；L 为坡长；α 为坡角；c_a 和 δ 分别为接触面的黏聚力和接触摩擦角；c 和 ϕ 为排水材料的剪切强度参数。

在特定场地条件下，如果安全系数低于下限值，此种情况下可以采取增加一层土工格栅或者土工织物的加固措施，如图 4.8 所示。加固结构发挥的拉应力传递至单个锚槽，如果采取土工格栅加固，埋置于排水层内部，土壤可以通过孔口压实，且横截面上的锚固可以最大地发挥作用。如果采用土工织物进行加固，它们可以直接置于防渗垫层上或者嵌入排水土壤内部，从而改变这两种界面上的摩擦系数。Koerner 和 Hwu（1991）推导了在安全系数为 1 的条件下单位宽度加固土层中的拉应力（式 4.22）。

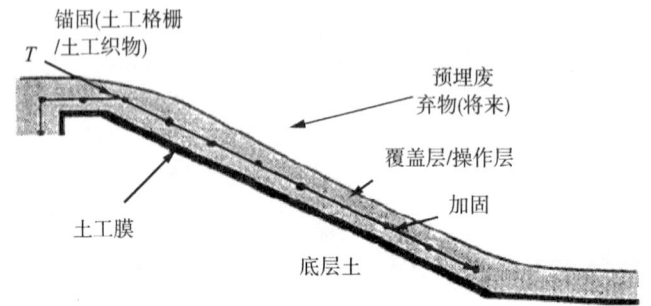

图 4.8　垃圾填埋场覆盖层中的土工格栅或土工织物加固

$$T_{要求} = \frac{\gamma L H \sin(\alpha - \delta)}{\cos \delta} - c_a L + \frac{-\cos \phi \left[\frac{cH}{\sin \alpha} + \frac{\gamma H^2}{\sin \alpha (2\alpha)} \tan \phi \right]}{\cos(\phi + \alpha)}$$

$$FS = \frac{T_{可允许}}{T_{要求}} \tag{4.22}$$

上述分析方法没有考虑渗流力以及结构荷载对边坡稳定性的影响，Druschel 和 Underwood(1993)考虑了渗流力和结构荷载，如图 4.9 所示，利用下式导出了所需的锚固力数值：

$$T_{要求} = \frac{\gamma_w H_w^2}{2\tan\alpha}\left(\frac{\tan\phi}{\cos^2\alpha} + \frac{2D\tan\delta}{\cos\alpha} - \frac{\tan\delta}{\cos\alpha}\right) + W_e\left[0.3 + \frac{\sin(\alpha-\delta)}{\cos\delta}\right]$$
$$- \frac{\gamma H^2\sin(\alpha-\delta)}{2\sin\alpha\,\cos\alpha\,\cos\delta}\left[\frac{\sin\phi\cos\delta}{\cos(\alpha+\phi)\sin(\alpha-\delta)} + 1 - \left(\frac{2D\cos\alpha}{H}\right)\right]$$

$$(4.23)$$

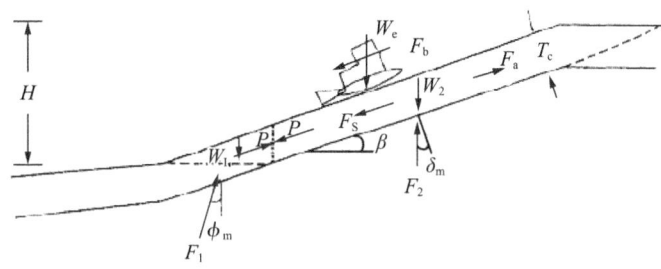

注：假定 P、F_S、F_a、F_b 平行于 β。

图 4.9　边坡隔离体的受力分析

式中：D 为垃圾填埋场底部至坡顶的垂直距离；H_w 为排水层中水头；H 为排水层高度；W_e 为建筑设备重量；α、δ、ϕ、γ 跟前面定义一样。

边坡上的排水材料不容易铺设均匀，这些材料即使在静止条件下也容易发生分解、剥落。为了尽量避免这种情况发生，通常做法是铺设锥形排水层土壤，即从坡底至坡顶排水层厚度逐渐变薄，如图 4.10 所示。对于这种铺设类型，无限边坡的稳定性分析方法不再适用。基于楔形体概念的稳定性分析方法相似于土石坝区稳定性分析，施加于主动楔形体上（长锥形截面不易分析）以及中立块体（较小的三角形块体不易分析）的力如图 4.10 所示。图中 W_A 为主动楔形体的重量，F_A 为排水层土层施加于衬砌上的摩擦力（大小未知，与衬砌铅垂线的角度为 δ），δ 为排水层与衬砌接触面的内摩擦角，E_A 为中立块体施加于主动块体上的力（大小未知，方向假定平行于坡面），E_{NB} 为主动块体施加于中立块体上的作用力（与 E_A 大小相等，方向相反），W_{NB} 为中立块体的重量，F_{NB} 为作用于中立块体底部的摩擦力（大小未知，与竖直方向的夹角为 ϕ），ϕ 为排水层土层的内摩擦角。

这是一种图解静力学方法，分别绘出作用于主动楔形体和中立块体上的力

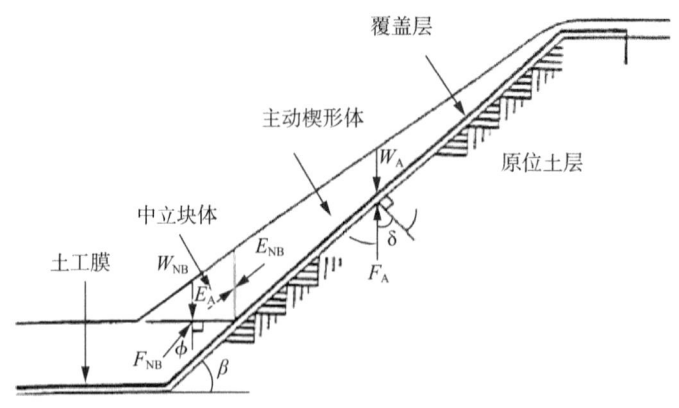

图 4.10　土工膜衬砌边坡上锥形土壤的受力分析示意图

的多边形，直至力的多边形可以收敛。每一次迭代使用不同的安全系数，应用于 δ 和 ϕ 角。

（3）堵塞预测

来自上覆废弃物或者保护层的大量微粒迁移，可能造成渗滤液排水介质发生堵塞。在设计阶段，必须考虑可能发生堵塞的情况，可以采用土工织物过滤网来阻止这种情况的发生。土工织物过滤器类似于级配土过滤器，即构成一个过滤带，包括过滤桥或过滤饼。各种化学、生物、生物-化学机制同样可以使渗滤液排水介质发生堵塞，例如，难溶解化学物质的形成，如碳酸钙可能造成排水介质堵塞或者黏结；渗滤液中植物生长所需的有机物和养料成分可能造成排水介质空隙堵塞。虽然难以确定化学物和生物堵塞，但是在稳态条件下，选用的排水介质必须有足够大的孔隙度可以确保能通过渗滤液中大部分的沉淀物和微生物。另外，在分析和设计渗滤液收集导排结构中要使用长期有效渗透系数。

4.2.4　渗滤液管理

渗滤液在重力作用下流入带孔缝的收集管，然后流入开孔总管，总管内的渗滤液在重力作用下流入主要的渗滤液收集池，然后利用泵抽进地表储存罐。一般来说，需要在渗滤液收集结构或竖管中监测渗滤液，并确定从每一个污水池中移除的渗滤液量。

从垃圾填埋场抽取的渗滤液有三种不同的管理方式：回收、现场处理（适合大量污染物产生的时候）和离场处理（将渗滤液运到当地污染水处理厂进行处理）。回收包括将渗滤液浇到废弃物上部，渗滤液通过入渗增加废弃物中孔隙水含量，从而加快废弃物降解速率。尽管这种回收做法不常见，但是在多个垃圾填埋场的试验研究发现这种做法都起到了一定的效果,因此将来可能较多地使用此种方法。现场或离场处理渗滤液,抽运和处理是最常见的方法。当渗滤液产生量很大,或当地污水处理厂较远时,一般选用现场处理的方法,但是,如果渗滤液产生量比较少,而且当地污水处理厂比较近时,将渗滤液定期运到污水处理厂进行处理比较经济。

4.3　密封系统的衬垫设计

密封系统的关键部分从上至下依次为:渗滤液收集导排系统(LCRS)、高分子聚乙烯(HDPE)土工膜和弱透水层。土工膜衬垫设计主要是选择一个相对无应力材料,可以防止刺穿。

4.3.1　材料应力

垃圾填埋场中的土工膜衬砌受到两个阶段的压力,即建造期和衬砌建造完成后废弃物在衬砌上部堆放期。在衬砌建造期,裸露的土工膜要经历来自自身重力、风以及温度变化带来的压力,在侧面边坡上,受到上面操作层(或保护层土)及建造操作层的机械设备施加的荷载。衬砌建造完成后,废弃物堆放后,侧面边坡上受到废弃物沉降产生的向下的拉力。

(1) 建造期间的材料应力

在密封系统的边坡上,衬砌结构受到自重、风、温度变化、操作层以及建筑设备产生的应力。如果衬砌结构上部没有锚固,衬砌会有滑向底部的趋势。顶部的锚固结构可以抵抗荷载防止衬砌下滑。锚固给衬砌提供一个压力,但是要注意锚固设计的原则,锚固提供的反力不能超过衬砌材料的容许应力。

①衬砌自重产生的应力

在陡坡上,衬砌自重可能在材料内部产生过大的拉应力,如土工膜。一般来说,大多数边坡都不会出现这种问题,但是陡坡情况下,要检查核实。衬砌上产生的拉应力(σ_T)可以根据下式进行计算:

$$\sigma_T = \frac{W\sin\alpha - W\cos\alpha\tan\delta}{1\times t} \tag{4.24}$$

$$W = S_g\gamma_w A \frac{h}{\sin\alpha} \tag{4.25}$$

式中: S_g 为土工膜比重; γ_w 为水的重度; t 为土工膜厚度; h 为坡高; W 为

土工膜重量；A 为单位土工膜的横截面积，$A = 1 \times t$；δ 为土工膜和下覆土层之间的接触摩擦角；α 为坡度。

比较土工膜产生的拉应力（σ_T）和实验室测定的土工膜的屈服强度（σ_y），计算设计比例系数 $D_R = \sigma_y / \sigma_T$ 要大于 10。

②热胀冷缩产生的应力

在很多地区，不管是在垃圾填埋场建造期间，还是建造完成后运营期间，土工膜可能会产生 $-30 \sim 40\,^{\circ}\mathrm{C}$ 的温差。土工膜由于温差会发生热胀冷缩，导致其发生拉伸应变。在土工膜建造期间要保证土工膜具有足够的松弛度，弥补温差带来的热胀冷缩。所需的松弛度或温度改变带来的长度变化（ΔL）可通过下式进行计算：

$$\Delta L = \Delta T L \mu \tag{4.26}$$

式中：ΔT 为温度改变值；L 为土工膜原始长度；μ 为土工膜的热膨胀系数。

③风产生的应力

大多数情况下，土工膜建造期间都可能因为风力因素导致土工膜破坏，这主要是因为锚固不正确造成的，这个问题可以通过在锚固土工膜上适当地放置沙袋来解决。在土工膜边缘被永久锚固的情况下，由于吸气压力会产生风浮力。产生的风浮力或者吸气压力（q）可通过下式进行计算（Swanson，1987）：

$$q = 0.002\,556\,V^2 \tag{4.27}$$

式中：q 的单位为 lb/ft^2；V 为风速（mil/h）；V 可以通过当地气象站或建筑规范标准获得。

Zornberg 和 Giroud（1997）考虑了坡度、高程、土工膜重量以及风速的影响，提出了在锚固土工膜上风吸压力与这几个影响因素之间的关系如下：

$$q = 0.05\lambda V^2 \mathrm{e}^{-(1.252 \times 10^{-4})z} - 9.81\mu_{\mathrm{GM}}\cos\beta \tag{4.28}$$

式中：q 的单位为 Pa；V 为风速（km/h）；z 为高程（m）；μ_{GM} 为土工膜单位质量（kg/m^2）；在坡底部平面上 λ 为 0.4；沿坡面 λ 为 0.7（平均值），λ 在 0.55（坡脚）和 1（坡顶）之间变化。

可以在衬砌上放置沙袋来抵抗风产生的浮力，通常利用通风口和沙袋结合的方法。

④操作土层和设备荷载所产生的应力

如图 4.11 所示，放置在衬砌上部的操作土层可能对上部锚固的衬砌产生拉应力，如 HDPE 土工膜，拉应力值 T 可通过下式进行计算：

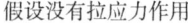

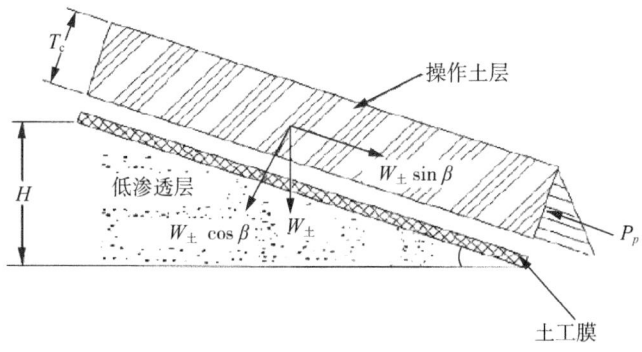

假设没有拉应力作用

T_c

操作土层

低渗透层

H

$W_\pm \cos\beta$ $W_\pm$

$W_\pm \sin\beta$

P_p

土工膜

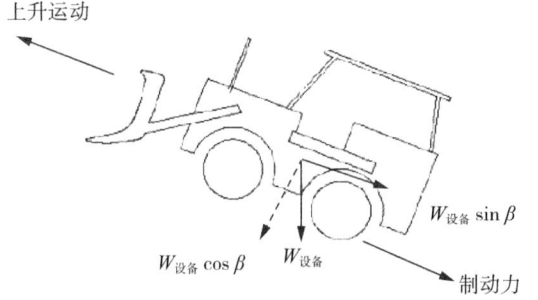

上升运动

$W_{设备} \sin\beta$

$W_{设备} \cos\beta$ $W_{设备}$

制动力

图 4.11 操作土层及设备荷载在土工膜上产生的应力

$$T = W_\pm \sin\beta + W_{设备}\sin\beta + 制动力 - P_p \qquad (4.29)$$

式中：T 为土工膜上表面产生的拉应力；$W_\pm$ 为操作层土的重力，lb/ft；$W_{设备}$ 为机械重力；β 为坡角。

$$P_p = 0.5\ K_p \gamma_\pm\ T_c^2, K_p = \tan^2(45 + \phi/2)$$

式中：ϕ 为土层摩擦强度参数；$\gamma_\pm$ 为操作层土重度；T_c 为操作层土层厚度。

通常，放置操作土层的机械设备应当尽量不要产生制动力，这将降低衬垫上的诱发张应力，此需求在技术规范应该明确规定。

（2）衬垫锚槽设计

典型的垃圾填埋场衬垫系统由多层组成，这些层，尤其是放置于边坡上的衬层，在建造或运营期间，可能受到自重、温度变化和风力所产生的应力。设计的锚槽可单独或结合其他方法抵抗这些应力，如沙袋。

①设计思路

衬垫结构设计的依据主要是提供相对无压力的设计方案，从材料抵抗性的观点看，HDPE 土工膜是组成衬垫结构的关键部分，由各种因素引起的应力不应超过各种土工合成材料(如 HDPE 土工膜)所允许的抗拉强度。锚槽设计提供的拉力及抗力不能超过土工合成材料的允许应力值。

②锚槽锚固力

不同结构类型锚槽的抗力,可以通过受力分析得到(图 4.12)。例 4.3 给出了锚槽设计中的问题和解决方案。

③锚槽

如图 4.12 所示,锚槽通常放置在边坡衬砌结构的顶部,用来防止土工合成材料下滑。锚槽类型主要有以下几种:平坦型槽;V 形槽;矩形槽;狭窄型槽。锚槽类型的选择主要取决于以下一种或多种因素的组合:锚槽放置位置的空间大小、可用的施工设备、场地的使用情况以及锚槽提供锚固力的要求。

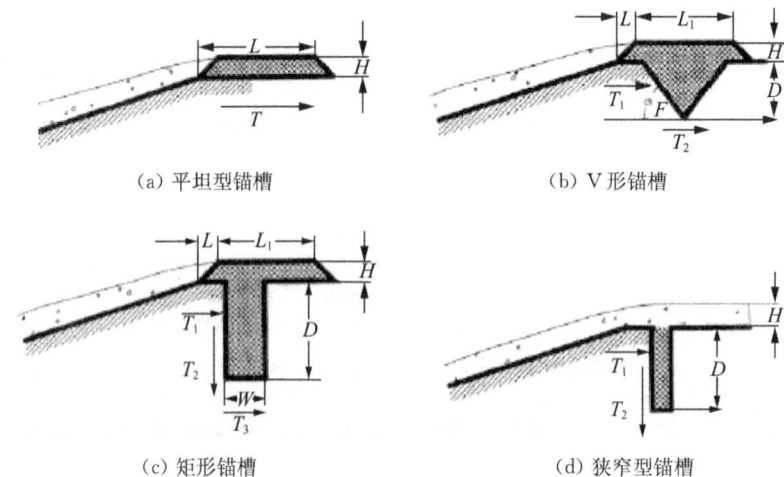

(a) 平坦型锚槽　　　　　　　　　　(b) V 形锚槽

(c) 矩形锚槽　　　　　　　　　　(d) 狭窄型锚槽

图 4.12　主要的锚槽类型

第一种:平坦型锚槽。如图 4.12(a)所示,锚固力可由下式计算得到:

$$T = W\tan\delta_L \tag{4.30a}$$

$$T = LH\gamma\tan\delta_L \tag{4.30b}$$

式中:L 和 H 的维度如图 4.12(a)所示;W 为上覆层土的重量;γ 为单位土壤的重度;δ_L 为土工合成材料底部与下覆土层或路基之间的接触摩擦角。

第二种:V 形锚槽。如 4.12(b)所示,锚固力 (T) 分为两部分 (T_1 和 T_2),T_1 可通过式(4.30a)和式(4.30b)计算得到,T_2 通过以下方程式计算:

(a) 如果上覆土层块体移动

$$T_2 = W\cos\alpha\tan\delta_L + W\sin\alpha \tag{4.31a}$$

$$T_2 = \left(L_1 H + \frac{L_1 D}{2}\right) \quad\quad (4.31\text{b})$$

（b）如果上覆土层块体不移动

$$T_2 = W(\tan \delta_L + \tan \delta_U) \quad\quad (4.32\text{a})$$

$$T_2 = \left(L_1 H + \frac{L_1 D}{2}\right) \gamma (\tan \delta_L + \tan \delta_U) \quad\quad (4.32\text{b})$$

式中：δ_U 为土工合成材料的上侧与覆盖层之间的接触摩擦角；T_2 为式(4.31b)和(4.32b)值的较小数；最后，总锚固由下式获得：

$$T = (LH\gamma\tan \delta_L) + T_2 \quad\quad (4.33)$$

第三种：矩形锚槽。如图 4.12(c)所示，锚槽的锚固力 T 为 T_1、T_2 和 T_3 的和，T 可通过以下方程式(4.34)计算：

$$
\begin{aligned}
T &= T_1 + T_2 + T_3 \\
&= (LH\gamma\tan \delta_L) + [K_0 \gamma H_{av}(\tan \delta_L + \tan \delta_U)D] \\
&\quad + [W(H+D)\gamma(\tan \delta_L + \tan \delta_U)]
\end{aligned}
\quad\quad (4.34)
$$

式中：K_0 为静止土压力系数，通常等于 $(1 - \sin\varphi)$；φ 为回填土的摩擦强度参数；H_{av} 等于 $H + D/2$；其他符号意义如上。

第四种：狭窄型锚槽。如图 4.12(d)所示，它是矩形锚槽的一种特殊形式，其中 T_3 等于 0，因此适用关系式(4.34)，其中最后一项等于 0。

④下拉压力。堆置在衬砌结构上部的废弃物可能引起衬砌和锚槽产生应力，大小不好确定。然而，当边坡坡度大于 3∶1 时，这种问题不再出现。解决这种问题的设计策略是使得衬砌上部土工膜的摩擦角小于下部土工膜的摩擦角，但是，选用此方法时，要考虑整体稳定性。

例 4.3 某垃圾填埋场，在坡度为 3∶1 的边坡上，防渗衬砌结构包括底层铺设 GCL、HDPE 土工膜铺在 GCL 上面和上覆 1.5 ft 厚的操作层土层。GCL 利用平坦型锚槽进行锚固，土工膜用矩形锚槽进行锚固，如图 4.13 所示。

①计算土工膜和 GCL 上的锚固力，假定：(a)对于土工膜，$\delta_U = 18°$，$\delta_L = 19°$；(b)对于 GCL，$\delta_U = 19°$，$\delta_L = 34°$。

②如果操作层土层采用 D6H 推土机进行，需要计算土工合成材料的抗拉安全系数，推土机总重为 45.400 lb，基底宽 10.3 ft。材料数据表明：单面变形的 HDPE 土工膜单位抗拉强度为 1 584 lb/ft；无纺土工布成分的 GCL 抗拉强度为 960 lb/ft。

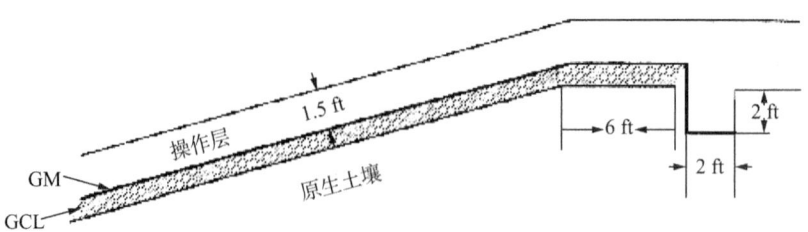

注：①GCL 在通道上铺设的宽度为 6 ft，但不进入锚槽内部；②斜坡总长 115 ft；③坡长 60 ft；④操作层铺设覆盖宽 6 ft 的通道和深 2 ft，宽 2 ft 的锚槽

图 4.13　衬砌边坡锚固

解：①(a)土工膜锚固（坡度为 3∶1）

- 土工合成材料：接触摩擦角上部 $\delta_U=18°$，下部 $\delta_L=19°$，如图 4.14 所示。

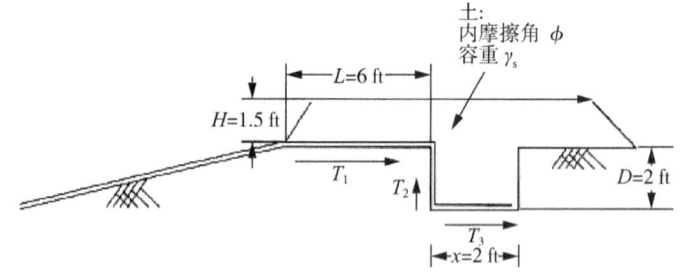

图 4.14　土工膜锚固

- 总锚固力：利用关系式(4.34)进行计算。

$$T=T_1+T_2+T_3, T_1=LH\gamma_s\tan\delta_L$$

$$T_2=[(1-\sin\phi)\gamma_s(H+D/2)](\tan\delta_L+\tan\delta_U)D$$

$$T_3=X(H+D)\gamma_s(\tan\delta_L+\tan\delta_U)$$

计算选用参数见表 4.2。

表 4.2　土工膜锚固计算选用的参数表

尺寸(ft)		参数值	
H	1.5	φ	34°
L	6	δ_U	18°
D	2	δ_L	19°
$W=X$	2	γ_s	115 lb/ft³

$T_1 = 356.4 \text{ lb/ft}$，$T_2 = 228.7 \text{ lb/ft}$，$T_3 = 726.3 \text{ lb/ft}$，$T = 1\ 311.4 \text{ lb/ft}$

①(b)GCL锚固(坡度为3∶1)

土工合成材料:如图4.15所示,接触摩擦角上部$\delta_U = 19°$,下部$\delta_L = 34°$。

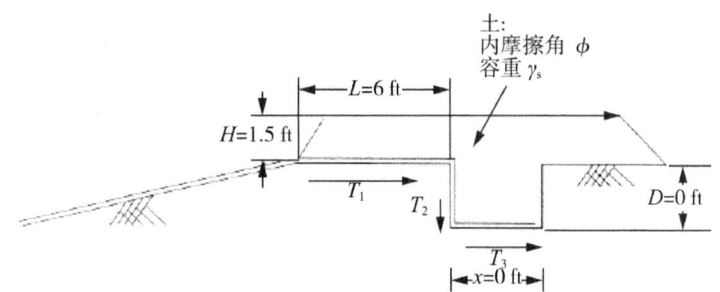

图4.15 GCL锚固

总锚固力:利用关系式(4.34)。

$$T = T_1 + T_2 + T_3$$

$$T_1 = LH\gamma_s \tan\delta_L$$

$$T_2 = [(1 - \sin\phi)\gamma_s(H + D/2)](\tan\delta_L + \tan\delta_U)D$$

$$T_3 = X(H + D)\gamma_s(\tan\delta_L + \tan\delta_U)$$

计算选用参数见表4.3。

表4.3 GCL锚固计算选用参数表

尺寸(ft)		参数值	
H	1.5	φ	34°
L	6	δ_U	19°
D	0	δ_L	34°
$W = X$	0	γ_s	115 lb/ft³

$T_1 = 698.1 \text{ lb/ft}$，$T_2 = 0.0 \text{ lb/ft}$，$T_3 = 0.0 \text{ lb/ft}$，$T = 698.1 \text{ lb/ft}$

②操作层堆置(坡度为3∶1)

假定:采用D6H推土机操作,沿坡向长度为115 ft,无刹车力,如图4.16和4.17所示。

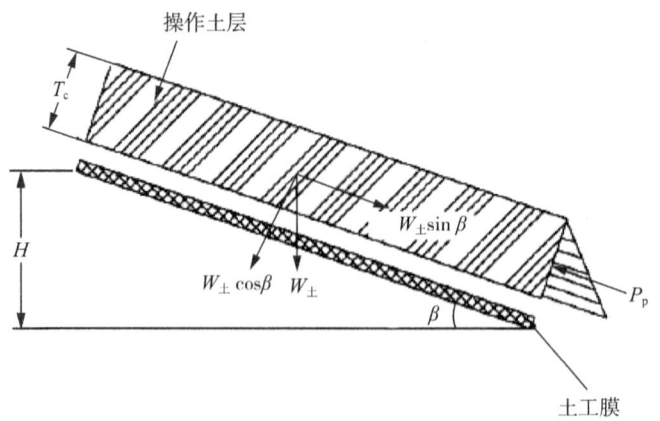

图 4.16 斜坡土层的应力分析

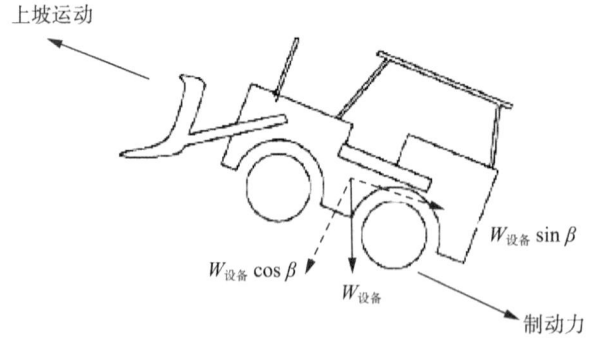

图 4.17 斜坡上推土机的应力分析

操作层重力 $W_{土}=(115\ \mathrm{lb/ft^3})(115\ \mathrm{ft})(1.5\ \mathrm{ft})=19\ 837.5\ \mathrm{lb/ft}$，土层重度 $\gamma_{土}=115\ \mathrm{lb/ft}$，土层厚 $T_c=1.50\ \mathrm{ft}$，土层内摩擦角 $\varphi=34°$，坡度 $\beta=18.34°$，坡高 $H=36.37\ \mathrm{ft}$，坡长 $L=115.00\ \mathrm{ft}$，机械类型 Cat D6H LGP Series 11(设备重/总宽 $=45\ 400\ \mathrm{lb}/10.3\ \mathrm{ft}$)，等效设备重量 $W_{设备}=4\ 407.77\ \mathrm{lb/ft}$，等效设备制动力系数 0.30，制动力 1 322.33 lb/ft

$W_{土}\cos\beta=18\ 819.50\ \mathrm{lb/ft}$，$W_{土}\sin\beta=6\ 273.17\ \mathrm{lb/ft}$，$W_{设备}\cos\beta=4\ 181.57\ \mathrm{lb/ft}$，$W_{设备}\sin\beta=1\ 393.86\ \mathrm{lb/ft}$，$K_p=\tan^2(45+\varphi/2)=3.54$，$P_p=0.5(K_p\gamma_{soil}T_C^2)=457.62\ \mathrm{lb/ft}$

土工膜上部的总切应力：$F_{土}=W_{土}\sin\beta+W_{设备}\sin\beta+$ 制动力 $-P_p=8\ 531.74\ \mathrm{lb/ft}$

土工膜界面上的正应力：$N=W_{土}\cos\beta+W_{设备}\cos\beta=23\ 001.08\ \mathrm{lb/ft}$

土工膜上的应力分布，如图 4.18 所示。

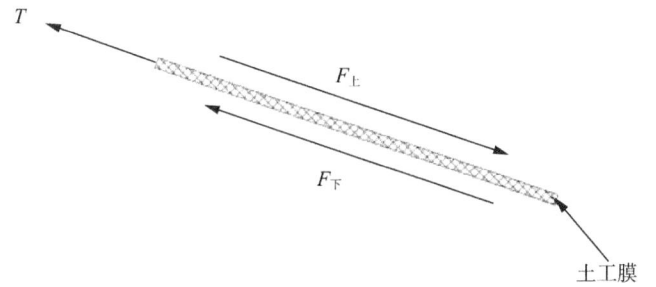

图 4.18 土工膜上应力分布

土工膜底部的摩擦角：$\delta = 19.00° = 0.33 \text{ rad}$

土工膜底部受到的摩擦力：$F_下 = 7\ 919.91\ \text{lb/ft} = N \text{tg}\ \delta$

土工膜上表面受到的力(先前计算值)：$F_上 = 8\ 531.74\ \text{lb/ft}, F_下 < F_上$

土工膜受到的张力：$T = F_上 - F_下 = 611.83\ \text{lb/ft}$

抗拉安全系数($FS =$ 抗拉强度 / 张力)：$FS = 1\ 584/611.83 = 2.59$

锚槽抗拉安全系数($FP =$ 锚固力 / 张力)：$FP = 1\ 311/611.83 = 2.14$

注意：这是一种偏保守的计算方法，假定作用于土工膜上表面的力沿土工膜表面分布(没有考虑上表面的接触摩擦角，限制了力向土工膜内部传递)。

GCL 上力的分布：

GCL 上表面受到的切向力 = 下表面受到的切向力，$F_上 = 7\ 919.91\ \text{lb/ft}$

GCL 底面摩擦角：$\delta = 34.00° = 0.59 \text{ rad}$

GCL 底部受到的摩擦力：$F_下 = 15\ 514.42\ \text{lb/ft} = N \text{tg}\ \delta, F_下 > F_上$

GCL 内部的张力：$T = F_上 - F_下, T = 0.00\ \text{lb/ft}$

抗拉安全系数($FS_t =$ 抗拉强度 / 张力)：$FS_t = 960/0.00$

锚槽抗拉安全系数($FS_P =$ 锚固力 / 张力)：$FS_P = 698/0.00$

4.3.2　土工膜抗穿刺性

在复杂的防渗衬砌结构中，土工膜可能置于低渗透性的压实土层上部，或置于 LCRS 颗粒状排水层的下部，这些上覆或下覆土层中的颗粒可能会刺穿土工膜造成土工膜损坏。如图 4.19 所示，防止土工膜刺穿即防止穿刺颗粒出现应力集中。影响土工膜穿刺的因素有以下几种：①穿刺颗粒的有效粒径；②颗粒形状；③施加的应力类型和大小。

有效粒径是指最大土层颗粒的最大外形尺寸，颗粒突起会刺穿土工膜，颗粒

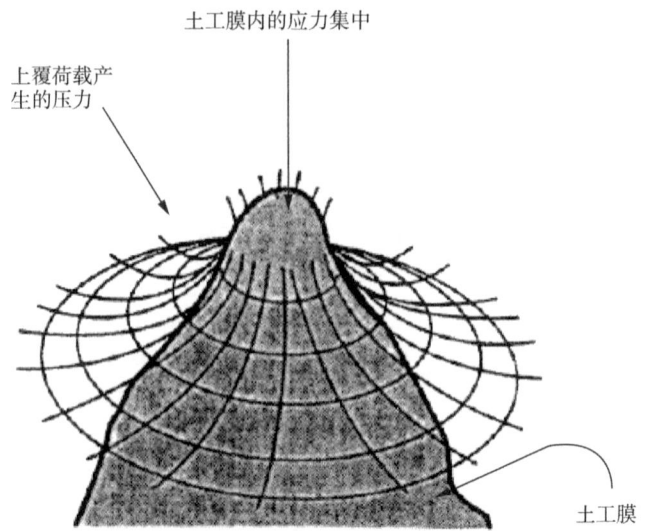

图 4.19　荷载和刺穿石导致的土工膜应力集中原理

突起的形状分为以下几种：①棱角的；②次棱角和次圆形的；③圆形的。作用于土工膜上的力分为：施工设备和上覆介质，如废弃物、液体和土壤。

（1）利用土工布防止上覆静荷载穿刺土工膜

在德雷克墨尔大学的土工实验室，通过大量的试验和模拟研究，提出了一个验证方程，用来设计保护土工膜，防止土工膜由于上覆静荷载发生穿刺。控制方程如下（Narejo and Corcoran，2002）：

$$P_a = \left(450\,\frac{M}{H_e^2}\right)\frac{1}{MF_{PS}FS_{CR}FS_{CBD}} \tag{4.35}$$

式中：P_a 为土工膜上允许的压力（kPa）；M 为针刺无纺土工布面密度（g/m²）；H_e 为有效突起高度（mm）；MF_{PS} 为对于突起形状的改正系数；FS_{CR} 为蠕变安全系数；FS_{CBD} 为化学和生物分解安全系数。此方程是基于等效截锥高度和防护土工织物的面密度建立的。

①土工膜厚度的影响。通常来说，土工膜厚度（t，mm）对破坏压力的影响很小，但是，如果要考虑土工膜厚度的影响，修改方程如下：

$$P_{at} = P_a - 1.3 \times 10^5 (1.5 - t) H^{-2.4} \tag{4.36}$$

式中：P_{at} 为在 1.5 mm 厚的 HDPE 土工膜上的允许压力（kPa）；MF_{pd} 为堆积密度的改正系数（单个石子为 1.0，堆积石子为 0.5）；H 为有效突起高度(mm);$H_e = H \cdot MF_{pd}$ 为考虑堆积的有效突起高度(mm)。

②土工布和土工膜蠕变的影响。由于土工膜和土工布都是黏弹性材料,为了解释黏弹性(蠕变)的现象,短期的击穿试验必须进行改正,基于长期试验,Narejo等(1996)提出了蠕变安全系数(FS_{CR}),FS_{CR}建议值如表4.4所示。

③突起形状和排列的影响。考虑土壤、石子及组合物的颗粒形状和排列的影响,需要对截锥试验结果进行改正,对大小不一的棱角状、次圆状、圆状石子按同一方式进行排列,做截锥试验,得到突起形状的改正系数:

棱角状颗粒 $MF_{PS} = 1.0$

次棱角状、次圆形颗粒 $MF_{PS} = 0.5$

圆形颗粒 $MF_{PS} = 0.25$

④生物和化学降解作用的影响 考虑到这种降解的影响,可以采用建议的安全系数 FS_{CBD},由于生物降解不涉及聚丙烯和聚酯类土工织物及土工膜,所以这里只考虑化学降解。Koerner和Robert(1998)建议 FS_{CBD} 如下:引用水池及河道内的惰性废弃物,$FS_{CBD} = 1.0$;垃圾填埋场渗滤液,$FS_{CBD} = 1.5$;盐水和稀盐酸型侵蚀性环境使用的容器,$FS_{CBD} = 2.0$。

最后,防止土工膜穿刺的综合安全系数 FS 建议公式如下:

$$FS = P_a / P_r \tag{4.37}$$

式中:P_r 为场地上覆荷载;P_a 同前文申明的含义。

表 4.4 FS_{CR} 值

土工布质量		FS_{CR}		
oz/yd^2	g/m^2	$H_e = 0.5$ in	$H_e = 1.0$ in	$H_e = 1.5$ in
8	270	>1.5	NR	NR
16	540	1.3	1.5	NR
32	1 080	1.1	1.2	1.3

注:NR 表示没有提供参考值

例 4.4 土工膜上部堆积城市固体废弃物,高度为 98.5 ft,废弃物重度为 76.5 lb/ft,土工膜的厚度为 60 mil,为了防止土工膜发生刺穿,采用针刺无纺土工布进行保护,其中土工膜上覆密实的 LCRS 土层颗粒,间距为 25 mm,假定土层厚度为 3.28 ft,最大石子直径为 1 in,形状为棱角状,容重为 127 lb/ft³,计算所需的土工布的面密度(M)。

解：利用方程 4.35：

$$P_a = \left(450\frac{M}{H_e^2}\right)\frac{1}{MF_{PS}FS_{CR}FS_{CBD}}$$

式中：$H_e = MF_{pd} \cdot H = 0.5 \times 25 = 12.5$ mm；对于堆积石子，$F_{pd} = 0.5$，对于角状颗粒，$MF_{PS} = 1.0$，对于城市固体垃圾渗滤液，$FS_{CBD} = 1.5$。

$$P_a = \frac{450M}{(12.5)^2}\frac{1}{1 \cdot FS_{CR} \cdot 1.5} = \frac{1.92}{FS_{CR}}$$

$$P_r = (76.5)(98.5) + (3.28)(127) = 7\,951.8\ \text{lb/ft}^2$$
$$= 380\ \text{kPa}(1\ \text{kPa} = 20.89\ \text{lb/ft}^2)$$

利用方程（4.37）：

$$FS = \frac{P_a}{P_r}$$

$$FS = \frac{1.92\ M}{FS_{CR}(380)} = 3$$

$$M = \frac{3(380)}{1.92}FS_{CR} = 593.8\ FS_{CR}$$

从表 4.4 可知，$H = 25$ mm。

不建议使用 $M = 8$ oz/yd²；

如果 $M = 16$ oz/yd²，$FS_{CR} = 1.5$，代入上述方程将无解（因为 $540 < 593.8 \times 1.5 = 890.7$）。

如果 $M = 32$ oz/yd²，$FS_{CR} = 1.2$，代入上述方程有解，方程左边大于方程右边（$1\,080 > 593.8 \times 1.2 = 712.56$）。所以使用 32 oz/yd² 土工布可行。

因此，选择 32 oz/yd² 针刺无纺土工布，保护土工膜。

其中：P_a 如方程（4.35）所定义；P_r 为场地上覆荷载；为了确保土工膜的使用寿命，Koerner（1998）建议采用最小屈服安全系数（FS_y），在任何情况下，防止刺穿的最小屈服安全系数为 3；有效突起高度为 0.25 in 时，$FS_y = 3$，有效突起高度为 0.5 in 时，$FS_y = 4.5$，有效突起高度为 1.0 in 时，$FS_y = 7$，有效突起高度为 1.5 in 时，$FS_y = 10.0$。

（2）建造期间保护土工膜防止穿刺

经验表明，为了预防土工膜在建造期间发生穿刺破坏，要求地基原位土或压实黏土衬砌利用光滑滚轴进行碾压，使得土层表面的突起高度不超过 10 mm。

为了防止土工膜被破坏,要求土层颗粒的形状为圆形或次圆形的,颗粒直径小于等于 10 mm,土工膜上部铺设无纺-针刺土工布保护土工膜时另当讨论。基于大量研究实验成果表明,在土工膜建造期间,放置在土工膜上部的针刺无纺土工布保护层的面密度值（M）建议如下:石子最大尺寸≤0.5 in 时,$M \geqslant 10$ oz/yd^2;石子尺寸≤1.0 in 时,$M \geqslant 16$ oz/yd^2;石子尺寸≤1.5 in 时,$M \geqslant 16$ oz/yd^2;石子尺寸≤2.0 in 时,$M \geqslant 32$ oz/yd^2。

第 5 章

填埋场的气体收集

气体的产生是由于垃圾填埋场中固体废弃物的分解。气体成分的组成很大程度上取决于废弃物的构成和年代。一般来说,垃圾填埋场中的气体由 50% 的甲烷(CH_4)和 50% 的二氧化碳(CO_2)组成,也可以存在微量的氧气和非甲烷有机化合物(NMOCs)。

垃圾填埋场中的气体涉及以下几种问题:

①甲烷是高度易燃气体,在垃圾填埋场或及其附属结构中存在潜在的安全隐患。

②垃圾填埋场中的气体具有通过土壤迁移的能力,从而增加了释放和爆炸的风险。严重的事故会导致人员受伤、死亡以及财产的损失。

③当垃圾填埋场中产生气体时,压力梯度上升,会使垃圾填埋场覆盖系统中的土工膜产生裂缝,从而造成破坏。

④人类和动物不能吸入高浓度的甲烷。

⑤气体的迁移会产生一系列不良影响,例如对植被产生压力,降低植物根区的氧气。

⑥当垃圾填埋场中产生气体并且排放到大气中时,会经常产生令人讨厌的气味,影响附近人员的生活。

⑦垃圾填埋场中 NMOCs 气体的排放可能导致当地空气质量下降。一旦在垃圾填埋场产生的气体中发现了聚乙烯,人们就要注意健康和安全问题。

⑧甲烷作为一种温室气体,可以导致全球气候变暖。

⑨不收集垃圾填埋场中的气体是一种对潜在资源的浪费;相反,它可以成为一种有价值的燃料。

5.1 固体废弃物产生气体的机制

5.1.1 气体的形成机制

城市固体废弃物(MSW)绝大部分由可降解的有机物材料组成,其产生气体有三种机制,即蒸发/挥发、生物分解和化学反应。

(1)蒸发/挥发

作为化学反应式平衡的结果,挥发性有机化合物在垃圾填埋场中会蒸发,直到达到平衡蒸气浓度。当废弃物产生了生物活性,就会发热,这个过程将会加速。化合物发展的速率取决于化合物的物理和化学性质。

（2）生物分解

固体废弃物的生物降解或分解会生成甲烷(CH_4)和二氧化碳(CO_2)以及其他的微量化合物。涉及生物分解的细菌存在于废弃物和填埋场的土中。如图5.1和图5.2,固体废弃物的生物分解发生在以下三个不同的阶段。

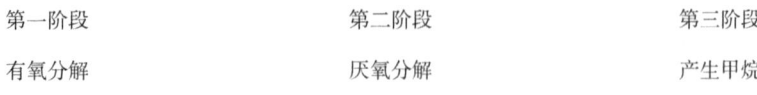

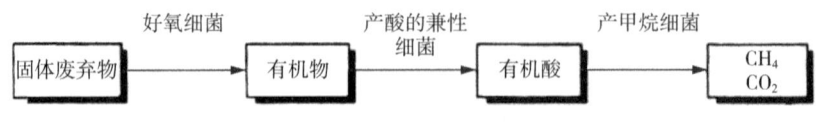

图 5.1　固体废弃物生物分解的三个步骤

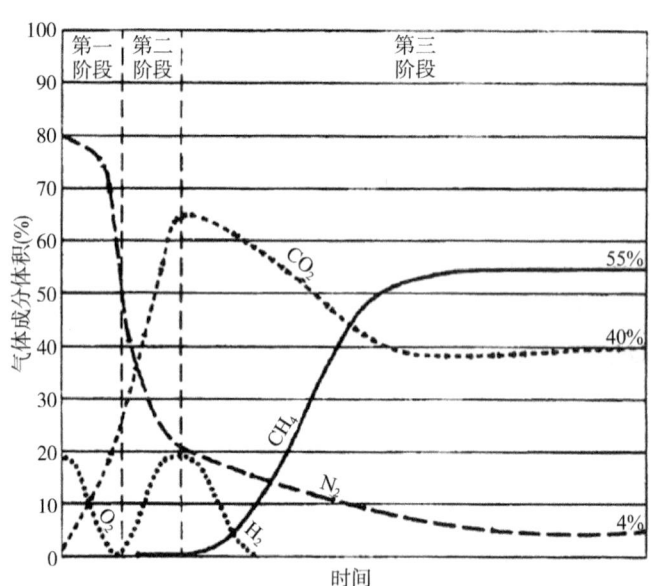

图 5.2　典型垃圾填埋场的气体评估

第一阶段,有氧分解,在废弃物放置完毕之后很快就会发生,并一直持续直至空洞中和有机废弃物中的氧气消耗殆尽。好氧细菌会产生大量的CO_2(约30%)和少量的CH_4(2%～5%)。有氧分解会持续6个月至18个月。

第二阶段,厌氧/高温分解,废弃物的分解变化由好氧细菌变化到厌氧或兼性细菌,并被分解成更简单的分子,例如氢气、氨、二氧化碳和有机酸。

第 5 章 填埋场的气体收集

第三阶段,产生甲烷,产甲烷的细菌更具有主导性。这些产生甲烷的细菌降解了挥发性酸,主要是醋酸,使用氢气生成甲烷($45\% \sim 47\%$)和二氧化碳($40\% \sim 48\%$)。

（3）化学反应

在废弃物中材料间的化学反应可以产生气体。当不兼容的材料混合在垃圾填埋场中,这样的反应就会发生。例如,脂肪族氯化物溶剂与铝不相容,所以当浸有溶剂的抹布接触到铝罐时,就会产生氯化氢气体。生物分解的热量会加速化学反应速率。

5.1.2　气体产生的影响因素

垃圾填埋场中气体的产生受六种因素影响,即营养物质的可利用性、温度、含水量、pH、大气条件和废弃物的年代。

（1）营养物质的可利用性

在垃圾填埋场中的细菌需要各种营养物质来维持其存活,主要是碳、氢、氧、氮、磷,但也有少量其他元素,如钠、钾、硫、钙、镁。营养元素的可利用性对微生物分解的水的体积和气体生成的成分都有影响。垃圾填埋场使用的覆盖层每天要有足够的营养成分供应微生物。如果不足,可以通过增加污泥、肥料或农业废物来改善。

（2）温度

垃圾填埋场的温度可以影响细菌的类型,其次可以影响气体的产生。有氧分解的合适温度为 $54 \sim 71$ ℃,厌氧细菌最适宜的温度为 $30 \sim 41$ ℃。

（3）含水量

含水量是影响废物分解和天然气产生最重要的参数。废弃物的高含水量（重量的 $50\% \sim 60\%$）可以支持甲烷的最大量生成。一般来说,城市固体垃圾的含水率范围在 $20\% \sim 40\%$,基础湿重平均为 25%。在含水量非常低时,例如在干旱地区的固体废弃物,会阻碍废弃物分解,从而限制天然气产生。垃圾填埋场的生物反应器可以控制水分在渗滤液循环系统进入垃圾填埋场内部。通常,当废弃物的含水量达到 50% 时,它已达到田间持水量,并且有将额外的水分添加到下一层的倾向。现场含水率高达 70% 是可能的,在这个水平,气体收集系统的效率会下降。

（4）pH

垃圾填埋场的 pH 的范围是从 5 到 9,能决定生物过程。多数垃圾填埋场在初期基本为酸性环境,但是当有氧分解和酸性厌氧分解阶段完成时,由于系统的

pH 缓冲能力在产生甲烷过程中会使 pH 上升。在生物过程的酸性阶段，金属可能浸出填埋场，并且对细菌有毒。在某些情况下，增加污水污泥、肥料、农业废弃物将会减少甲烷气体的生成。

（5）大气条件

温度、气压、降水等都是影响垃圾填埋场气体产生的因素。大气的温度和气压是通过在废弃物表层垫层减少气体浓度，并在地表附近引起的平流对其产生影响。降水对气体的产生有显著的影响，一方面可以提供所需水分，另一方面可以带走溶解氧的废水。

（6）废弃物的年代

如图 5.1 所示，由于废弃物的年代不同，会发生三次生物分解过程，从而影响到垃圾填埋场气体的产生。

5.2 垃圾填埋场的气体特征

5.2.1 垃圾填埋场气体的物理特性

垃圾填埋场气体的物理特性包括密度、黏度、温度、热容量和含水率。垃圾填埋场气体的密度取决于气体成分的比例。例如，10%的氢气和90%的二氧化碳混合，在第一阶段会产生厌氧分解，会比空气重。60%的甲烷和40%的二氧化碳混合，甲烷可能会发生分解，将比空气略轻。甲烷的密度是 0.714 kg/m³，典型混合气体的密度是 1.07 kg/m³。黏度是由于流体内存在内部摩擦，从而产生的流动阻力，甲烷和混合气体的黏度分别为 1.04×10^{-5} (N·s)/m² 和 1.15×10^{-5} (N·s)/m²。垃圾填埋场气体的温度，随位置、深度和气相组成而变化。集中混合的气体，在甲烷生成阶段，可以有 500 Btu/ft³[①] 的热量。在气体中的湿度取决于温度和压力的变化，可分为饱和或不饱和。

5.2.2 垃圾填埋场气体的化学特性

垃圾填埋场气体的化学特性取决于废物类型和分解的阶段。如图 5.2，垃圾填埋场气体的主要成分是甲烷、二氧化碳、水蒸气和 NMOCs。甲烷是最主要的成分，比空气轻，无色无臭。由于甲烷的存在，垃圾填埋场的气体是易燃的，高浓度则具有窒息性，甲烷的体积百分数在 5%～15% 时可能发生爆炸。垃圾填

注：① 1 Btu=1.055 06×10³ J。

埋场气体的另一种主要成分是二氧化碳,二氧化碳比空气重,无色无臭。二氧化碳在高浓度时,也具有窒息性,并且对健康有害。除了甲烷和二氧化碳,许多次要成分通称为非甲烷有机化合物(NMOCs),其浓度较低。在有机化合物分解的过程中垃圾填埋场中会产生4%~7%的水蒸气。

对于特殊场地的垃圾填埋场的气体,可以通过收集气体样品来进行分析,也可以使用钻孔探测、永久气体监控探头或采气井对气体样品进行收集。

5.3 垃圾填埋场气体产生速率

5.3.1 填埋场气体产生预测模型

垃圾填埋场气体(Landfill Gas,简称 LFG)产生的量通常是一个关于类型、程度、速度的分解函数。影响该函数和生物分解程度的主要环境条件是氧的可利用性、水分、降雨入渗、温度、pH、大量的固体废物和微生物的可用性。特定场地的垃圾填埋场气体生成率可以通过安装天然气开采井来确定。开采井安装在垃圾填埋场 3~5 个分散的地点,并通过鼓风机从井内吸取 LFG。这样,可以测得垃圾填埋场的压力和孔压差,并计算垃圾填埋场产气率。

通过评估天然气的最大产量为每吨废物 15 000 yd^3,其体积组成为 54% 的二氧化碳和 46% 的甲烷,以及微量的 NMOCs。在考虑湿重的基础上,理论上每磅固体废弃物生成的天然气含有 6.5% 的二氧化碳和 3.3% 的甲烷。通过对垃圾填埋场气体监测发现,气体生产率与废弃物的分解率成正比。水分含量越高,天然气的转化率就越高。如果在垃圾填埋场的生物反应中,有大量的水分被添加,会在更短的时间内(8 年到 15 年),垃圾填埋场气体产生率会更高。

一些数学模型通过输入特定的参数,能够预示特定场地垃圾填埋场气体生成率。常用的三个相对简单的模型:①Scholl 峡谷模型;②理论模型;③回归模型。

5.3.2 Scholl Canyon 模型

Scholl Canyon 模型假定甲烷的生产是一个一阶动力学函数。但是这个模型忽略了前两个阶段的细菌活动,仅对底层有限的细菌生长进行了观测。该模型通过实证模型的经验数据来解释废弃物中含水率条件的变化。气体生产率是被认为在初始峰值之后的一个短暂的时间出现的,在此期间建立了厌氧条件,随着废弃物有机质含量的减少呈现指数衰减(一阶衰减)。为了评估甲烷的生产率,要使用平均年废弃物获取率,并且以年为单位进行测量。该模型公式为:

$$Q_{CH_4} = L_0 R(e^{-kc} - e^{kt}) \tag{5.1}$$

式中：Q_{CH_4} 为甲烷的气体生产率；L_0 为潜在的废弃物甲烷生产容量；R 为废弃物的平均年获取率；k 为甲烷生产率常数；c 为垃圾填埋场封闭后的时间；t 为初始废弃物安置后的时间。

考虑到垃圾填埋场的年代，该模型可进一步精炼划分成更小的子群。如果 R 被假定，那么全部垃圾填埋场生产的甲烷将是最大值。由于建立厌氧条件而引起的滞后时间也被纳入了模型之中，通过用"c + 滞后时间"来代替 c，用"t + 滞后时间"来代替 t。滞后时间可能从 200 d 到数年。从而给出精确的 Scholl Canyon 方程：

$$Q = 2kL_0 Re^{-k(t-lag)} \tag{5.2}$$

式中：Q 为甲烷的气体生产率；L_0 为潜在的废弃物甲烷生产容量；R 为废弃物的平均年获取率；k 为甲烷生产率常数；t 为初始废弃物安置后的时间；lag 为达到厌氧条件的时间。

5.3.3　理论模型

这个理论模型，是基于使用下列经验公式的化学计量数，确定了甲烷的生产能力：

$$C_a H_b O_c N_d S_e \longrightarrow v CH_4 + w CO_2 + x N_2 + y NH_3 + z H_2 S + humus（腐殖质）\tag{5.3}$$

在厌氧条件下，垃圾填埋场的气体成分中 50% 约为甲烷，40%～50% 为二氧化碳，1%～10% 为其他气体。L_0 的数值能够最直接反映废弃物中纤维素的含量。理论上，纤维素含量越高，甲烷的生产率就越高。然而，如果填埋场的条件不适宜产生甲烷，该理论值就会下降缺失。L_0 数值的变化范围为每 t 城市固体废物产生 6～270 m³ 甲烷。甲烷的生成速率常数 k，取决于温度、含水率、营养的可用性和 pH。随着含水率的增加至 60%～80%，甲烷的产量会增加。k 值的每年变化范围为 0.003～0.21。一旦这些常量被假定，废弃物位移与垃圾场运营周期的比值就可以估计气体的排放速度。

5.3.4　回归模型

回归模型，是基于来自 21 个垃圾填埋场的实际数据，来预估甲烷的生产率。在此基础上，甲烷的生产率可以用下式进行估计：

$$Q_{CH_4} = 4.52\,W \qquad\qquad (5.4)$$

式中：W 为废弃物的质量（t）。

其相关性的回归系数 R^2 为 0.5。在该等式中有上下 95％ 的置信区间，每 t 废弃物能够生产甲烷的最高量和最低量分别为 6.52 m^3 和 2.52 m^3。

5.4 气体迁移

5.4.1 生成气体的迁移过程

在垃圾填埋场中，生成的气体可能有三个迁移过程（图 5.3），即分子渗出、分子扩散和对流。

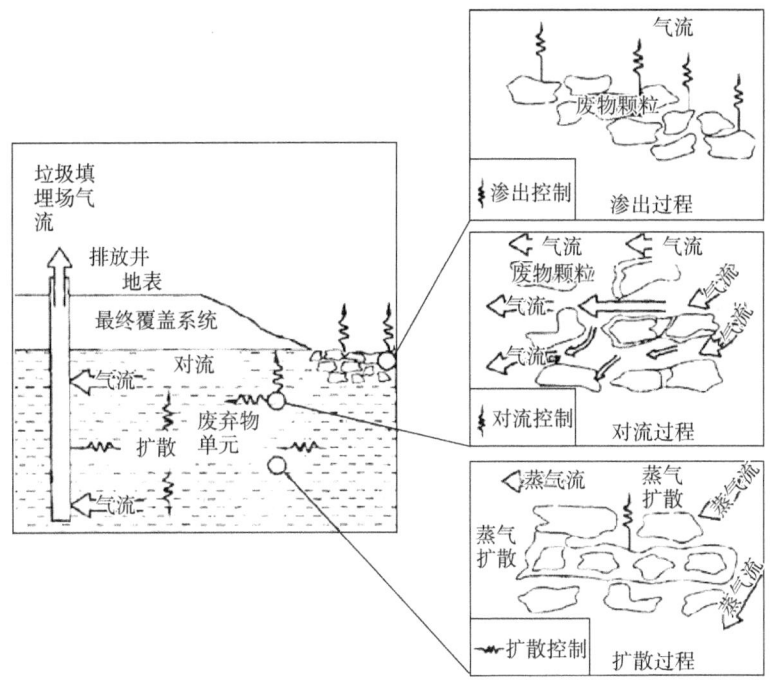

图 5.3 垃圾填埋场的气体迁移过程

（1）分子渗出

分子渗出发生在垃圾填埋场与大气的表面边界。当材料被压实而且没有被覆盖，气体就会扩散至垃圾填埋场的顶部。对于干燥固体，其主要释放机制是液相的废弃物与大气环境直接接触。

（2）分子扩散

分子扩散发生在当两个不同地点的气体之间存在浓度差的气体系统中，气体向浓度低的方向扩散。垃圾填埋场中挥发性组分的浓度总是高于周围的气体，所以会迁移到低浓度区（环境空气）。扩散的速度主要取决于浓度梯度。具体的化合物表现出不同的扩散系数，为迁移的速率常数。

（3）对流

对流是对垃圾填埋场中形成气体压力梯度的一种运动响应。气体将从气压高的区域向气压低的区域迁移，并最终从垃圾填埋场中逸散到大气中。当这种情况发生时，其他两种机制的影响将微乎其微。压力差异的来源可能是生物降解过程中产生的蒸气，发生在垃圾填埋场中的化学反应，压实效果或垃圾填埋场底部的甲烷生成驱动蒸气向表面移动。发生对流时的气体运动速度比气体扩散时的运动速度要快好几个数量级。对于一个特定的气体，对流和扩散可能是相反的方向，导致没有整体的移动倾向。然而，对于大多数情况下，垃圾填埋场的气体回收、扩散和对流流动发生在同一个方向。

5.4.2 气体迁移机制的影响因素

气体迁移机制的影响因素有：①渗透率；②地下水埋深；③废弃物内部条件；④含水率；⑤人为特征；⑥垃圾填埋场的日常覆盖系统。

渗透率或渗透系数是对多孔介质传送填埋场气、水或其他液体通过该介质容易程度的测量。气体渗透率的分布已经严重影响到气体流动速度和气体回收率。粗粒度废弃物通常比细粒度废弃物具有更高的渗透率。

地下水面往往相当于一个非饱和区内气体的不渗透边界。因此，它通常被用来预测气体移动区域的厚度。水会严格制约不溶性气体的迁移。垃圾填埋场基底中滞水或含水层的存在可以抑制气体的迁移，增加气体的侧向运动。

废弃物的内部条件，尤其是介质、孔隙度、滞留的水分都会影响气体迁移。异构性问题如空间变化和分层等都会影响填埋场里气体流动模式和气体回收率。废弃物中的孔隙度和滞留的水分也会影响空气的通路和气体回收率。

如图 5.4 所示，地下土层、日常的覆盖土和最终覆盖系统可以垂向和横向影响垃圾填埋场气体的迁移，人为因素也影响了垃圾填埋场气体的迁移。下水道、排水涵洞、埋藏的公共线路可以为气体提供运移通道。此外，开挖的地下公共建筑如探井、保险库、水池或排水涵洞不仅为气体运移提供了通道，也使得该区域气体积累，并可能达到危险浓度。还有一些自然特性如砾石、砂和孔隙裂缝等会使得垃圾填埋场产生差异沉降，最终导致大量的垃圾填埋场气体迁移。

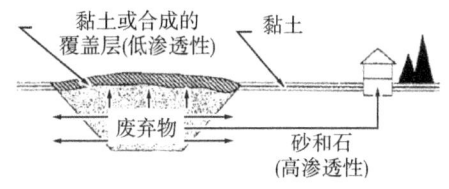
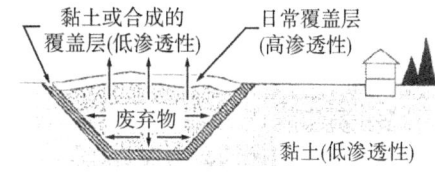

(a) 大规模横向迁移　　　　　　　　　　(b) 大规模纵向迁移

图 5.4　气体迁移过程中周围的地质情况的潜在影响

例 5.1　垃圾填埋场占地 12 acre,体积为 872 827 yd³,中心点最大深度为 70 ft,坡比为 1∶3,顶部坡度为 5%,覆盖区域为 620 000 ft²;废弃物/覆盖材料之比为 4∶1,废弃物堆放时间为 20 年,密度为 800 lb/yd³,覆盖材料为厚度为 40 mil 的 HDPE,孔隙比为 4%;气体常数为 0.08 a⁻¹,生产潜力为 7 400 ft³/t,甲烷浓度为 50%,井的影响半径为 200 ft,井口的真空压力为 10 水头高度,气体温度为 110 °F,黏度为 $2.8×10^{-7}$ (lb·s)/ft²,密度为 $7.6×10^{-2}$ lb/ft³。运用 Scholl Canyon 模型来计算气体在 5 年后的生产速率。

解:填埋场体积=872 827 yd³(已知)

覆盖系统的体积=620 000 ft²×1 ft=620 000 ft³=22 962 yd³(已知)

假设废弃物有 6 层,那么可以计算:

全部覆盖材料=22 962×6=137 772 yd³

废弃物体积=872 827−137 772=735 055 yd³

废弃物密度=800 lb/yd³(已知)

废弃物质量=735 055×800=588 044 000 lb=266 732 t

每年废弃物的处理速率=266 732/15≈17 782 t/a

假定垃圾填埋场成分近似为平均市政废弃物的组成成分,并且垃圾填埋场位于一个潮湿的环境中。还假设垃圾填埋场的气体是由于厌氧细菌产生的,进行一阶动力学模拟。使用 Scholl 峡谷模型来评估气体产生速率:

$$Q = 2×k×L×R×e^{-k(t-lag)}$$

式中:Q 为 t 时间垃圾填埋场的气体生成速率(ft³/a);L 为废弃物生产气体的潜在容量,为 7 400 ft³/t(给出);R 为每年废弃物处理速率=19 600 t/a;k 为气体产生速率或废弃物分解速率=0.08 a⁻¹(给出);t 为废弃物掩埋后的时间=5 a;lag 为达到厌氧条件后的时间,lag = 2 a(假设)。将数值代入得到:Q = $1.825×10^7$ ft³/a。

5.5 气体收集系统

由于垃圾填埋场气体的暴露可能有爆炸的危险，而且会危害人体健康和环境，因此要安装气体控制系统来收集和转移垃圾填埋场中的气体。垃圾填埋场中甲烷的体积浓度上限为5％。一般来说，垃圾填埋场气体控制系统可以分为两种类型：一种为基于自然压力梯度和对流机制的被动系统，另一种为主动收集系统。被动系统提供廊道或内部通道将气体集中到一起，使用屏障来阻止气体迁移。积极的系统在某一部位会导致负压。负压区域的压力可以归纳为对一个收集点的压力梯度，这个区域可以是井，也可以是水平收集管。

5.5.1 被动气体收集系统

被动的气体收集系统是在没有发生侧向运移的情况下，可以将气体自由迁移到一个集合点，可以控制气体的对流，能更加有效地控制扩散气体流。被动的气体回收系统包括通风井口、槽式通风口或它们的组合。为了控制气体的侧向迁移，不透水层要纳入设计。此外，为了能够拦截所有的横向气流，该系统应该深埋。通常，该系统被固定在一个不透水区，例如，连续的不透水地质单元。

（1）通风井口

通风井口可以用来控制填埋场气体的横向和垂向运移，其组件和基本配置如图5.5和图5.6所示。只有在距通风口很近的地方，气体的侧向迁移才能够集中控制。为了放置恰当的通风设备，通过抽样确定气体收集点。在最大浓度或压力等高线处放置气体的喷口，会具有最大的效率。为了确保适当的通风性，通风深度应该延伸至废弃物的底部。如图5.6(a)(b)中所示的大气通风口，一般不建议控制气体的侧向迁移。如果这些井要用于控制气体的侧向迁移，那么它们之间必须间隔很近，一般不到50 ft。

气体风口的构造应该使用4～6个PVC多孔管道（图5.5），其周围采用砾石充填，以防止堵塞。管口应该用水泥或灌浆密封，这样空气不仅不会进入系统，且垃圾填埋场的气体也不会泄漏。被动收集系统通风井通常应该位于废弃物边缘30～50 ft处，每英亩不超过一个。为了拦截垃圾体内全部深度的气体，就会需要更多额外的井，而这些点的布置可以是台阶状的，也可以是倾斜的。

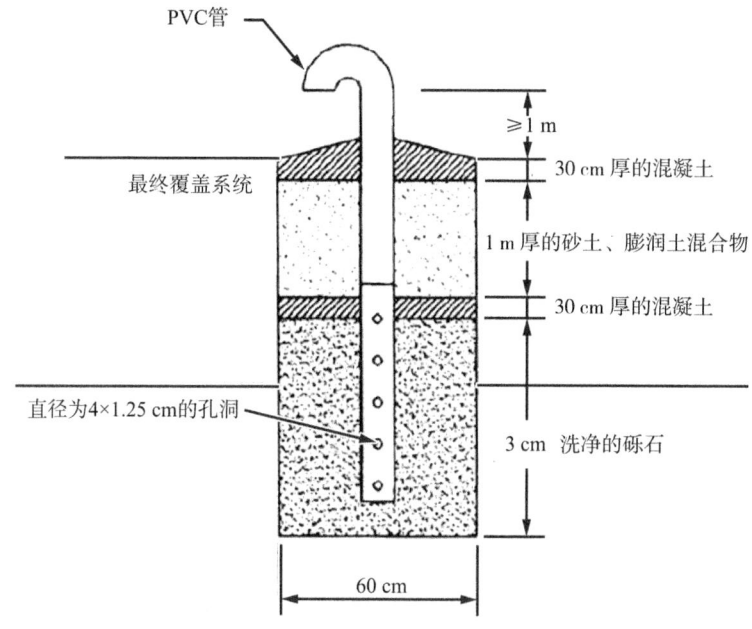

PVC管

最终覆盖系统

≥1 m

30 cm 厚的混凝土

1 m 厚的砂土、膨润土混合物

30 cm 厚的混凝土

直径为4×1.25 cm的孔洞

3 cm 洗净的砾石

60 cm

图 5.5 被动收集系统气体风口

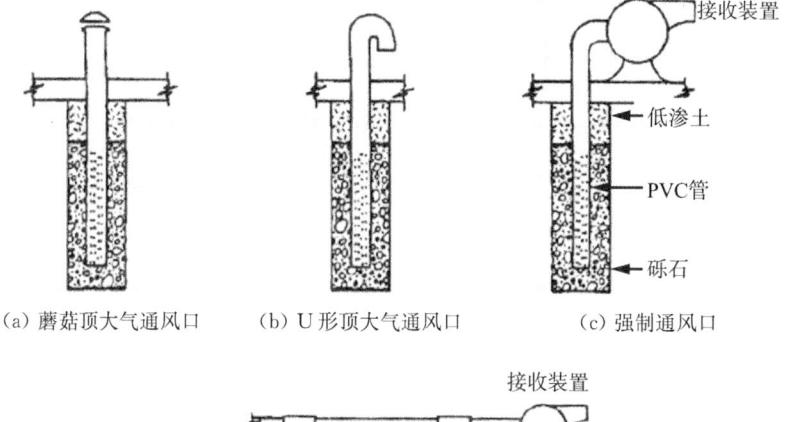

（a）蘑菇顶大气通风口　　（b）U形顶大气通风口　　（c）强制通风口

接收装置

低渗土

PVC管

砾石

接收装置

（d）垂直管通风口与强制通风管系统交汇

图 5.6 风口的设计配置

如图 5.7 所示,气体通风口可以并入最终覆盖系统。如果在垃圾填埋场的覆盖系统中使用了土工合成材料,排气孔应该密封良好(图 5.8)。

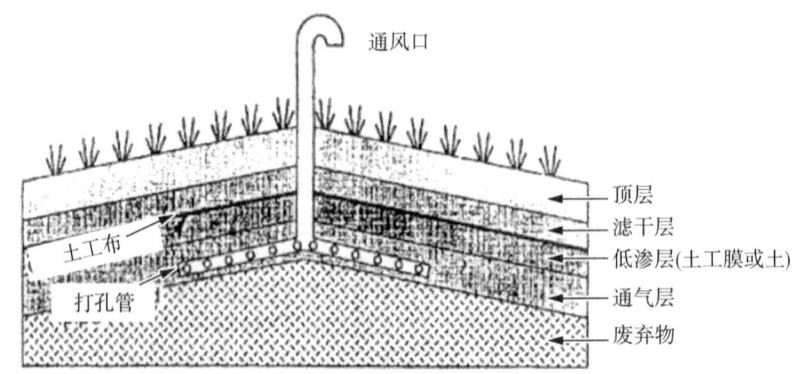

图 5.7　典型的被动式气体收集系统

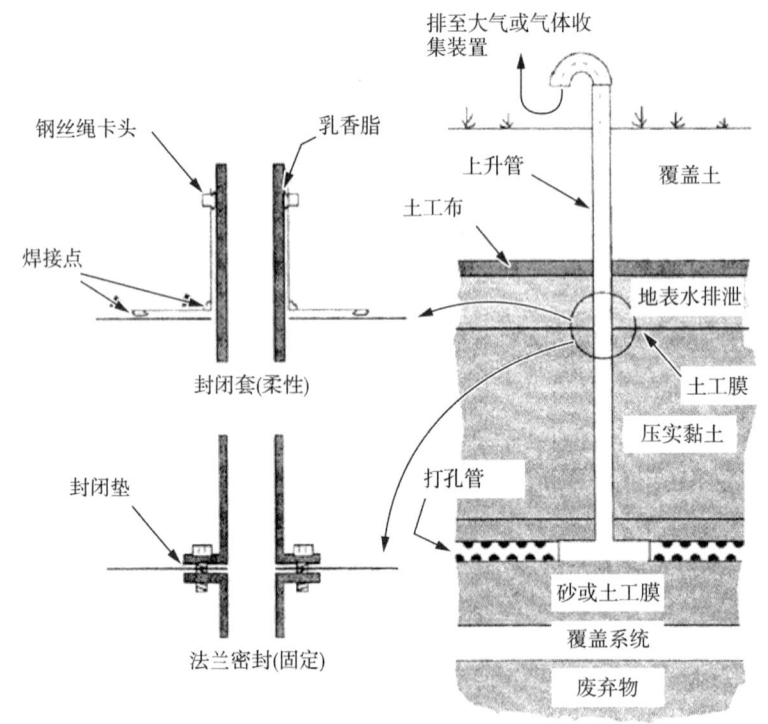

图 5.8　穿透土工膜覆盖系统中的气体风口

(2) 槽式通风口

槽式通风口的使用主要是为了控制气体的侧向迁移,其基本配置如图

5.9所示,适合布置在气体迁移受不透水层或地下水限制的深度。如果明沟到这个深度,槽式风口可以达到完全控制和密封气体。被动明沟可以用作永久性控制气体的迁移,不过效率往往很低。在槽的外边可以增加一层不透水的垫层,达到增加控制效率的目的。明沟适合布置在人口稀少的地区,避免被意外地覆盖、植被覆盖或被人为地堵住。被动槽式风口可能被黏土或其他不透水材料覆盖和排放到大气中。这系统确保有足够的通风,防止降雨进入到喷口。同样,一个不透水的黏土垫层可以有效地密封垃圾填埋场中的气体。

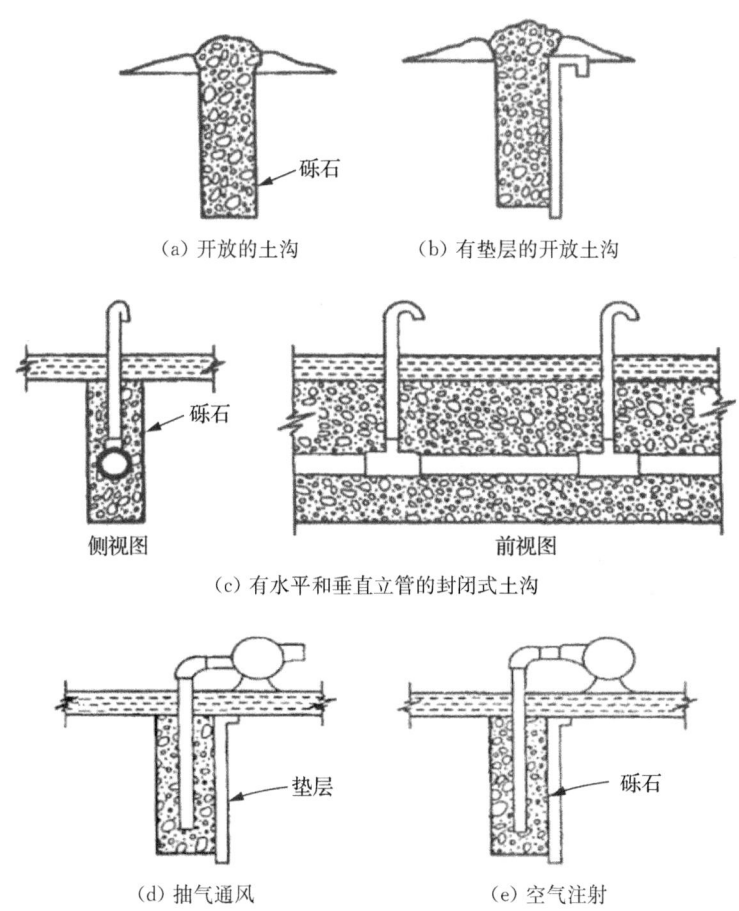

（a）开放的土沟　　　　（b）有垫层的开放土沟

侧视图　　　　　　　　前视图

（c）有水平和垂直立管的封闭式土沟

（d）抽气通风　　　　　（e）空气注射

图 5.9　槽式通风口的设计构型

如图5.9(a)中所示的明沟,遭受了降雨径流的渗透,并且可能被带来的固体所堵塞。因此,明沟不适合布置在地形低洼的地方,其周围地面要从沟的位置朝径流方向倾斜。在沟中充填的砾石相对于周边地层,应该有足够的渗透性,以满足气体的运输。如图5.9(b)中所示,应在土沟外边安装隔断来阻挡气体的侧向迁移。常用的隔断有三种：天然黏土垫层、土工合成垫层或混合材料，类似于在填埋场底部和边坡系统中使用的垫层材料。封闭沟［图5.9中（c）和（d）］由充填砾石的横向和竖向管道组成，使用不透水黏土垫层密封防止填埋场气体逸散。

在竖直抽取井不起作用时，就可以采用到气体收集槽，比如在废弃物填置深度很浅的地方或渗滤液水平比较高的地方。使用槽的不足之处是如果每个槽的密封覆盖不完善，就会有吸入空气的趋向。在每个风口的设计过程中要非常小心，以防通过覆盖系统渗入空气。这些槽因废弃物连续填埋而抬高，而易受压碎；因填埋场差异沉降，而遭受严重破坏。当槽位于地下水位以下时，会受到洪水的影响。在设计槽时，应将槽安装低于预期的高地下水位或渗滤液水平高度，并且要监测避免流水进入气体收集系统。

槽可以是水平或垂直安装在填埋场底部或接近底部位置。在垂直井建造之后，可以同样的方式建造一个垂直槽。对于一个新位置，在一个填埋场分区内每层废弃物之间都要安装水平槽（图5.10）。层之间的距离应不大于15 ft。气体产生之后容许尽快收集，并且避免了地面管道，因为地面管道会干扰填埋场的维护设备。随着垃圾填埋场的面积或高度的增大，系统额外的"腿"被连接到支管。

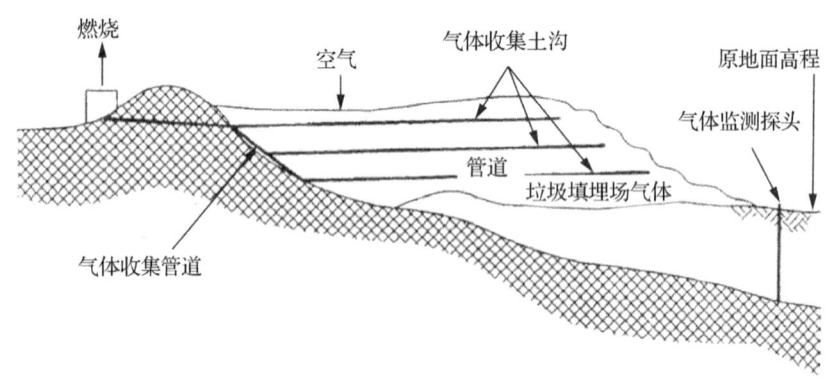

图5.10　水平土沟收集系统

水平槽管可以由穿孔的PVC、HDPE或其他合适强度的无孔隙材料建筑而成。所用材料也必须是耐腐的。槽应该在3 ft宽左右，其间充填了大小一致的砾石，延伸到垃圾在填埋场覆盖层下大约5 ft。槽应该位于废物填体和气体屏障之间，或场地的边缘。最接近风口边界的槽边应该使用低渗透性屏障材料（如土工膜）来密封，以防止气体运移。其余的槽应该内衬过滤织物，防止堵塞透水介质。

密封在槽中砾石包裹的气体收集管道，连接到类似于收集管道建筑的地表面通风口。应该根据监测和现场调查数据,确定通气管间距,通常应该大于50 m。通过使用柔软管连接通风口到管道,被动通风口可以与水平土沟连通。在提取井(或槽)和收集系统之间的柔软管可以允许差异运动。应该安装采样的端口,允许监测压力、气体温度、浓度和液位。

5.5.2 主动气体收集系统

对于控制气体迁移来说,主动气体收集系统是非常有效的。主动气体收集系统是由连接到抽气井或收集槽的机械鼓风机或压缩机组成。在井或槽中形成的压力梯度,迫使气体从垃圾填埋场移动,进入管道的气体被送到燃烧点或其他处理系统。主动气体收集系统的有效性取决于系统的设计与操作的合理与否。一个有效的收集系统应该经过良好的设计和配置,以最大化处理垃圾填埋场气体的速率,有效地从垃圾填埋场的所有区域收集气体,并提供监测和调整每个抽气井和槽的操作功能。

主动气体收集系统可以分为抽取和压力系统。这两个系统通常包含一些不透气的屏障系统。抽取系统通常包含安装在垃圾填埋场周边的一系列气体开采抽取井。抽取井类似于气体监测井,结构和材料都是一样的,只不过规模更大。一个典型的气体抽取井设计如图 5.11 所示。对于任何特定的垃圾填埋场来说,气体抽取井的数量和间距取决于场地特性。通常,一井的试验系统应该最先安装,来确定井的影响半径。一旦井安装完毕后,通过使用气体阀门和冷凝装置连接到抽取系统。离心式的鼓风机在支管中形成真空,并在井中产生气流,使废弃物和土壤中的气

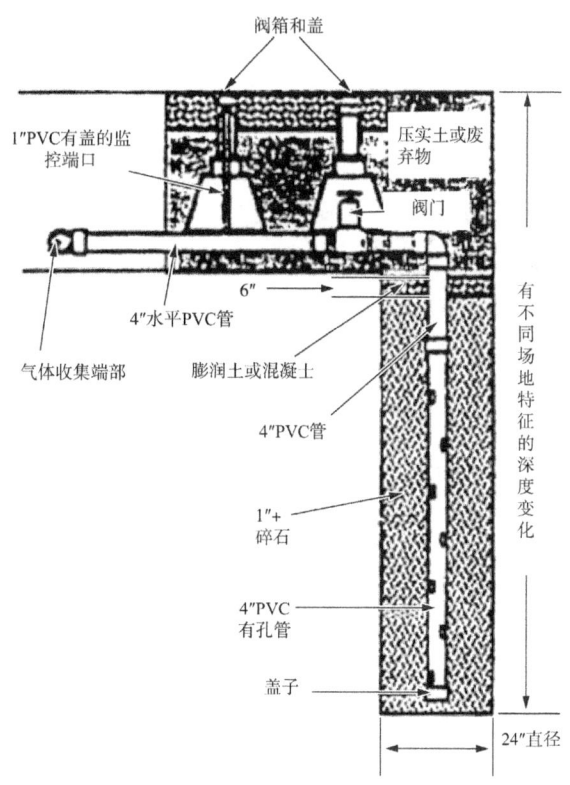

图 5.11 气体抽取井

体朝着每个井移动。根据所处位置,气体或者被排放到空气中并点燃,防止产生恶臭,或者进行回收。当在废弃的垃圾填埋场上建造或存在已建建筑物时,有时需要考虑一个气体压力控制系统,该系统使用一个鼓风机迫使建筑物底部的空气冲走已聚集的气体,产生正压力防止气体向建筑物迁移。

　　垃圾填埋场气体迁移的控制可以通过安装强制通风系统来有效实现,在其内部有一个真空泵或鼓风机连接到终端的通风管。这个系统安装在场地的周边位置,适用于控制垃圾填埋场中垂直和横向的气体运动。收集的气体可以排放到空气中,然后被点燃或被回收。图5.12展示了一系列安装在槽内的风口,然后连接到支管至鼓风机,最终与气体处理装置相连。这样的构造可以防止整个场地区域的气体排放到大气中。另一种在槽中控制填埋场气体的强力通风系统是空气喷射法;这种方法通过鼓风机喷射的空气迫使气体回到槽中,如果要使这个系统良好运行,就要做好风管口的密封工作。

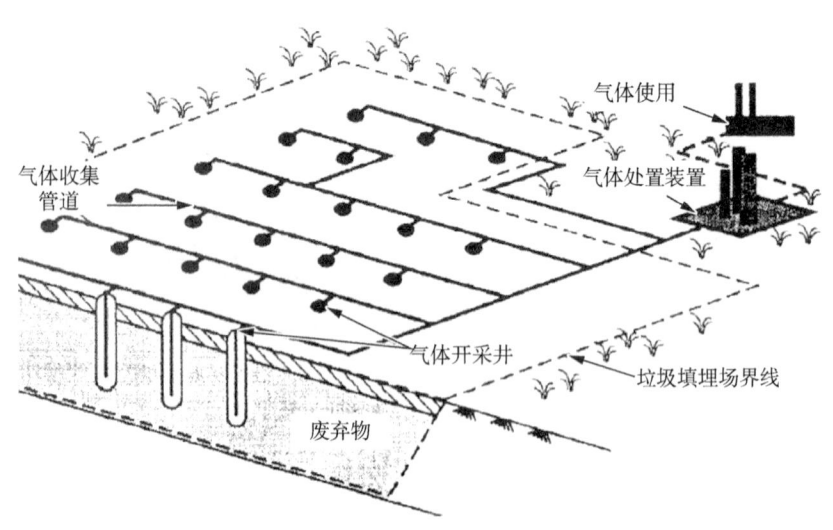

图5.12　气体开采回收系统

　　主动收集系统随着气体生成速率的增加或减少,气体流量也随着增加或减少,提供了很大的灵活性控制。那么抽取速率将会随着时间降低,运营成本也将减少。主动气体风口随着时间的推移可能会被堵塞并且需要被替换。同时,主动收集系统比被动收集系统需要更多的维护。一个主动的气体收集系统主要有四个主要组件:①气体抽取井(或水平槽);②气体移动设备;③垃圾填埋场气体处理单元;④冷凝转移和处置单元。

（1）气体开采井的构造

垃圾填埋场气体抽取井安装在周边，并伸入垃圾填埋场的中心。一个典型的气体开采抽取井的结构如图 5.11 所示。抽取井通常由 PVC、HDPE 或其他合适的无孔隙材料。管的直径一般不同，但是一般不小于 2 in 且不大于 12 in。底部管道四分之三位置处应该打孔，每 6 in 一个孔，孔的直径为洞直径的 1/2。在槽管中打孔也是合适的。井建造在直径为 12～36 in 的钻孔中。套管插入完成后，剩下的工作是使用碎石回填。碎石使抽取井具有更大的直径，更多的气体会被吸取。在无垫层的垃圾填埋场，井的建造深度可以达到垃圾填埋场的底部或地下水水位高度。然而，在有垫层的垃圾填埋场中，典型的抽取井要达到垃圾填埋场深度的 75%，以免破坏垫层。典型的气体抽取井的间隔应该从井底到地表面至少 5 ft 的高度。每个井口通常设置成一个蝴蝶形或球阀形。

（2）间距和影响半径

垃圾填埋场气体抽取井的间距通常取决于每个井的影响半径。这个半径被定义为从井中心点到远离井的由鼓风引起稳态压力梯度为 0.1 in 水头高度的点之间的距离。因此，任何超过影响半径的区域产生的甲烷将不会被抽取井收集获得。

为了获得垃圾填埋场抽取井的间距，应该对一些泵进行测试，以至于考虑废弃物填料的可变性。由于测试成本比较高，因此提出了几个理论模型估算影响关系的真空半径。一般在井口的负压为 5 in 到 15 in 水头高度。通常，井距范围为 50～300 ft，这取决于每个井的影响半径。确定有效井间距的办法是在垃圾填埋场指定位置进行现场测量。在远离测试井的距离增量位置，使用监测探针的泵测试将揭示所在地的负压影响。

（3）抽取井的数量

选择抽取井数量的影响因素是井的影响半径、间距和垃圾填埋场的几何尺寸。对设计用来控制气体迁移的抽取井来说，影响区域的重叠是可取的，以确保垃圾填埋场边界井间点的有效控制。气体的抽取率和影响半径是相互依赖的，回收系统的运行提供有效的气体迁移控制和有效的 CH_4 回收之后，可以调节单独井的流动速率。

（4）气体输送设备

气体输送设备包括管道集管系统、压缩机和鼓风机。一个管道集管系统可以输送垃圾填埋场中的气流从井或槽到鼓风机或压缩机。典型的集管是由 PVC 或 HDPE 材质制成的，并且直径一般为 6 in 至 24 in。鼓风机的大小和类型是与气流速率、总的系统压降和产生压力梯度的所需真空有关。

5.5.3　各种气体收集系统的比较

　　表5.1展示了各种气体收集系统的比较。被动收集系统的效率依赖于垃圾填埋场的密封性，防止直接排放到环境空气中。一般来说，被动收集系统的效率比主动收集系统的收集效率低，因为它依靠自然压力或浓度梯度来驱动气体流动，而不是通过强大机械诱导的压力梯度来驱动。不过当垃圾填埋场的设计包括土工合成材料的垫层和覆盖层时，一个设计良好的被动系统，在收集效率方面几乎等价于主动收集系统。由于被动收集系统依赖于通风，一旦通风口被水分或霜堵塞，气体就会寻找其他的逃逸路线，包括进入周围的地层。被动收集系统不会提供专有的保护手段，被动收集系统被认为是不受控制的气体排放点源。另外，由于系统对气体的气味没有进行有效的管理，被动收集系统就会有潜在的令人讨厌的气味问题发生。被动系统的建造没有主动系统建造那般严格，这是因为抽取井是在正压作用下运行并且从地表渗入空气。另外，被动收集系统不需要精心设计井口组件，因为不需要监控和调节系统。在理论评价方面，一个设计良好的主动收集系统被认为是最有效的气体收集系统。

表 5.1　多种收集系统的相互比较

收集系统的类型	应用范围	优点	缺点
主动垂直井收集系统	垃圾填埋场采用单元-单元的填埋方法 天然洼地中的垃圾填埋场（如峡谷）	与水平土沟系统相比，成本便宜	安装操作很难（井可能被沉重的操作装置损毁）
水平土沟收集系统	垃圾填埋场采用层-层填埋的方法	容易安装，不需要钻孔	槽垫层的底部更有可能发生塌陷，而且一旦塌陷发生将很难修复，如果地下水位过高将很可能形成水流，在长度和宽度上很难保持一致的真空性，在垃圾填埋场建造时就要被安装，不适用于已经建完的垃圾填埋场
被动收集系统	具有良好密封性的垃圾填埋场（具有边衬和盖）	安装和维护成本低	

5.6　气体燃烧和能量回收

　　垃圾填埋场的气体可以不采取能量回收而直接燃烧，也可以进行回收，或不经过处理直接排放到大气中。非能量回收技术是通过点燃和热焚烧炉处理；能量回收技术包括燃气轮机、内燃机发电等。

5.6.1 气体燃烧

在垃圾填埋场中使用燃烧是控制气体排放的主要处置措施,并可作为能量回收系统的备用措施。燃烧是一个开放式燃烧过程,在这一过程中燃烧所需要的氧气是由环境空气提供或空气强制注入。图 5.13 展示了一个典型的垃圾填埋场燃烧系统,垃圾填埋场的气体是通过一个或多个鼓风机在管道中传送到燃烧点,一个气液分离罐通常是用来消除凝析油的。垃圾填埋场的气体在燃烧之前,通常用水来密封,这可以防止当气流流速过慢引起的火焰闪回。

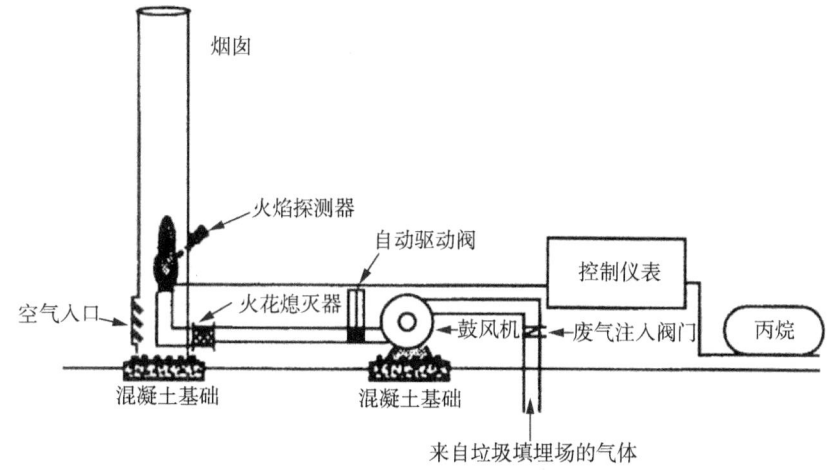

图 5.13 含有鼓风机的垃圾填埋场燃烧系统

通常有两种可用的燃烧系统:明火燃烧和封闭式燃烧。明火燃烧主要用于对气体的排放控制没有要求的区域,其应用非常的广泛。其主要优点是:设计简单;便于施工;以最划算的方式安全处置气体、明火火焰可以位于地面或更高的位置。主要的不足是:①不能灵活控制温度、控制空气和获取基本设计所需要的焚烧产物;②不可能设计成一个封闭的环式系统来精确测量气体流量和明火燃烧中的排放气体。这出于两个原因:①探针太靠近火焰,能够测试比较高的二氧化碳和碳氢化合物水平;②远离火焰,空气稀薄,变得不可预测。因此,如果需要排放气体采样和测试,那么封闭式燃烧系统就必不可少。

封闭式燃烧系统在气体控制方面不同于明火燃烧系统。图 5.14 展示一个典型的封闭式燃烧系统。垃圾填埋场的气体是由鼓风机将气体推向阻火器和燃烧器。火炬充当了一个烟囱,要发挥火炬的充分作用,它的高度和直径的设计就非常的重要。封闭式燃烧系统能够应用在垃圾填埋场气体处理主要有两个原因：①这可以提供一种隐藏环境；②监测排放是强制性的。定期对这些系统进行抽样调查，要确保达到 98% 的减排目标。

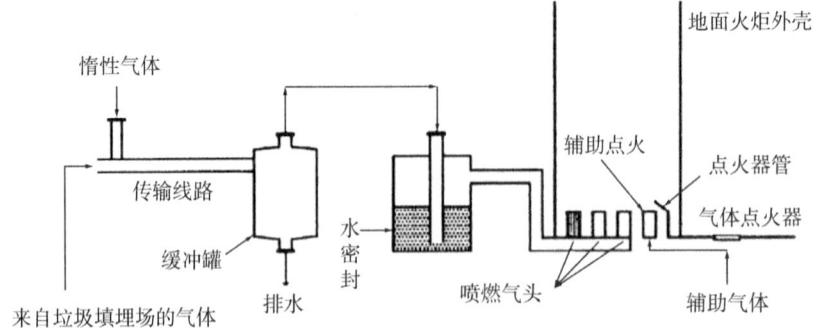

图 5.14　封闭式燃烧系统

封闭式燃烧系统常常用于一个受控环境中，通过燃烧垃圾填埋场的气体来阻止有害气体成分排放到大气中。工作温度是气体成分和气体流速的一个函数。在设计过程中，火焰的持续时间、工作温度、紊流、氧气含量和阻火器这些因素都要被考虑。要有足够的时间用于完全燃烧，点燃气体的温度必须要足够的高，使燃料与氧气混合燃烧，停留时间在 0.25～2 s，燃烧室的工作温度要高于 760 ℃，这时甲烷才会被点燃。

5.6.2　能量回收

许多大型的 MSW 垃圾填埋场产生的气体可作为能源被开发，从填埋场气体中回收能量一般有四个方法：①填埋场气体用于燃气涡轮机；②填埋场气体用于内燃机来发电；③填埋场气体直接作为锅炉燃料；④将天然气质量提升到管道质量，输送到公用事业分配系统。

通常，填埋场气体中大约包含 500 Btu/ft³ 的能量，而管道运输的能量有 1 000 Btu/ft³ 的能量。填埋场气体能量主要取决于填埋场废弃物分解和气体回收系统。一般来说，气体能量的回收限于场地超过 100 万 t 的固体废弃物。

使用内燃机的主要问题是气体压缩机的选用。内燃机可以用于垃圾填埋场气体的控制，这是因为它们的施工时间短、易于安装并且具有在大范围的速度和荷载下运行的能力。用于垃圾填埋场中的内燃机的功率可以在 500～3 000 kW。

一般来说，回收技术的选择取决于气体的产生速率、场地的位置、回收能量的市场效益和环境影响。

　　垃圾填埋场中气体的产生是微生物分解固体废弃物的结果。产生的气体包括甲烷、二氧化碳和少量的其他气体(如氢、挥发性有机化合物、硫化氢等)。在一个垃圾填埋场的不同空间里,气体的产生速率有所不同。气体因浓度梯度和压力梯度发生迁移,一般来说,填埋场气体沿着阻力最小的路径运动。迁移的垃圾填埋场气体不受控制,就会有爆炸、不良气味、损坏覆盖层和有毒蒸气排放的危险。垃圾填埋场中的气体应该受到控制,并确保甲烷的浓度不超过 25% 的爆炸下限。一般来说,垃圾填埋场的气体收集系统包括主动收集系统和被动收集系统。在大型的垃圾填埋场,收集到的气体可用于能量回收。因此,垃圾填埋场的气体回收系统可以减少垃圾填埋场气体的气味和迁移,也可以降低发生爆炸和火灾的可能,而且也可以作为一种收入来源,降低密封垃圾填埋场的成本。

第 6 章

填埋场的最终覆盖层

在基础和侧面的垫层安置好后,垃圾填埋场就可以正常运作了。垃圾填埋场的运作包括垃圾填埋、垃圾密实和每天覆盖材料的使用等三个部分。当垃圾填埋至容许的高度后,就要在其上部安置最终的覆盖层。

6.1　布局和放坡

在最终覆盖系统的设计中,第一步,也是最重要的一步,就是确定覆盖系统的布局和放坡。这取决于废弃物容量、废弃物堆积的地理位置、日常监管要求、操作和维护的问题、环境和美学问题、表面排水结构、覆盖组件的局限性和稳定性等问题。

覆盖系统取决于垃圾填埋场的形式:地上填埋场或坑式填埋场(图 6.1)。图 6.1(a)显示最终覆盖层的边坡可以分为侧斜坡和顶部盖板,侧斜坡要尽可能陡峭,但是要确保施工和维护可以轻松完成。通常,如果覆盖层系统只由土层组成,那么侧斜坡的坡高比一般是 1∶2。如果在覆盖系统中使用诸如土工膜等土工合成部件,那么这个边坡要尽量平缓,坡高比等于或小于 1∶3。顶部盖板通常由面积超过 100 ft×100 ft、坡度在 2%～5% 的区域组成,最终的边坡角度是由边坡稳定性分析确定的。垃圾的沉降量是很大的,约为垃圾高度的 10%～20%,为了最终盖层的放坡准确,沉降量必须进行合理的计算,使得垃圾沉降后最终盖层坡度仍然维持在合理范围。

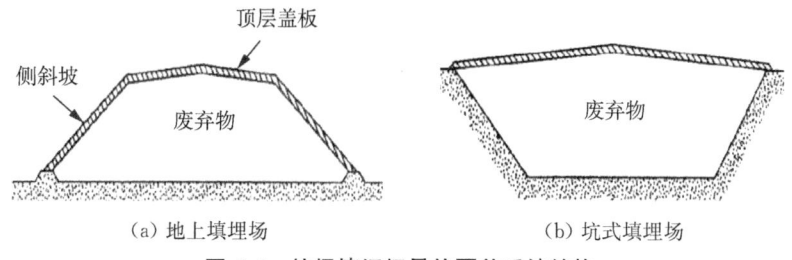

(a) 地上填埋场　　　　　　　　　(b) 坑式填埋场

图 6.1　垃圾填埋场最终覆盖系统结构

6.2　覆盖剖面和材料选择

图 6.2 展示了最终覆盖系统的一般横截面,每一层选用的材料和厚度将取决于特定场地条件。对于传统的垃圾填埋场最终覆盖系统,阻挡层是最重要的一层。这层可以由单层的压实土、土工膜、土工合成材料黏土垫层组成,也可以由覆盖有土工膜的压实土层或覆盖有土工膜的 GCL 垫层组成。阻挡层的目的

是使水分以最小化渗入废弃物。在阻挡层中选择使用压实土、土工膜还是 GCL 是基于类似基础和侧衬系统的考虑。与基础和侧衬系统不同的是，阻挡层材料会承受较低的覆盖压力，而且不能接触到由各种化学物质组成的渗滤液，还要考虑由沉降、干燥开裂、冻融循环对最终覆盖系统的阻挡层产生破坏。为了确保这一点，放置在压实土层上的土工膜应该至少有 20 mil 厚，或由 60 mil 厚的高密度聚乙烯（HDPE）土工膜代替。在土工膜的选择上，要考虑沉降和土工膜与其他覆盖组件（如压实黏土或排水材料）之间摩擦的因素。

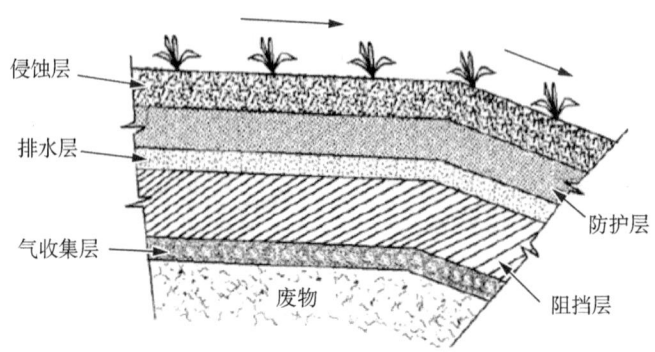

图 6.2　最终覆盖层系统的组成部分

　　阻挡层之上的覆盖土可由两层不同类型的土壤组成。上层或表层一般由可支持植被生长的表土组成，既可以抵御大风暴产生的径流，也可以抑制侵蚀；在植被不宜生长的地区，尤其是在干旱地区，可以用其他的材料（例如石头和鹅卵石）来防止风蚀。底层（或防护层）应该由可以生长非木本植物的土壤组成，考虑到长期的侵蚀损失，因此要有足够的存水容量和足够的深度，可以在这一层使用中密度的土壤（例如亚黏土）。边坡覆盖土应该均匀而且坡度至少为 3%，不允许形成流水侵蚀，如果坡度大于 5%，在没有采取任何手段的情况下，侵蚀会加速发生。覆盖土的厚度应该足以维持植被的生长，并且能够防止侵蚀。

　　排水层（渗滤层）通常介于阻挡层和覆盖土之间。它的设计目的是缩短渗透水流与阻挡层接触的时间，降低水进入垃圾体的可能性。从覆盖土中渗滤进来的水被拦截并且迅速地转移到一个排水出口，例如，通过重力流到底角排水管道，这可以防止水头高过阻挡层，增加边坡的稳定性。排水层是由粗粒土、土工合成排水材料（例如土工布）或其他高渗透性材料（例如废轮胎胶粉或玻璃碎屑）组成。如果使用粗砂或砾石，排水层应该至少有 1 ft 厚，并且其渗透系数不小于 1×10^{-2} cm/s。在粗粒土和排水管道的铺设过程中，不能损坏下部的垫层，特别是土工膜，在基础和侧衬中土工膜上的渗滤液排水材料的铺设也与此相似。

如果在排水层中使用诸如土工布等土工合成材料,物理和水文参数与之前相同(例如水力透射率的等效性、与土工膜的兼容性、压缩性、与周围材料的一致性、抗堵塞性)。如果在排水层中选用高渗透性材料,应该证明粗粒土的等效性。

在排水层(特别是使用粗粒材料)和覆盖土之间,通过使用土工布等织物过滤,阻止覆盖土层的细颗粒堵塞排水层。这层滤布的设计类似于垃圾填埋场底部渗滤液排水层与废弃物之间的滤布。

在特殊场地要设置气体收集层在垃圾体之上,阻挡层之下,用于气体收集层的粗粒度材料、土工合成材料或替代材料等,类似于用在排水层的材料。水平通风管道可以引导气体至位置较高的垂直立管,促进气体流动。为了防止堵塞,土工布过滤织物可以用于气体收集层和阻挡层之间。若要在气体收集层中用垂直竖管气体收集器替代水平排气管道,则要在垃圾填埋场填满垃圾之后再建造。

在覆盖系统中,除了要知道每种材料的强度和水文参数,在任何两种接触材料界面间的抗剪强度也需要确定。

6.3 渗透分析

垃圾填埋场最终覆盖系统的一个主要功能是限制入渗到垃圾体的雨水量,使得产生的渗滤液最小化。因此就要通过渗透和水力分析来评估从覆盖系统到垃圾体的渗透速率。目前,用于垃圾填埋场最终覆盖系统进行分析的模型如下:

①垃圾填埋场水力评价模型(HELP)(Schroeder et al.,1994a、b);
②水平衡分析程序模型(MBALANCE)(Kmet,1982;Scharch,1985);
③浸出评估和化学模型(LEACHM)(Hutson and Wagenet,1992);
④非饱和土壤水分热流模型(UNSAT-H)(Fayer and Jones,1990;Fayer,2000)。

在最终覆盖系统和渗滤液收集导排系统的渗透分析模型中,HELP模型使用最为广泛,通过利用一个准二维的确定方法模拟了垃圾填埋场的一系列水文过程。这个模型更适合模拟湿润半湿润地区。对于干旱半干旱地区,当渗透模型考虑非饱和渗流并且依赖地表土壤的水分存储容量时,这个模型将会更加合理。

UNSAT-H模型被广泛应用在干旱半干旱地区垃圾填埋场的覆盖系统设计中,使用了有限差分方法对非饱和渗流进行模拟,其质量平衡方程如下:

$$I = P - R - (E + T) \pm \Delta S \tag{6.1}$$

式中：I 为渗透到覆盖系统底部的渗透量；P 为降雨量；R 为径流量或地面水流量；E 为蒸发量；T 为植物蒸腾作用产生的损失量；ΔS 为土壤中存储的变化量。虽然 UNSAT-H 是专门针对干旱半干旱气候条件下的非饱和渗流使用的，但是在干旱和湿润气候条件下都已得到验证。

在 UNSAT-H 模型中输入的参数和变量是土壤属性、气象数据、植被数据、程序控制数据（最大、最小的土壤吸力和容许的质量平衡误差等）和初始条件。输入的土壤属性包括饱和导水率和水土保持属性。水土保持属性的输入是通过拟合描述 Van Genuchten 水土保持函数的参数来完成的。在 Van Genuchten-Mualem 不饱和水文传导模型中使用的 Van Genuchten 参数通过下列关系式表述：

$$\theta = \theta_r + \frac{\theta_s - \theta_r}{\left[1 + (\alpha h)^n\right]^m} \tag{6.2a}$$

$$K_h = K_{sat} \frac{\{l - (\alpha h)^{n-2}\left[1 + (\alpha h)^n\right]\}^{-m}}{\left[1 + (\alpha h)^n\right]^m} \tag{6.2b}$$

式中：θ 为体积含水率；θ_s 为饱和体积含水率；θ_r 为剩余体积含水率；α, n 为 Van Genuchten 拟合参数；$m = 1 - 1/n$；$l = 0.5$；K_h 为非饱和导水率；K_{sat} 为饱和导水率；h 为负压水头。

UNSAT-H 通过利用修正的 Picard 有限差分方法，解决了非饱和土中的水分移动，并因此建立了水量平衡方程。模拟的结果是蒸腾作用、蒸发作用、径流及渗流进入覆盖系统的速率。

6.4　侵蚀评价

覆盖土的设计和维护的目的是最小化潜在侵蚀。促进蒸腾作用和表面的径流，要种植足够的植物。地表径流收集系统应该使用阶梯构件、V 形渠和排水沟。土壤的侵蚀是通过每年每英亩的土壤损失率来表征的。可通过土壤流失方程来计算：

$$A = RKL_s CP \tag{6.3}$$

式中：A 为年均土壤损失（t/亩）；R 为降雨径流的侵蚀；K 为边坡易蚀性因素；L_s 为边坡长度；C 为覆盖管理因素；P 为实践因素。覆盖层系统应有最低的 A 值。

6.5 排水层容量

不管排水层是由颗粒土壤构成还是由土工合成材料构成,最终覆盖系统的排水层容量都应该以实际需求的排水能力进行评估,并以 HELP 的分析结果为依据。多孔排水管道应该以合理间距安装在排水层之间。这样排水管道的间距和坡度就已知了,而且可以应用于排水层流量的计算。达西定律可被应用在排水层的允许流量计算:

$$Q_{可允许} = KiA \tag{6.4}$$

式中:$Q_{可允许}$为是允许的流量;K 为排水材料的渗透系数(如果排水材料使用的是土工合成材料;K 可以通过厚度除以透射率计算得到);i 为水力梯度;A 为径流断面的面积(等于厚度乘以横截面的宽度)。基于 HELP 分析,实际在排水层产生的流量可以通过下式计算:

$$Q_{实际} = ILb \tag{6.5}$$

式中:I 为从 HELP 分析结果中获得的渗透率;L 为排水管道间距;b 为渗流截面的厚度(一般粒状材料为 1 ft)。一个有效的排水系统可以通过一个安全系数来评价:

$$FS = \frac{Q_{可允许}}{Q_{实际}} \tag{6.6}$$

确定多孔排水管道的大小,要用到以下数据:①管道的坡度;②HELP 分析中的渗透率。其假定渗流是在重力作用下发生的,而且水流充满整个管道。预期的最大入渗率被定义为:

$$Q_{实际} = IAt \tag{6.7}$$

式中:I 为基于 HELP 分析的管道最大渗透速率;A 为垃圾填埋场的总区域;t 为渗透的持续性。假定 $Q_{可允许} = Q_{实际}$,Manning 方程可以用来计算需求的孔管半径:

$$Q = \frac{1.486}{n} A R^{2/3} S^{1/2} \tag{6.8}$$

式中:n 为粗糙度系数;A 为渗流面积;R 为水利半径(面积除以湿周,等于 $r/2$);r 为管道半径;S 为水力梯度。

6.6 覆盖土工膜分析

垃圾填埋场最终覆盖系统主要受沉降影响，这取决于其下覆垃圾的压缩系数。

6.6.1 由于废弃物压缩产生的沉降

垃圾填埋场的最终覆盖系统产生沉降的原因可能是：废弃物压缩、局部压缩或坍塌和垃圾填埋场基础的土层压缩。因沉降会导致：①斜坡反转导致表面排水问题；②在最终覆盖系统的组件中产生过大的压力，导致土工合成材料撕裂，并在最终覆盖系统中产生裂缝。

垃圾沉降的机制是复杂的，这可归因于：物理力学过程、化学过程、溶解过程和生物分解。废弃物沉降可以分为主要沉降和次级沉降，主要沉降发生在废弃物充填后的一个月至五年内，次级沉降的产生是由于分解和蠕变，在垃圾充填完成之后 50 年内废弃物沉降都有可能发生。式（6.9）可用来计算次级垃圾沉降，是基于多次的场地沉降测量建立的关系。

次级垃圾沉降可以分为由于自重产生的沉降和在外部荷载作用下产生的沉降两类。

①在自重作用下产生的沉降

自重作用下长期次级沉降可以用下式计算：

$$\Delta H_{(SW)} = C_{\alpha(SW)} H \log \frac{t_2}{t_1} \tag{6.9}$$

式中：$\Delta H_{(SW)}$ 为垃圾填埋场安置后的 t_2 时间内的沉降量；t_1 为沉降的初始时间（一般情况为 1～4 个月）；H 为垃圾充填的厚度；$C_{\alpha(SW)}$ 为自重作用下垃圾的次级压缩系数。

②在外部荷载作用下产生的沉降

外部荷载作用下长期次级沉降可以用下式计算：

$$\Delta H_{(EL)} = C_{\alpha(EL)} H \log \frac{t_2}{t_1} \tag{6.10}$$

式中：$C_{\alpha(EL)}$ 为外部荷载作用下垃圾的次级压缩系数。其余参数同上。

$C_{\alpha(SW)}$ 和 $C_{\alpha(EL)}$ 的数值取决于场地的特定环境条件和充填废物的有机质含量。$C_{\alpha(EL)}$ 的数值一般在 0.01 至 0.07 之间，而 $C_{\alpha(SW)}$ 的数值一般在 0.1 至

0.4 之间。数值越大表示有机质含量越高、湿度越高、废弃物的分解程度越高。

在不同位置、不同垃圾厚度的地方会产生差异沉降,在黏土或覆盖系统的柔性膜组件中产生的差异沉降可能产生过大的拉张应力。将差异沉降产生的张拉应力与线性材料的张拉应力进行比较,根据 LaGatta 等(1997)的研究,产生的拉伸应变为黏土垫层的 0.1%～4%,土工合成黏土垫层的 1%～10%,土工防渗膜的 20%～100%。

由土工膜组成的最终覆盖系统,应进行土工膜稳定性的评估。用于基础和侧衬系统的分析流程,同样可以用于最终覆盖系统的土工膜完整性分析中。特别的是,土工膜的稳定性应着重分析:局部沉降、弯曲和张力造成的不平衡剪力。

6.6.2 局部沉降的检查

由于局部沉降诱导产生的拉伸应力,经常发生在垃圾填埋场封闭之后,尤其是当垃圾生物分解正在发生的时候。土工膜拉应力的大小是一个沉降区和覆盖土属性的维度函数。假设一个土工膜变形形状如图 6.3 所示,变形发生在一个球体形状的土工膜中,沿对称轴方向中心点在不断降低。土工膜被认为固定在了沉降区的周围,土工膜中的拉张应力(σ)由下式给出:

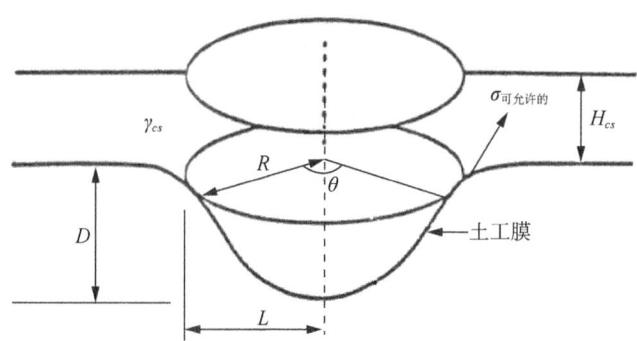

图 6.3　覆盖系统土工膜的局部沉降分析

$$\sigma = \frac{2DL^2\gamma_{cs}H_{cs}}{3t(D^2+L^2)} \tag{6.11}$$

式中:D 为垂直偏转;L 为洼地半径;γ_{cs} 为覆盖土的容重;H_{cs} 为覆盖土的厚度;t 为土工膜的厚度。对于土工膜,其容许的拉张应力是众所周知的。安全系数可以定义为:

$$FS = \frac{\sigma_{可允许}}{\sigma} \tag{6.12}$$

为了确保拉应力在土工膜的正常使用范围内，安全系数应大于 1。

6.6.3　弯曲的检查

如图 6.4 所示，由于具有一定的坡度，在土工膜中可能因自重产生一定的拉张应力，该拉张应力（σ）可按下式给出：

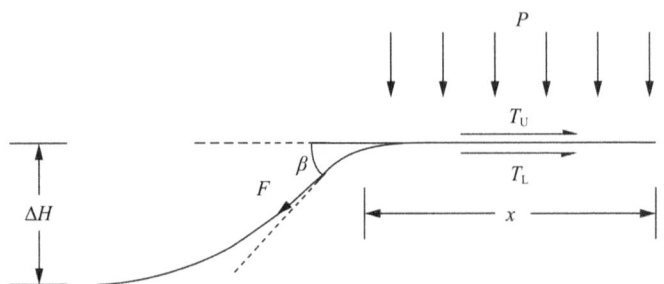

图 6.4　覆盖系统土工膜的弯曲分析

$$\sigma = \frac{w\sin\beta - w\cos\beta\tan\beta}{t} \tag{6.13}$$

这里，w 为自重；t 为土工膜厚度；β 为坡度；T_U 为上层剪切应力；T_L 为下层剪切应力；ΔH 为坡高；P 为压力。

其安全系数如下定义：

$$FS = \frac{\sigma_{屈服}}{\sigma} \tag{6.14}$$

式中：$\sigma_{屈服}$ 是从宽条拉伸试验中获得的屈服应力。

覆盖土填埋之后，土工膜中诱导的拉张应力可由下式给出：

$$\sigma = \frac{\gamma_{cs} H_{cs} x}{\cos\beta t}(\tan\delta_U + \tan\delta_L) \tag{6.15}$$

式中：γ_{cs} 为覆盖土容重；H_{cs} 为覆盖土厚度；β 为坡度；x 为移动距离；t 为土工膜厚度；δ_U 为上层内摩擦角；δ_L 为下层内摩擦角。其安全系数定义为：

$$FS = \frac{\sigma_{屈服}}{\sigma} \tag{6.16}$$

6.6.4 不平衡剪切产生张拉的检查

类似于侧衬系统,最后盖层中的土工膜应该进行不平衡剪切产生张拉的检查。如图 6.5 中所示的条件,其拉伸应力由下式给出:

$$\sigma = \frac{[C_{aU} - C_{aL} + \gamma_{cs} H_{cs} \cos \omega (\tan \delta_U - \tan \delta_L)] LW}{t} \quad (6.17)$$

式中:C_{aU} 为上表层的黏聚力;C_{aL} 为下表层的黏聚力;γ_{cs} 为覆盖土容重;H_{cs} 为覆盖土厚度;δ_U 为上层内摩擦角;δ_L 为下层内摩擦角;L 为长度;W 为宽度;t 为土工膜的厚度。其安全系数如下定义:

$$FS = \frac{\sigma_{屈服}}{\sigma} \quad (6.18)$$

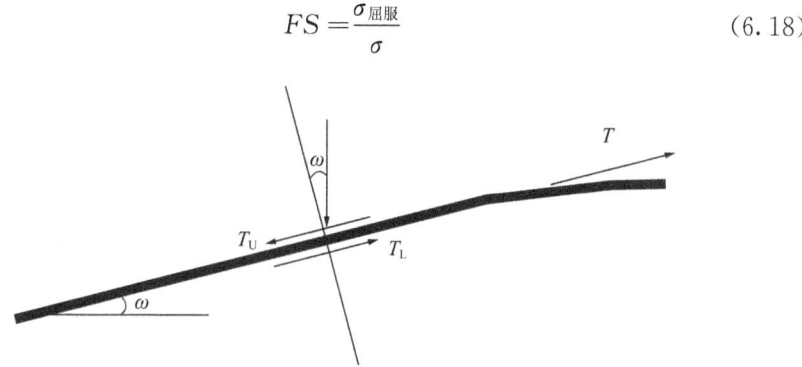

图 6.5　不平衡剪切引起的张拉分析

6.7　覆盖边坡稳定性分析

最终覆盖层的组件在施工过程中及完成后应该都是稳定的。当使用土工合成材料(土工膜或土工合成排水层)时,其稳定性通常由界面材料的强度来决定。影响最终覆盖层的边坡稳定性的条件:

①静态条件(填埋场最终覆盖层长期状况);

②建设条件(填埋场最终覆盖层的建设过程中和施工结束后车辆其的影响);

③地下水条件(水头对填埋场最终覆盖层影响);

④地震条件(如果垃圾填埋场位于地震影响区,则在进行稳定性分析时也应该考虑地震影响因素)。

6.7.1　最终盖层系统的静态边坡稳定分析

图 6.6(a)展示了一个无限边坡的潜在的滑动面,其潜在运动方向平行于坡面,在坡体中有一层相对较薄的单层土。图 6.6(b)展示被放置在垃圾体的侧边坡体上的最终覆盖系统。假定土体的运动方向平行于坡面。

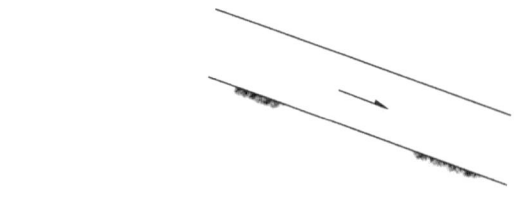

(a) 初始边坡滑动表面

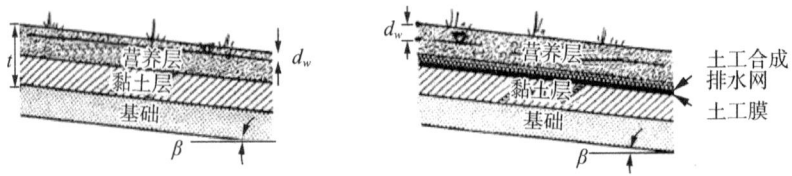

(b) 覆盖垫层系统稳定性评价

图 6.6　覆盖系统边坡稳定性

假定下滑力是由材料自重引发的,而抗滑力是由材料强度提供的,安全系数定义为抗滑力和下滑力的比值,并有下式给出(Sharma and Lewis,1994):

$$FS = \frac{c' + \gamma_b (t \cos^2 \beta \tan \varphi')}{\gamma_c (t \sin \beta \cos \beta)} \tag{6.19}$$

式中: c' 和 φ' 为土体或垫层表面材料的有效强度参数,代表的是最薄弱的平面; γ_b 为浮力容重($\gamma_b = \gamma_t - \gamma_w$), γ_t 为总容重, γ_w 为水容重; t 为失稳表面距地表的深度; β 为边坡倾角; γ_c 为盖层容重。

对于无黏性土, $c' = 0$,其安全系数按以下关系给出:

$$FS = \frac{\gamma_b \tan \varphi'}{\gamma_t \tan \beta} \tag{6.20}$$

当地下水位下降到临界滑面或垫层以下的情况,这个临界滑面或垫层就是最薄弱的平面, $\gamma_b = \gamma_t$ 。安全系数按以下关系给出:

$$FS = \frac{\tan \varphi'}{\tan \beta} \tag{6.21}$$

对于水位低于地表的情况,其安全系数按下式给出:

$$FS = \frac{(c'/\gamma_t t\cos^2\beta) + \tan\varphi'[1 - \gamma_w(t - d_w)/\gamma_c t]}{\tan\beta} \quad (6.22)$$

6.7.2 最终盖层系统的地震边坡稳定分析

当场地位于地震影响区域时,包括最终覆盖系统在内的垃圾填埋场密闭系统,都需要评估地震加速度的影响。地震影响区域被定义为在基岩中具有 10% 或更大水平加速度。一般来说,考虑地震影响,最终覆盖系统的边坡稳定性评价将包括以下步骤:

①评估基岩的水平加速度峰值。地震概率图中显示基岩水平加速度的峰值有 90% 的可能性不超过 250 年。

②垃圾填埋场顶部水平加速度峰值的评估。这可以通过一维原位点响应分析,例如通过人工地震动。地震水平加速度峰值可能等于 K_{max},K_{max} 为无限边坡稳定性分析中,最终覆盖系统潜在滑移体的最大的平均加速度。

③计算 K_y,屈服加速度(即潜在滑动面将形成统一安全系数时的加速度)。K_y 可按下式进行计算:

$$K_y = \frac{(c'/\gamma_t t\cos^2\beta) + \tan\varphi'[1 - \gamma_w(t - d_w)/\gamma_c t] - \tan\beta}{1 + \tan\beta\tan\varphi'} \quad (6.23)$$

④通过对加速度时程曲线的双重积分评估地震诱发的变形。另外,地震的变形也可以通过图 6.7 中的 K_y/K_{max} 的数值来评估。

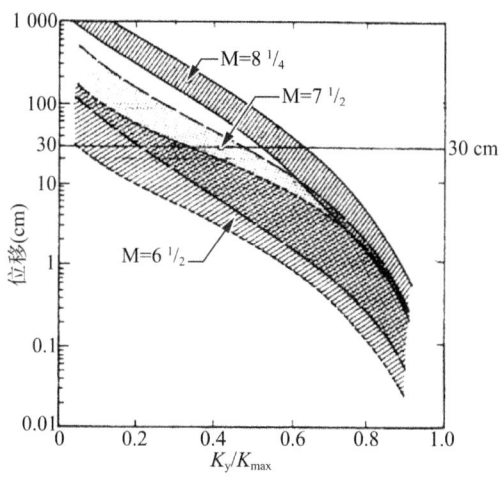

图 6.7 屈服加速度与位移的永久变化

例 6.1 一层 2 ft 厚的土质垫层，$c'=100$ lb/ft²，$\varphi'=15°$，$\gamma_t=120$ lb/ft³，其位于倾角 $\beta=18.4°$ 的边坡上（即坡高比 1∶3），如果含水层位于地表。假设最薄弱面在 2 ft 深度处，计算边坡土质垫层的安全系数，并讨论土的参数为 $c'=0$ lb/ft²，$\varphi'=30°$ 时的情况。

解： 由于水位于地表，渗流将平行于坡面。安全系数按下面的等式进行计算：

$$FS=\frac{c'+\gamma_b(t\cos^2\beta\tan\varphi')}{\gamma_t(t\sin\beta\cos\beta)}$$

$\gamma_b=\gamma_t-\gamma_w=120-62.4=57.6$ lb/ft³；$t=2$ ft，$FS=1.8$。

如果这是无黏性土，$FS=(\gamma_b/\gamma_c)(\tan\varphi'/\tan\beta)$，当 $\varphi'=30°$ 时，$FS=0.8$，将会失稳。

当垃圾填埋场施工完成之后，将废弃物充填至允许的高度之后就可以安置最终覆盖系统了。建设最终覆盖系统的主要目的是：

①抑制由于风或水径流引起的侵蚀；

②最小化地层垃圾体的渗透量；

③控制垃圾填埋场中气体的转移，提高回收率。这就意味着在最终覆盖系统要有一层位于低渗层之上的侵蚀控制垫层来收集气体。

第 7 章

生物反应器填埋场

传统的城市固体废弃物垃圾填埋场的设计要求,主要是要减少渗滤液以及填埋气的产生,使用填埋废弃物的垫层和覆盖层系统,有效地保持废弃物干燥,充分遏制渗透液和限制阻碍废料降解,使得废弃物不完全地、不可预见地、缓慢地分解。

生物反应器垃圾填埋场的设计和运营要求,与传统的垃圾填埋场相比,应显著增强微生物的分解作用,减少并稳定废弃物中的有机物成分,通过控制水分、温度、pH、营养物以及废弃物中的其他成分来完成。生物反应器垃圾填埋场,在关闭后5~10年内,通过运行操作,转化和稳固可分解的有机废物成分,提升微生物作用,以得到显著的转化率和增强其他在垃圾填埋场内所要发生的转化过程有效性。

图7.1展示典型生物反应器垃圾填埋场所包含的各种组件。在生物反应器垃圾填埋场中,渗滤液会一直添加,直到达到废弃物的渗滤液容纳量上限(场地容量)。从废弃物中排出的渗滤液被循环注入垃圾填埋场来保持废弃物的含水量;对应地,它能够帮助分散整个垃圾填埋场的营养物和污染物,以便进行微生物降解作用。这是生物反应器垃圾填埋场的渗滤液循环运行和传统垃圾填埋场的不同之处,生物反应过程中,需要加入足够的水来达到并保持最佳条件,单凭渗滤液通常是没有足够的液体量来维持生物反应器的需要,水或其他无毒无害的液体或半流体都适合被用来补充修正渗滤液。在生物反应器垃圾填埋场关闭阶段的特点:①渗滤液量是有限的,能够在场内处理,限制了场外转移、处理或清除;②填埋气收集处于衰退阶段;③长期的环境危害会被最小化。

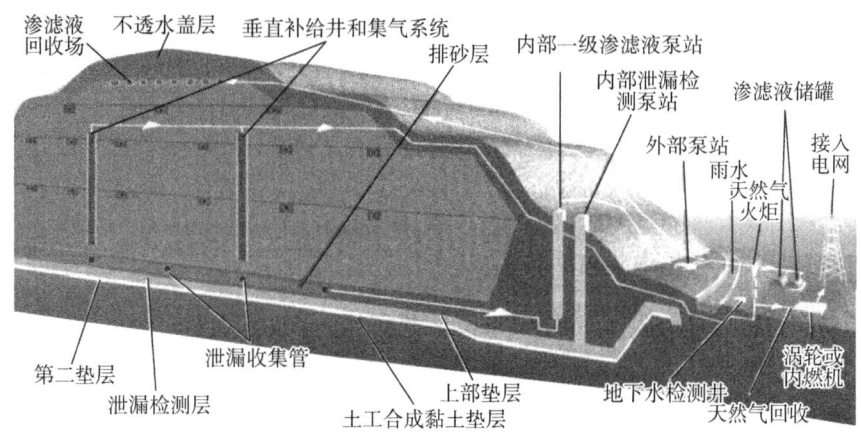

图7.1 生物反应器垃圾填埋场的结构

7.1　生物反应器填埋场的类型与特点

7.1.1　生物反应器填埋的类型

根据微生物降解和稳定固体废弃物的过程,生物反应器垃圾填埋场可以被分成三类:①厌氧生物反应器垃圾填埋场;②好氧生物反应器垃圾填埋场;③混合的或兼具厌氧和好氧生物反应器垃圾填埋场。

（1）厌氧生物反应器垃圾填埋场

厌氧生物反应器垃圾填埋场,利用厌氧微生物不需要氧气进行细胞呼吸作用,力求加速废弃物被厌氧微生物降解的进程。这些微生物（包括产甲烷微生物）负责将有机废物转化成有机酸,并将其最终转化为甲烷和二氧化碳。大部分垃圾填埋场氧气通常不足,就不存在对厌氧菌的干预因素。然而,固体废物的含水量范围是 $10\%\sim20\%$,为了最优化降解过程,含水量通常要达到或接近场地的容量 $45\%\sim60\%$。在最优条件下,废弃物的稳定过程可以在六到七年内完成。

（2）好氧生物反应器垃圾填埋场

好氧生物反应器垃圾填埋场,利用好氧微生物需要氧气进行细胞呼吸,依靠好氧微生物来加速废弃物的降解过程。好氧微生物,通过吸收氧气产生二氧化碳的过程,在有机废物中获得能量,好氧菌降解过程不会产生甲烷。由于垃圾填埋场内氧气不充足,好氧菌降解过程需要通过向废物中注入空气或氧气来支持。可以通过抽取气体或注入液体相同的垂直和水平井向填埋场注入空气或氧气。好氧微生物比厌氧微生物生长要快,因此有较快的降解率。在最佳条件下,废弃物可以在两年内达到稳定。与厌氧菌生物反应相似,含水量需要增加到接近场地容量。但是因为微生物热量的产生,所以需要更多的液体来提高最佳含水量。好氧生物反应器垃圾填埋场能够促进并加速废弃物的降解并且减少填埋气中的甲烷含量。然而,垃圾填埋场发生火灾的潜在可能以及更高的成本限制了好氧生物反应器垃圾填埋场的使用。

（3）混合的生物反应器垃圾填埋场

混合的生物反应器垃圾填埋场,将好氧和厌氧微生物联合在一起,尝试提供一个有效促进废弃物降解的最佳方法。一种实施方案建议在有氧条件下处理最上层的废弃物 $30\sim60$ d,然后填埋上一层废弃物,在填埋上一层期间对下一层在无氧条件下进行处理。这种方法操作简单有效,因为在最初的有氧菌处理阶段中,有机废物很快地被转变到有机酸阶段,然后被厌氧产甲烷菌有效地处理。

7.1.2　生物反应器填埋场的特点

所有的生物反应器垃圾填埋场都需要增强微生物的分解过程,一个最重要的有效因素就是控制水分,这也是垃圾填埋场中最好控制的。例如,可以通过保证水分可达性、水溶性营养物实现。其他影响因素,包括废物粉碎、pH 调节、营养物的添加和平衡、废弃物的预先分解和后期分解的调节、温度控制等也可以用来优化生物反应过程。

允许由厚度为 2 in、渗透系数小于等于 1×10^{-7} cm/s 夯实黏土组成单一复合材料垫层系统产生的填埋场渗滤液进行循环,但不可以用土工合成黏土垫层(GCLs)替代复合材料衬垫,因为渗滤液会再循环进入废弃物中。

允许设计有复合材料垫层系统和渗滤液收集系统,能够保证渗滤液水头在 1 ft 以下的垃圾填埋场中进行渗滤液再循环。无论这是一种新兴的、已有的还是升级形式的城市固体垃圾填埋场,散装的或非整装的废液都不得放置在城市固体垃圾填埋单元中,除非是从城市固体垃圾中析出的渗滤液或凝结的油脂,或是为增强固体垃圾分解所必须添加的控制水分。

7.2　生物反应器填埋场设计

生物反应器垃圾填埋场的组成设计与传统的城市固体垃圾填埋场设计相似。垃圾填埋场的主要设计部分有垫层、渗滤液收集系统、填埋气收集系统和最终覆盖。传统的垃圾填埋场必须是干燥的,然而生物反应器垃圾填埋场必须是含水的。这两种不同的垃圾填埋场的性能标准通常是不一致的,这就为设计带来了挑战。

7.2.1　单元尺寸

考虑经济性和管理因素,传统垃圾填埋场的设计趋势是建造 2~5 年内完成的多个单元(或分阶段),这为生物反应器垃圾填埋场的发展提供便利。一旦关闭,单元内产甲烷条件变得最优,气体收集和排放更容易进行。然而,在极深的垃圾填埋场中较低部位的废弃物可能致密,其渗透性可能阻碍渗滤液的流动。在这些情况下,可能有必要适当地提高内部排水能力。

7.2.2　垫层和渗滤液收集系统

按规定生物反应器垃圾填埋场垫层底部的渗滤液水头最高为 1 ft,与传统的城市固体垃圾填埋场使用同样的标准，可以很容易地通过衬垫、渗滤液收集和排除系统的适当设计来实现。向固体废弃物中添加液体会增加废弃物的密度，这对于垫层系统和渗滤液收集管道的设计至关重要。考虑到预期的水分吸收和沉降，增加负荷量可能达到30%或更多。设计中要考虑到潜在的渗滤液收集和排放系统阻塞，在垃圾填埋场 LCRS 的关键区域需要有清洗口；要考虑到垃圾填埋过程中和之后垃圾体和垫层斜坡的稳定性。由于渗滤液水头预测通常是基于数学模型，可能需要通过现场监测来掌握现实情况。

7.2.3 液体注入系统

液体注入系统，设计时需要估算其所需要的液体量。不仅要有充足的液体（如渗滤液和水），还要有足够的存储空间，才能应对渗滤液收集量最大。

为了最优化降解过程，被注入液体的含水量应该接近场地容量。场地含水量是指孔隙中抵抗重力排水所能容纳的最大含水量（或者说当含水量高于场地容量时，会发生重力排水）。满足场地容量所需要的液体量，可以根据前期的场地研究、模型预测、或垃圾填埋场特定测量等得到。25%的含水量（湿重基准）是生物反应器能够正常反应的最小含水量，最佳含水量是在40%～70%，但完全饱和不利于甲烷生成。城市固体垃圾填埋场场地容量可以通过添加 25～50 gal/t 固体废弃物来达到；相应的，根据初始密度，每立方米废弃物需要加入 100 lb 到 300 lb 水。假设废弃物含水量在10%～20%，为了达到厌氧菌的最佳条件，每立方米废弃物需要加入 40～80 gal 水，以使废弃物达到45%～65%的含水量。统计数据显示，略高的含水量（47～116 gal/yd^3）是合理的，但是通常废弃物的含水量应该在 70 gal/yd^3。

总之，要达到接近场地容量的含水条件就需要加入足够量的液体，如果填埋场内没有产生足够的渗滤液，那么就需要注入其他可用的液体。除了注入净水，还要考虑到场地现存的受污染液体，例如，污染的地表水径流流入淤积池塘的或在污染的地下水附近正好有个泵或收集处理器，城市污水处理厂废水也可以使用。这些废水的污染物负荷应该被估算，以确保不会增加污染生物反应器垃圾填埋场的可能，并且它们能够与生物反应器的微生物相容。

有不同的方法向固体废弃物中注入液体，通常采用的方法是工作面应用（Working Face Application）。如果这种方法是将液体直接注入废弃物中直到达到场地容许含水量（期望的 gal/t 或 gal/yd^3），其好处是简单并且直接作用于废弃物堆，但缺点是这种方法的液体注入是一次性完成的，之后短时间内大量气体聚集，可能导致气味的问题。

向场地内的固体废弃物中注入液体有不同的方法,包括:①表层浇灌(Surface Irrigation);②渗透池(Infiltration Pond);③垂直注水井和检查井(Vertical Injection Well and Manhole);④水平沟(Horizontal Ditch)。

表面浇灌包括使用装有附加碰杆的罐车将渗滤液喷到废弃物表面;渗透池是用废弃物搭建一个平台储存渗滤液,池中渗滤液由于重力作用渗入废弃物中,当废弃物含水量达到场地容量时,渗流继续向低海拔区域扩展。表面浇灌和渗透池都比较简单并且成本低效益好;然而,考虑到气味、细菌传染和垃圾等这两种方法并不合适。

垂直注水井和检查井已经用于一些工程中,通常间隔100～200 ft。在垃圾填埋操作期间或在改造时,这些都是很容易安置的,并且成本相对较低,气味的问题可以通过适当的操作控制。如果装置不接近废弃物斜坡,注入率很高。垂直系统的主要缺点在于它们横向分离液体的能力较弱,液体趋向于集中在注水井/检查井周围,导致较浅层区域形成干燥区。

水平沟通常是在填埋操作时分离液体的最有效方法,在废物堆建成后修建,由嵌入在可渗透媒介中的水平管道组成,这些可渗透媒介包括碎石、碎玻璃和轮胎芯片。近年的经验表明,某些种类的轮胎芯片在厚层废弃物(大于50 ft)的垂直压力下会产生压缩,使得其变得不透水。废弃物中预先设计的透水覆盖层和建造的注入槽或垂直井/检查井一起构成液体分离系统。水平系统有三大优势:①废弃物堆中的液体分离最大化;②注入率很高;③注射口在操作和交通区域之外,对操作几乎没有负面影响。典型的槽间距是水平向100～200 ft,垂向40 ft。在大部分案例中,水平系统是适用于高质量生物反应器工程的最好方法。能够注入液体和提取填埋气的双重功能槽在一些地方已经在使用。当被安置在垃圾填埋场顶部时,水平槽间距应减小,这样能够有更高的气体收集效率并能控制气味。

选择某种方法注入液体时需要考虑场地特性条件,例如气候、臭气、工人接触、环境影响、蒸发损失、可信度、均匀性和美观。埋沟或垂直井能最少暴露于路面,具备良好的全天候性能和良好的美观度,但它们也会受到不均匀沉降的影响。

水平衡模型有助于分析生物反应器垃圾填埋场运行时液体的分布。对于传统的城市固体垃圾填埋场,通常采用例如HELP的水平衡模型,这一模型被用来确定渗滤液的产生情况。对于生物反应器垃圾填埋场来说,注入液体会引起复杂的渗滤液水流条件,包括异构的水分分布。此外,废弃物分解也会产生游离水。实验室模拟研究表明,在分解过程中生成的游离水分会很大。为了评估由于注入液体和废弃物降解生成的瞬时水分分布变化,需要有先进的水动力水平衡模型。

7.2.4　气体提取系统

生物反应器垃圾填埋场会在短时间内比干燥的垃圾填埋场产生更多填埋气（LFG）。为了有效地控制气体和避免气味问题，在运行早期，生物反应器 LFG 提取系统需要安装大的管道、鼓风机和相关设备。水平槽、垂直井、近地表的收集器或混合系统都可能在气体收集中用到。当有更大的气体流时需要增加管径，因为容量会随着管径的增加而增加。由于更高的气体收集率，收集系统的间距要变得更小。液体注入系统需要从气体提取系统中分离出来，避免流阻抗。废弃物下的多孔渗滤液去除系统应该考虑到与气体提取系统融合。

如果一个有效的收集系统在垃圾填埋场活跃阶段没有被安装好，那么提高气体产量会对边坡和覆盖层稳定性产生消极影响。在安装过程中作用在土工膜覆盖上的浮力，会导致膜的膨胀并可能导致一些地方不稳定和土壤流失。在覆盖安装阶段暂时地排放或激进地提取气体可能会促进覆盖的布置。一旦最终覆盖到位，排气应该足以抵抗 LFG 释放积聚的压力产生的上升力。设计师应该考虑当收集系统关闭较长时间时，压力增加条件对边坡稳定性的影响。

7.2.5　最终覆盖系统

最终覆盖系统的要求对于传统的和生物反应器垃圾填埋场都是一样的，是为了地表水向废弃物中的渗透最小化，并且帮助控制填埋气的排放。长期关闭的垃圾填埋场最终覆盖系统包括（从底到顶）：一个基础层、气体收集层、隔离层、地表水排水层、土壤覆盖层以及植物生长的表层土壤。

对于传统垃圾填埋场来说，最终覆盖系统需要在一年之内建到最大高度。对于生物反应器垃圾填埋场覆盖系统的建造时间安排需要仔细考虑。对生物反应器垃圾填埋场来说，最终覆盖系统在主沉降发生之前都不能建造，这大约要花费数年时间。因此，可能需要临时关闭措施，优化生物反应器填埋场的处理能力。如果考虑到气味问题，可能需要一个临时的土工膜。如果没有气味问题，说明土壤覆盖不影响气体提取系统。

7.2.6　边坡稳定

在生物反应器中注入过剩的液体会影响废物的岩土体性质，评价边坡稳定性时应该考虑到废弃物性质的变化，必要时岩土工程分析中也应该考虑到地震的影响。

岩土稳定性分析中应该考虑到废物单位重量和剪切强度等性质。通常，在城市固体垃圾填埋场中,基于垃圾成分、土壤成分、垃圾压实情况和其他环境等影响因素,靠近地表面处,单位质量在 $50\sim70$ lb/ft³,深部在 $95\sim110$ lb/ft³。然而,这些值仅代表含水量明显较低的相对干燥的城市固体垃圾。生物反应器填埋场注入液体后将导致废物完全饱和,单位重量预计增加 $20\%\sim30\%$,地表处达到 $60\sim100$ lb/ft³,深部达到 $110\sim140$ lb/ft³。Hater(2000)在四个使用循环渗滤液的垃圾填埋场测量了垃圾的单位重量,经统计分析发现,平均原状单位质量 112 lb/ft³ 处的密度要比没有渗滤液循环平均原状单位质量 67 lb/ft³ 处高出 66%。垃圾的初始含水率、渗滤液的再生和再循环量、垃圾废物的持水量、孔隙比等都会引起单位重量的增加。城市固体垃圾的生物和化学降解使得单位体积的孔隙空间下降,导致单位重量的进一步增加。

由于城市固体垃圾的低饱和度和高渗透性,因此将城市固体废物的排水抗剪强度用于评价传统垃圾填埋场的废物稳定性。由于生物反应器垃圾填埋场最初的情况类似于传统垃圾填埋场,生物反应器垃圾填埋场的垃圾的排水抗剪强度与传统的垃圾填埋场相同。但随着生物反应器中液体的注入,垃圾将完全饱和,降解后渗透率将相对较低,这种情况下,垃圾降解后的不排水降解强度对工程具有更重要的意义。

稳定性分析中必须考虑降解垃圾的不排水和排水剪切强度,不过,在城市固体垃圾降解的过程中还没有不排水抗剪强度等可用的数据,这些数据对评估地震时生物反应器垃圾填埋场稳定性至关重要,但垃圾降解过程中排水抗剪强度的数据也非常有限。Kavazanjian 等(2001)在生物反应器填埋场中获得垃圾降解样品,并直接进行饱和排水条件下的剪切测试,其结果显示生物反应器垃圾填埋场降解垃圾的排水剪切强度高于传统的垃圾填埋场;然而,还需要在设置不同的环境因素的条件下做更多的测试,以确定降解垃圾的排水抗剪强度,其目的是验证生物反应器垃圾填埋场排水抗剪强度等于传统垃圾填埋场。

生物反应器垃圾填埋场中注入液体可能会影响垃圾体斜坡稳定性,原因如下:①注入液体会增加单元体单位质量;②注入液体会增加孔隙压力从而导致有效应力的降低(渗滤液水头增加);③垃圾废物的生物和化学降解导致强度下降,将废物转化为脆弱材料。

在垃圾降解过程中缺乏可靠的抗剪强度数据,Isenberg 等(2001)在传统的垃圾填埋场进行了典型的敏感性试验,其结果显示:随着单位重量的增加,抗剪强度降低,将会影响降解垃圾边坡的大面积的稳定性。垃圾填埋场配置如图 7.2 所示,包括:①下部 10 ft 复合底衬套(光滑土工膜,压实黏土),向周边倾斜 2% 的渗滤液收集管;②边坡上 3:1(水平:垂直),长 40 ft 的垂直间隔;③最小 5％的最终覆盖顶坡度；④最大深度 140 ft 内的垃圾分为三种卧式垃圾层（上部、中部、下部）。

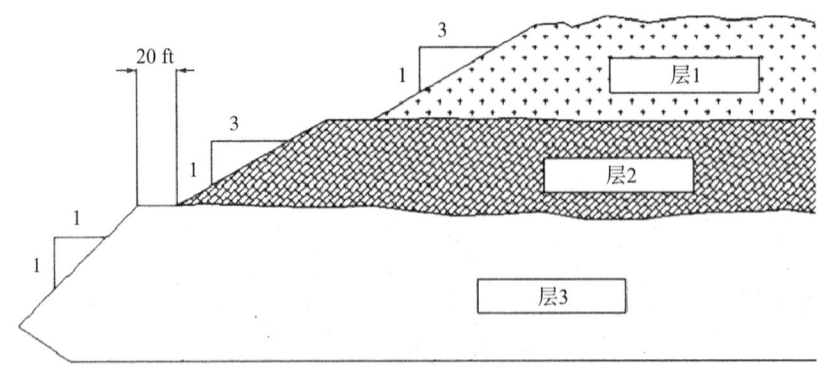

图 7.2　典型的垃圾填埋场模型配置

生物反应器被分成四种不同的类型：0 型——起始条件是没有液体再循环系统（传统帷幕 D 填埋场）；1 型——有限/间歇性液体再循环和应用实践；2 型——控制液体再循环系统，低于土体持水量；3 型——应用大量液体再循环，横向和垂直向保持或超越土体持水量。

在起始情况下（0 型），单位质量随深度的增加而增大，第一层（上部）、第二层（中部）和第三层（下部）的单位重量分别为 45 lb/ft³、55 lb/ft³、65 lb/ft³。生物反应器模型中，基于高含水率和垃圾沉降的综合影响下，使得模型 1、模型 2 和模型 3 的单位重量相比于起始分别增加 25％、50％和 75％。最初认为所有垃圾类型的剪切强度相同。假定各层摩擦角为 26°、30°和 34°（上层、中层、下层），假定黏聚力值为 200 lb/ft³、250 lb/ft³、300 lb/ft³（上层、中层、下层）。同时假定再循环过程中垃圾不会饱和，也没有孔隙压力的聚积。使用计算机模块模式计算出循环情况下的边坡稳定性失效模式。光滑土工膜界面摩擦角设置为 8°～10°，充分考虑了因为大量垃圾引起的水平循环故障和底部光滑阻塞故障。表 7.1 总结了每个类型垃圾填埋场起始条件下的安全因素。结果表明：大规模垃圾本身的抗剪强度稳定性较低；阻塞故障模型表明：低抗剪强度的垃圾与底衬管系统结合界面的摩擦角对垃圾填埋场的稳定性有重大影响。

对减少剪切强度和增加渗滤液水头进行了敏感度分析，分析结果如表 7.1 所示。总的来说，这种模型表现出以下敏感性：①与抗剪强度相比，垃圾的单位重量不是影响边坡稳定性的关键参数；②在大量垃圾中，根据这种垃圾配块，阻塞故障模式比循环故障模式更重要；③虽然阻塞失效模式下 *FS* 值低于

1.5,液体底部 1 ft、5 ft 和 10 ft 厚的衬垫系统的建设依然会使 FS 值略微降低；④建议应用多层模型代替一个层的平均值来探讨单位重量和抗剪强度随深度的变化；⑤生物反应器填埋场边坡稳定性分析中应考虑特殊的场地条件以及生物反应器的操作进程,这样有利于边坡稳定性的合理判断。

表 7.1 输入参数和边坡稳定结果

生物反应器类型	γ_{wet} (lb/ft^3)	C_u (lb/ft^2)	ϕ_u (°)	FS (圆滑面)	FS (平滑面)
1. 起始的抗剪强度					
0 型	45	200	26	2.88	1.59[a] 1.45[b]
	55	250	30		
	65	300	34		
1 型	56.3	200	26	2.74	1.55[a] 1.37[b]
	68.8	250	30		
	81.3	300	34		
2 型	67.5	200	26	2.66	1.52[a] 1.37[b]
	82.5	250	30		
	97.5	300	34		
3 型	78.8	200	26	2.59	1.50[a] 1.35[b]
	96.3	250	30		
	113.8	300	34		
2. 折减抗剪强度($\Delta\phi_u = 2°$, 40 lb/ft$^2 \leqslant \Delta C_u \leqslant 60$ lb/ft^2)					
0 型	45	160	24	2.59	1.51[b]
	55	200	28		
	65	240	32		
1 型	56.3	160	24	2.46	1.48[b]
	68.8	200	28		
	81.3	240	32		
2 型	67.5	160	24	2.38	1.45[b]
	82.5	200	28		
	97.5	240	32		
3 型	78.8	160	24	2.33	1.43[b]
	96.3	200	28		
	113.8	240	32		

生物反应器类型	γ_{wet} (lb/ft^3)	C_u (lb/ft^2)	ϕ_u (°)	FS （圆滑面）	FS （平滑面）
3. 折减抗剪强度（$\Delta\phi_u = 4°$, 80 lb/ft$^2 \leqslant \Delta C_u \leqslant$ 120 lb/ft^2）					
0 型	45	120	22	2.26	1.43[b]
	55	150	26		
	65	180	30		
1 型	56.3	120	22	2.17	1.40[b]
	68.8	150	26		
	81.3	180	30		
2 型	67.5	120 .	22	2.11	1.38[b]
	82.5	150	26		
	97.5	180	30		
3 型	78.8	120	22	2.07	1.38[b]
	96.3	150	26		
	113.8	180	30		
4. 折减抗剪强度（$\Delta\phi_u = 6°$, 120 lb/ft$^2 \leqslant \Delta C_u \leqslant$ 180 lb/ft^2）					
0 型	45	80	20	1.95	1.35[b]
	55	100	24		
	65	120	28		
1 型	56.3	80	20	1.89	1.33[b]
	68.8	100	24		
	81.3	120	28		
2 型	67.5	80	20	1.84	1.31[b]
	82.5	100	24		
	97.5	120	28		
3 型	78.8	80	20	1.78	1.30[b]
	96.3	100	24		
	113.8	120	28		
5. 折减抗剪强度（$\Delta\phi_u = 8°$, 160 lb/ft$^2 \leqslant \Delta C_u \leqslant$ 240 lb/ft^2）					
0 型	45	40	18	1.52	1.26[b]
	55	50	22		
	65	60	26		

生物反应器类型	γ_{wet} (lb/ft³)	C_u (lb/ft²)	ϕ_u (°)	FS (圆滑面)	FS (平滑面)
1 型	56.3	40	18	1.47	1.24[b]
	68.8	50	22		
	81.3	60	26		
2 型	67.5	40	18	1.43	1.23[b]
	82.5	50	22		
	97.5	60	26		
3 型	78.8	40	18	1.39	1.22[b]
	96.3	50	22		
	113.8	60	26		

6. 渗滤液水头上升(起始的抗剪强度)

生物反应器类型	γ_{wet} (lb/ft³)	C_u (lb/ft²)	ϕ_u (°)	水头上升 (ft)	FS (平滑面)
3 型	78.8	200	26	1-C	2.59[a]
	96.3	250	30	5-C	2.59[a]
	113.8	300	34	10-C	2.51[a]
3 型	78.8	200	26	1-B	1.49[a]
	96.3	250	30	5-B	1.45[a]
	113.8	300	34	10-B	1.39[a]
3 型	78.8	200	26	1-B	1.35[b]
	96.3	250	30	5-B	1.32[b]
	113.8	300	34	10-B	1.26[b]
3 型	78.8	200	26	1-C	1.39[a]
	96.3	250	30	5-C	1.39[a]
	113.8	300	34	10-C	1.39[a]
3 型	78.8	200	26	1-B	1.42[a]
	96.3	250	30	5-B	1.39[a]
	113.8	300	34	10-B	1.31[a]

注:a 假定与底部垫层之间的摩擦角为10°。

b 假设与底部垫层之间的摩擦角为8°;密度仅从起初变化。

c C 表示圆形破坏面;B 表示块体破坏面。

7.2.7　沉降

相比于干燥的垃圾填埋场，生物反应器垃圾填埋场将经历更迅速、更完全和更彻底的沉降。对一些生物反应器垃圾填埋场的观测结果显示，固体废物分解速率的增加以及通过特定的权重增加压缩量导致了沉降的加速。在加拿大的基尔谷填埋场有相同垃圾特性情况下，在湿润地区能明显地观测到 10～12 cm/month 的沉降速率，而干燥地区只有 5～7 cm/month 的沉降速率。在美国的优洛县垃圾填埋场发现，生物反应器单元沉降量是传统垃圾填埋场沉降量的三倍。

垃圾填埋场运行过程中的沉降最终会影响地面的性能等级、地表水系、道路和天然气管道系统。由于沉降的规模和速率明显增加，在放置最终覆盖层之前，将废物过量充填到设计等级以上可能是非常有益的。或者，如果推迟最后覆盖和最终场地改进措施，因充分沉降获得更大空间，是非常有益的。项目设计要充分考虑沉降的影响。垃圾填埋场关闭不久后，沉降基本结束，避免了长期维护的成本以及不易收集的气体的排放。

7.3　生物反应器填埋场的运行和维护

7.3.1　操作和维护程序

生物反应器垃圾填埋场应该作为一个大型生物废弃池进行操作，所有的操作都将被严密监控。生物反应器垃圾填埋场中，应该利用一种高效的方式来实现垃圾废物有机成分的生物降解。为了实现这一点，操作和维护程序应该解决以下问题：①固体废物的预处理和隔离；②渗滤液的渗漏问题；③日常和中间的覆盖；④营养盐以及其他补充物质的管理。

（1）固体废物的预处理和分离

垃圾有机物含量高并且大面积暴露时，生物反应器操作最为有效。因此，在操作中将垃圾废物充分粉碎，以达到最大化有机质含量和增加可操控的表面积。废弃物的分离包括从建筑垃圾中分离出城市固体垃圾。机械粉碎可以有效地降低粒子大小和打碎塑料包裹。此外，粉碎后废物的密度会变得非常高，进而限制水分的渗透。

（2）渗滤液渗漏

固体废物中液体的不断产生提升了发生渗滤液渗漏的可能性，垃圾填埋场必须采取措施降低这种可能性,从而避免渗滤液污染地下水。必须强制性监测渗滤液的渗漏,制订一个快速响应的操作计划来修正渗滤液渗漏的发展变化。像安装斜坡和坡趾的排水、表面处理、裂缝的充填封口等措施是必需的,以减少地表水入渗。

(3) 日常和中间覆盖

一般来说,通常的城市固体垃圾填埋场,为了控制菌体、防止火灾、吹砂施工和净化气味,要求日常在填埋场上必须覆盖 6 in 厚的土盖层材料,允许使用相对渗透废料,包括铸造砂、碎轮胎、污染土壤、焚烧炉灰渣、绿色废物/堆肥和汽车内饰绒毛等代替日常覆盖材料。许多可以代替日常盖层的人造材料已经在开发和营销,包括喷釉浆,聚合物泡沫材料和可拆卸的防水布等制造材料。

生物反应器填埋场日常盖层的使用需要特别关注。比垃圾渗透性大的盖层材料可以将渗滤液直接渗滤到收集和排放的地方。如果盖层材料的渗透性比垃圾要小,就会使液体的有效渗透受阻,导致内部液体聚集,并向表面渗透影响垃圾体稳定性,这会阻碍渗滤液排放和填埋气(LFG)流动到收集与排放系统。在铺放固体废物之前,通过对盖层材料翻松和局部的移除降低阻碍能力。使用可以不产生这种阻碍作用的代替材料可以减轻这一影响。因此,基于日常和中间覆盖使用或被使用材料的特点,需要对所有生物反应器填埋场操作影响因素做出评价。

(4) 营养盐以及其他补充剂的管理

通常情况下需要对垃圾物质提供营养盐,Barlaz 等(1990)研究表明,营养物质和其他生物和化学补充剂可以提高生物活性。与废物隔离或分解相比,营养盐和其他补充剂的成本比较合理。

产甲烷菌最佳 pH 大约是 6.8 到 7.4。实验研究中发现,保持 pH 在一定范围内可以提高天然气产量。在渗滤液循环的早期阶段应特别注意 pH 和缓冲需求。最初在生物反应器填埋场中,通过小心缓慢地引入液体,可以尽可能减少所需的缓冲。

(5) 监控

如前所述,生物反应器填埋场作为消化池时,监控程序是整个系统中不可分割的一部分。监控程序应该考虑特定场地条件并应提供以下数据:①液体注射量;②垃圾体内温度;③垃圾体含水率;④垃圾的纤维素/木质含量;⑤渗滤液产量和质量;⑥垃圾密度;⑦沉降;⑧气流/质量;⑨垃圾体内渗滤液数量。

表明生物活性的其他参数,如氧化还原、挥发性固体、产生的生化沼气等同样需要监控。

第 8 章

填埋场静力稳定分析

8.1 填埋场破坏类型

填埋场的稳定分析通常需要考察其破坏模式。特别地,典型构型填埋场的破坏模式示意图,如图8.1所示。破坏模式Ⅰ,如图8.1(a)所示。这种破坏模式的滑动面穿过填埋体内部、衬垫系统以及地基,多发生于填埋场地基土比较软弱的状况。例如软黏土地基最容易发生这种形式的破坏。破坏模式Ⅱ,如图8.1(b)所示。当填埋场的高度达到某一极限值时,就有可能发生这种破坏模式。此时,滑动面一般只发生于填埋体内部。在考察填埋场抵抗破坏模式Ⅰ与破坏模式Ⅱ的稳定时,通常采用边坡稳定分析方法进行填埋场的稳定验算,比如Bishop法、Janbu法、Spencer法以及Morgenstern-Price法等。破坏模式Ⅲ,如图8.1(c)所示。这种破坏模式是Koerner和Soong(2000)在调查分析当时国际上近20年发生的15起大型填埋场失稳案例的基础上提出来的。为了能够分析填埋场抵抗破坏模式Ⅱ时的稳定性,Qian等(2003)基于极限平衡原理提出双楔体分析法。双楔体分析法是一种二维分析法。而对于三维楔体分析法,Chang(2002,2005)基于极限平衡原理是在Chang(1992)的现场调查分析与Chang等(1999)的物理模型试验的基础上提出来的。

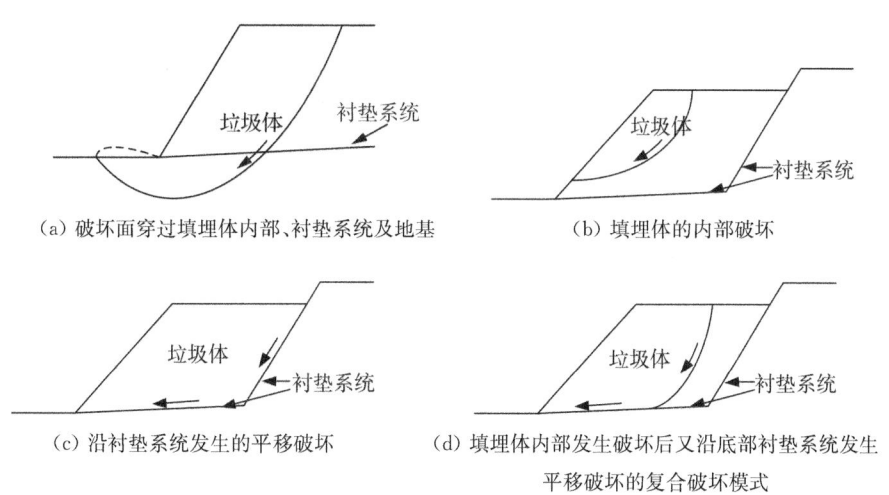

(a) 破坏面穿过填埋体内部、衬垫系统及地基　　　　(b) 填埋体的内部破坏

(c) 沿衬垫系统发生的平移破坏　　　　(d) 填埋体内部发生破坏后又沿底部衬垫系统发生
　　　　　　　　　　　　　　　　　　　　平移破坏的复合破坏模式

图8.1　典型构型垃圾填埋场破坏模式

除了上面提到的三种填埋场破坏模式外,还有一种容易被忽视的破坏模式,即复合破坏模式,如图8.1(d)所示。Thiel(2001)与Fowmes等(2007)曾提及这

种破坏模式，但是没有给出具体的计算方法。在这种填埋场破坏模式中，填埋体1在填埋体内部先沿曲线滑动面破坏，而后再沿填埋场底部衬垫系统发生平移破坏。此时，与填埋体1接触的填埋体2的面上受到沿滑动面滑动方向的切应力，这与填埋体2自身重力共同作用容易诱发填埋体2沿着填埋体背部边坡上的衬垫系统发生平移破坏，这可能导致填埋体全部沿衬垫系统发生平移破坏。在这里，把这种部分沿填埋场底部衬垫系统破坏的填埋场破坏模式称为复合破坏模式。从上面的分析可以看出，在复合破坏模式作用下可能导致填埋场最终发生平移破坏。

目前，国内外对填埋场的稳定分析研究，主要侧重于填埋场的两种破坏模式，即破坏模式Ⅱ与破坏模式Ⅲ。考虑破坏模式Ⅱ时，垃圾填埋场的稳定主要由填埋体的抗剪强度来控制。而考虑破坏模式Ⅲ时，填埋场的稳定主要是由衬垫界面的剪切强度来控制的。除此之外，对于破坏模式Ⅳ，垃圾填埋场的稳定主要由填埋体抗剪强度（内部破坏部分）与衬垫界面剪切强度（沿衬垫界面平移破坏部分）综合来控制的。

8.2 双楔体平移破坏分析方法

8.2.1 基本假定

在分析典型构型垃圾填埋场抗平移破坏模式稳定的时候，把处于极限平衡状态的破坏体分为被动楔体[区域 OKL，如图 8.2(a)所示；或者区域 $OKJL$，如图 8.2(b)所示]和主动楔体[区域 $OKJD$，如图 8.2(a)所示；或者区域 OKD，如图 8.2(b)所示]两部分。首先，对被动楔体进行极限平衡分析，建立力的平衡方程，从而得到作用于被动楔体上的水平条间力（即力 E_{HP}）的等式方程。然后，对主动楔体进行极限平衡分析，建立力的平衡方程，进而可以得到作用于主动楔体上的水平条间力（即力 E_{HA}）的等式方程。因为，力 E_{HP} 和力 E_{HA} 是一对平衡力。所以，这一对力大小相等。通过求解此两力相等的等式方程，可以得到评价静力条件下填埋场抗平移破坏模式稳定的安全系数隐函数方程。对此隐函数方程进行编程求解，便可以得到特定工况下的安全系数值。

由于典型构型垃圾填埋场几何外形参数的影响，填埋体的极限平衡分析可以分为两种情况，情况一：$B < H\cot\alpha$[如图 8.2(a)所示]；情况二：$B \geqslant H\cot\alpha$[如图 8.2(b)所示]。在图 8.2 中，$O(0,0)$ 是直角坐标系的原点；W_P 和 W_A 分别为被动楔体和主动楔体的重力；N_P 和 F_P 分别为填埋场底部作用在被动楔体

上的法向力和切向力；E_{HP} 和 E_{VP} 分别为主动楔体作用在被动楔体上的法向力和切向力；E_{HA} 和 E_{VA} 分别为被动楔体作用在主动楔体上的法向力和切向力；H 为填埋体背部边坡的高度；B 为填埋体在背坡坡顶处的宽度；ω 为填埋体前坡坡角；α 为填埋体背坡坡角；θ 为填埋场底部与水平面之间的夹角。

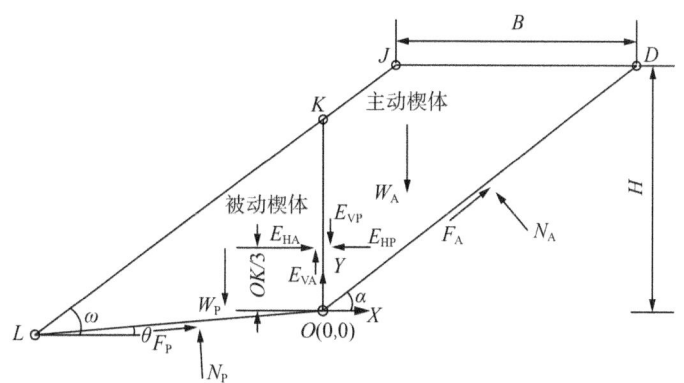

(a) $B < H\cot\alpha$

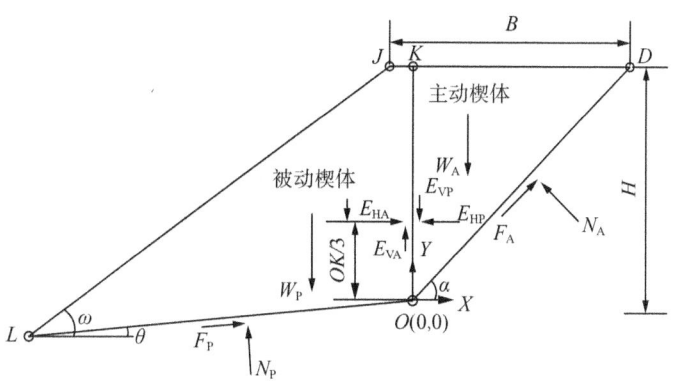

(b) $B \geqslant H\cot\alpha$

图 8.2　平移破坏模式下填埋体各部分受力分析

为了能够顺利地建立分析典型构型垃圾填埋场抗复合破坏模式稳定的计算模型,有必要事先做一些合理的假定。具体假定如下:①垃圾土是均质的库伦材料,破坏满足摩尔-库伦强度准则;②衬垫界面的破坏同样满足摩尔-库伦强度准则;③滑动面上安全系数处处相等。

8.2.2　被动楔体力的平衡方程

对被动楔体进行极限平衡分析,可以得到力的平衡等式。考虑到被动楔体在竖直方向（Y 方向）上的力的平衡条件，即 $\sum F_Y = 0$（图 8.3），可以得到：

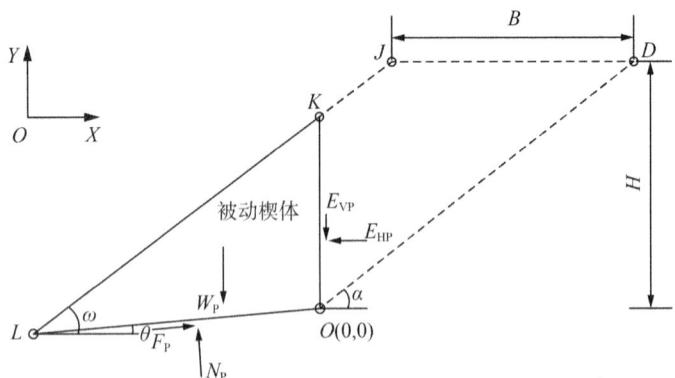

(a) $B < H \cot \alpha$

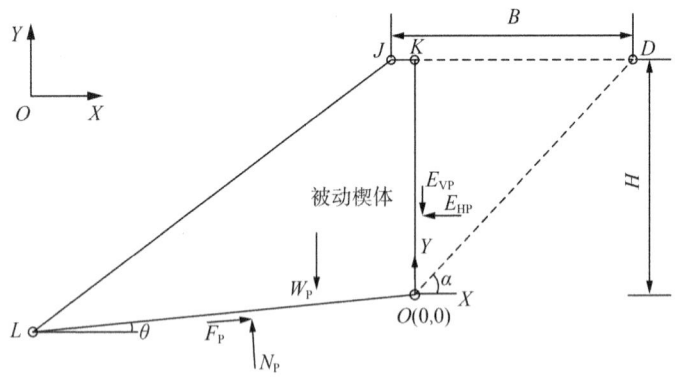

(b) $B \geqslant H \cot \alpha$

图 8.3　平移破坏模式下被动楔体极限平衡分析

$$W_P + E_{VP} = N_P \cos \theta + F_P \sin \theta \tag{8.1}$$

并且，根据摩尔-库伦强度准则，可以得到作用于垃圾填埋场底部和两楔体接触面（即 OK）上的法向力和切向力的关系等式，具体如下所示：

$$F_P = C_P/FS + N_P \tan \delta_P/FS \tag{8.2}$$

$$E_{VP} = C_{SW}/FS_V + E_{HP} \tan \varphi_{SW}/FS_V \tag{8.3}$$

式中：FS 为垃圾填埋场关键破坏面上的安全系数；FS_V 为被动楔体与对数螺旋线破坏体接触面上的安全系数；δ_P 为铺在填埋场底部的衬垫界面之间的摩擦角；C_P 为位于填埋场底部的衬垫界面 OL 上的总黏聚力，$C_P = c_P \times OL$，单位为 kN/m，其中，c_P 为位于填埋场底部的衬垫界面上两种材料之间的黏聚力，单

位为 kN/m^2；φ_{SW} 为填埋体中垃圾土的内摩擦角，单位为度（°）；C_{SW} 为被动楔体与对数螺旋线破坏体界面 OK 上的总黏聚力，$C_{SW}=c_{SW}\times OK$，单位为 kN/m，其中，c_{SW} 为填埋体中垃圾土的黏聚力，单位为 kN/m^2。

将等式(8.2)与等式(8.3)代入等式(8.1)中，整理后可以得到：

$$W_P+C_{SW}/FS_V+E_{HP}\tan\varphi_{SW}/FS_V=N_P(\cos\theta+\sin\theta\tan\delta_P/FS)+C_P\sin\theta/FS$$
$$(8.4)$$

考虑到被动楔体在水平方向（即 X 方向）上的力的平衡条件，即 $\sum F_X=0$(图 8.3)，可以得到：

$$F_P\cos\theta=E_{HP}+N_P\sin\theta \qquad (8.5)$$

将等式(8.2)代入等式(8.5)，整理后可以得到：

$$N_P=(E_{HP}-C_P\cos\theta/FS)/(\cos\theta\tan\delta_P/FS-\sin\theta) \qquad (8.6)$$

将等式(8.6)代入等式(8.4)，整理后可以得到：

$$E_{HP}=\frac{(W_P+C_{SW}/FS_V)(\cos\theta\tan\delta_P/FS-\sin\theta)+C_P/FS}{(\cos\theta+\sin\theta\tan\delta_P/FS)+(\sin\theta-\cos\theta\tan\delta_P/FS)\tan\varphi_{SW}/FS_V}$$
$$(8.7)$$

对于等式(8.7)中 C_P、C_{SW} 和 W_P 的计算公式可以通过垃圾填埋场几何外形参数直接获得。其中，C_P 的计算公式如下：

$$C_P=c_P(H-H\cot\alpha\tan\omega+B\tan\omega)/(\cos\theta\tan\omega-\sin\theta) \qquad (8.8)$$

而 C_{SW} 和 W_P 由于填埋体存在两种不同的几何外形情况，导致它们的计算公式有两种，分别给出：

情况一：当 $B<H\cot\alpha$ 时，如图 8.3(a)所示，C_{SW} 和 W_P 的计算公式分别如下：

$$C_{SW}=c_{SW}(H-H\cot\alpha\tan\omega+B\tan\omega) \qquad (8.9)$$

$$W_P=0.5\gamma_{SW}(H-H\cot\alpha\tan\omega+B\tan\omega)^2/(\tan\omega-\tan\theta) \qquad (8.10)$$

式中：γ_{SW} 为填埋体中垃圾土的重力密度（kN/m^3）。

情况二：当 $B\geqslant H\cot\alpha$ 时，如图 8.3(b)所示，C_{SW} 和 W_P 的计算公式分别如下：

$$C_{SW}=c_{SW}H \qquad (8.11)$$

$$W_P = 0.5\gamma_{SW}\left[(H - H\cot\alpha\tan\omega + B\tan\omega)^2/(\tan\omega - \tan\theta) - (B - H\cot\alpha)^2\tan\omega\right] \tag{8.12}$$

8.2.3　主动楔体力的平衡方程

对主动楔体进行极限平衡分析，可以得到力的平衡等式。考虑到主动楔体在竖直方向（Y方向）上的力的平衡条件，即 $\sum F_Y = 0$（图8.4），可以得到：

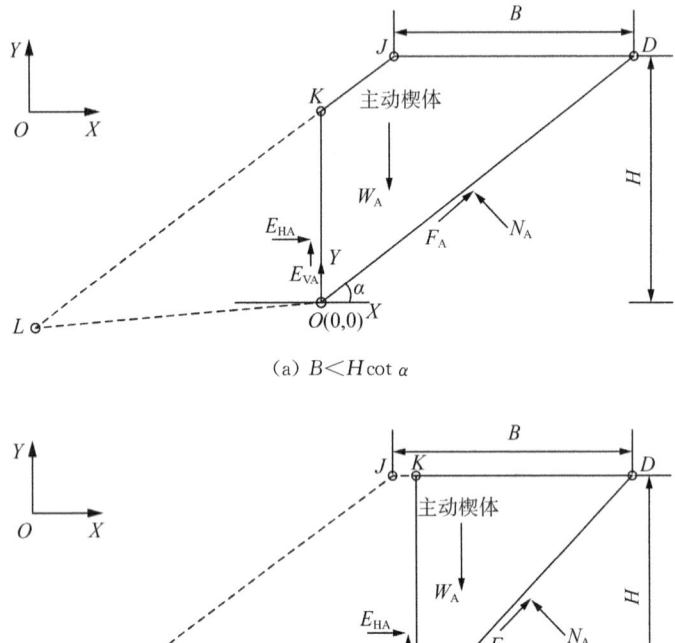

(a) $B < H\cot\alpha$

(b) $B \geqslant H\cot\alpha$

图 8.4　平移破坏模式下主动楔体极限平衡分析

$$W_A = F_A\sin\alpha + N_A\cos\alpha + E_{VA} \tag{8.13}$$

$$F_A = C_A/FS + N_A\tan\delta_A/FS \tag{8.14}$$

$$E_{VA} = C_{SW}/FS_V + E_{HA}\tan\varphi_{SW}/FS_V \tag{8.15}$$

将等式(8.14)与式(8.15)代入等式(8.13)中，整理后可以得到：

$$W_A = N_A(\cos\alpha + \sin\alpha\tan\delta_A/FS) + C_{SW}/FS + E_{HA}\tan\varphi_{SW}/FS_V + C_A\sin\alpha/FS \tag{8.16}$$

考虑到主动楔体在水平方向(X方向)上的力的平衡条件,即$\sum F_X = 0$(图 8.4),可以得到:

$$F_A\cos\alpha + E_{HA} = N_A\sin\alpha \tag{8.17}$$

将等式(8.14)代入等式(8.17),整理后可以得到:

$$N_A = (E_{HA} + C_A\cos\alpha/FS)/(\sin\alpha - \cos\alpha\tan\delta_A/FS) \tag{8.18}$$

将等式(8.18)代入等式(8.16),整理后可以得到:

$$E_{HA} = \frac{(W_A - C_{SW}/FS_V)(\sin\alpha - \cos\alpha\tan\delta_A/FS) - C_A/FS}{\cos\alpha + \sin\alpha\tan\delta_A/FS + \sin\alpha\tan\varphi_{SW}/FS_V - \cos\alpha\tan\delta_A\tan\varphi_{SW}/(FS_V FS)} \tag{8.19}$$

对于等式(8.19)中C_A和W_A的计算公式可以通过垃圾填埋场几何外形参数直接获得。其中,C_A的计算公式如下:

$$C_A = c_A H/\sin\alpha \tag{8.20}$$

情况一:当$B < H\cot\alpha$时,如图 8.4(a)所示,W_A的计算公式如下:

$$W_A = 0.5\gamma_{SW}[H^2\cot\alpha - (H\cot\alpha - B)^2\tan\omega] \tag{8.21}$$

情况二:当$B \geqslant H\cot\alpha$时,如图 8.4(b)所示,W_A的计算公式如下:

$$W_A = 0.5\gamma_{SW}H^2\cot\alpha \tag{8.22}$$

8.2.4 安全系数的隐函数方程

通过力E_{HP}与力E_{HA}的平衡关系,可以推导出关于安全系数的隐函数方程式。为了使被动楔体与主动楔体界面上的填埋体满足剪切强度破坏准则,这个界面上填埋体的平均剪应力必须不大于平均剪切强度。这就意味着被动楔体与主动楔体界面上的安全系数FS_V一定不会小于1;除此之外,考虑到整个填埋体的平衡,FS_V不应该小于FS。由上面这些条件,根据Qian等(2003)的假定,给出如下求解安全系数最大值与最小值的假定:①当假定$FS_V = FS$时,填埋场关键破坏面上的安全系数隐函数方程式转换为最大安全系数(FS_{max},即安全系数解的上限)隐函数方程式;如果最大安全系数隐函数方程式计算得到的$FS_{max} < 1$,则需要重新假定$FS_V = 1$,进行FS_{max}的计算。②当假定$FS_V = \infty$时,填埋场

关键破坏面上的安全系数隐函数方程式转换为最小安全系数（FS_{min} 即安全系数解的下限）隐函数方程式。具体安全系数隐函数方程式如下：

（a）最小安全系数 FS_{min} 的隐函数方程式

由假定 $FS_V = \infty$、等式（8.7）及等式（8.19），整理后可以得到一个关于 FS_{min} 的隐函数方程式，具体表达式如下：

$$[W_P(\cos\theta\tan\delta_P/FS_{min} - \sin\theta) + C_P/FS_{min}](\cos\alpha + \sin\alpha\tan\delta_P/FS_{min}) -$$
$$[W_A(\sin\alpha - \cos\alpha\tan\delta_A/FS_{min}) - C_A/FS_{min}](\cos\theta + \sin\theta\tan\delta_P/FS_{min}) = 0$$

$$(8.23)$$

（b）最大安全系数 FS_{max} 的隐函数方程式的推导

假定 $FS_V = FS$ 并对等式（8.7）及等式（8.19）进行整理后可以得到一个关于 FS_{max} 的隐函数方程式，具体表达式如下：

$$[(W_P + C_{SW}/FS_{max})(\cos\theta\tan\delta_P/FS_{max} - \sin\theta) + C_P/FS_{max}](\cos\alpha + \sin\alpha\times$$
$$\tan\delta_A/FS_{max} + \sin\alpha\tan\varphi_{SW}/FS_{max} - \cos\alpha\tan\delta_A\tan\varphi_{SW}/FS_{max}^2) - [(W_A - $$
$$C_{SW}/FS_{max})(\sin\alpha - \cos\alpha\tan\delta_A/FS_{max}) - C_A/FS_{max}][(\cos\theta + \sin\theta\times$$
$$\tan\delta_P/FS_{max}) + (\sin\theta - \cos\theta\tan\delta_P/FS_{max})\tan\varphi_{SW}/FS_{max}] = 0 \qquad (8.24)$$

若求解方程式（8.24）所得到的 $FS_{max} < 1$，关于 FS_{max} 的隐函数方程式需要重新计算。此时，假定 $FS_V = 1$，重新整理后可以得到关于 FS_{max} 的隐函数方程式为：

$$[(W_P + C_{SW})(\cos\theta\tan\delta_P/FS_{max} - \sin\theta) + C_P/FS_{max}](\cos\alpha + \sin\alpha\times$$
$$\tan\delta_A/FS_{max} + \sin\alpha\times\tan\varphi_{SW} - \cos\alpha\tan\delta_A\tan\varphi_{SW}/FS_{max}) - [(W_A - $$
$$C_{SW})(\sin\alpha - \cos\alpha\tan\delta_A/FS_{max}) - C_A/FS_{max}][(\cos\theta + \sin\theta\tan\delta_P/FS_{max}) +$$
$$(\sin\theta - \cos\theta\tan\delta_P/FS_{max})\tan\varphi_{SW}] = 0 \qquad (8.25)$$

8.3 复合破坏分析方法

8.3.1 基本假定

在分析典型构型垃圾填埋场抗复合破坏模式稳定的时候，把处于极限平衡状态的破坏体分为被动楔体[区域 OKL，如图 8.5（a）所示；或者区域 $OKJL$，如图 8.5（b）所示]和对数螺旋线破坏体[区域 $OKJG$，如图 8.5（a）所示；或区域 OKG，如图 8.5（b）所示]两部分。首先，对被动楔体进行极限平衡分析，建立力的平衡方程，从而得到作用于被动楔体上的水平条间力（力 E_{HP}）的等式方程，该等式方程的建立过程及结果同"8.2.2 被动楔体力的平衡方程"。然后,对对数螺线破坏体进行极限平衡分析,建立力矩平衡方程,不需要引入简化问题的相关假设(因为所要求解的问题是静定可解的),便可以得到作用于对数螺线破坏体上的水平条间力(力 E_{HL})的等式方程。因为,力 E_{HP} 和力 E_{HL} 是一对平衡力。所以,这一对力大小相等。通过求解此两力相等的等式方程,可以得到评价静力条件下填埋场抗复合破坏模式稳定的安全系数隐函数方程。对此隐函数方程进行编程求解,便可以得到特定工况下的安全系数值。

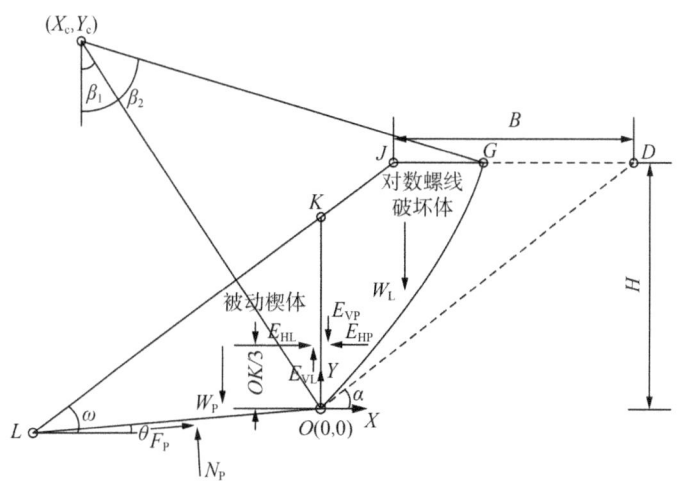

(a) $B < H\cot\alpha$

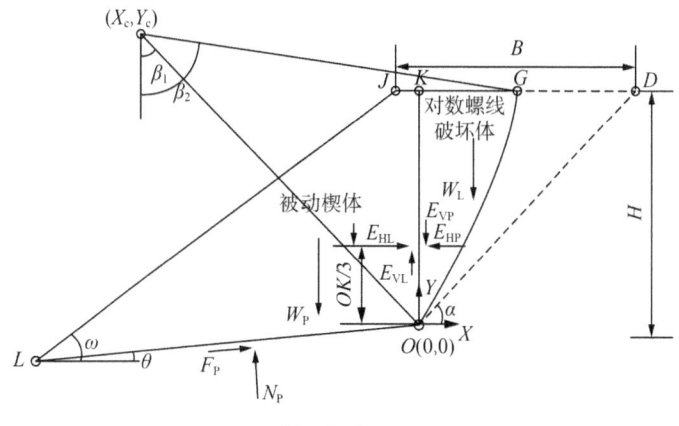

(b) $B \geqslant H\cot\alpha$

图 8.5　复合破坏模式下填埋体各部分极限平衡分析

　　由于典型构型垃圾填埋场几何外形参数的影响，填埋体的极限平衡分析可以分为两种情况。情况一：$B < H\cot\alpha$［如图 8.5(a) 所示］；情况二：$B \geqslant H\cot\alpha$［如图 8.5(b) 所示］。在图 8.5 中，$O(0,0)$ 是直角坐标系的原点；(X_c, Y_c) 是极坐标系的极点在直角坐标系中的坐标；W_P 和 W_L 分别为被动楔体和对数螺旋线破坏体的重力；N_P 和 F_P 分别为填埋场底部作用在被动楔体上的法向力和切向力；E_{HP} 和 E_{VP} 分别为对数螺旋线破坏体作用在被动楔体上的法向力和切向力；E_{HL} 和 E_{VL} 分别为被动楔体作用在对数螺旋线破坏体上的法向力和切向力；H 为填埋体背部边坡的高度；B 为填埋体在背坡坡顶处的宽度；ω 为填埋体前坡坡角；α 为填埋体背坡坡角；θ 为填埋场底部与水平面之间的夹角；β_1 和 β_2 分别为点 O 和点 G 在极坐标系中的角度。

　　为了能够顺利地建立分析典型构型填埋场抵抗复合破坏模式稳定的计算模型，有必要事先做一些合理的假定。除了平移破坏模式下的假定之外，其他如下：①关键破坏面在填埋体中沿对数螺旋线滑动面且通过填埋体背坡坡脚（点 O）而后转入填埋场底部衬垫界面；②对数螺旋线滑动面通过填埋体顶部（出现在 JD 范围内）；③力 E_{HL} 和力 E_{HP} 的作用点是在距离被动楔体与对数螺旋线破坏体界面底部 OK 高度的三分之一处。

8.3.2　对数螺旋线破坏体力矩平衡方程

　　通过对对数螺旋线破坏体进行极限平衡分析，建立力矩平衡等式。对数螺旋线破坏体的极限平衡分析示意图如图 8.6 所示。Baker 和 Garber(1978)定义对数螺旋线滑动面在极坐标系中的表达式为：

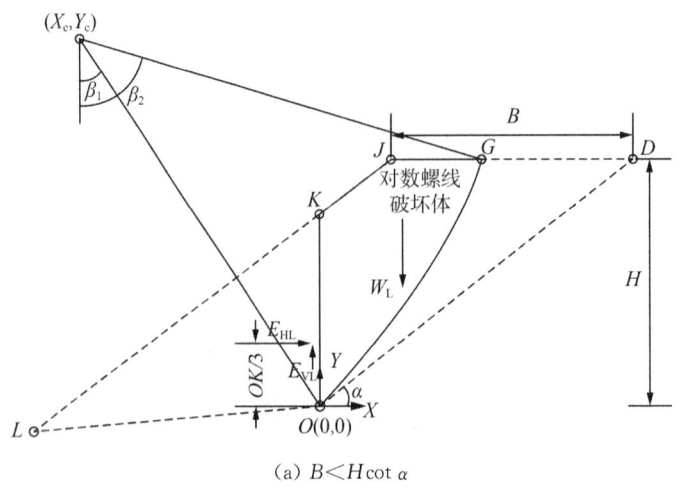

(a) $B < H\cot\alpha$

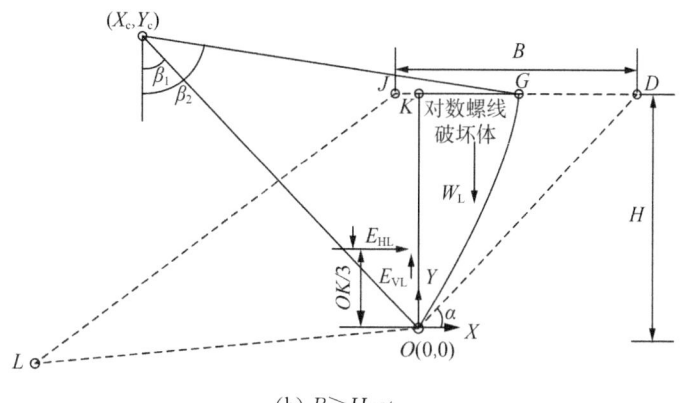

(b) $B \geqslant H \cot \alpha$

图 8.6　复合破坏模式下对数螺旋线破坏体极限平衡分析

$$R = A e^{-\phi \beta} \tag{8.26}$$

式中：R 为极点到对数螺旋线滑动面上某一点的矢径；β 为对数螺线滑动面上某一点在极坐标系中的角度；A 为由过点 O 和点 G 的对数螺旋线滑动面决定的一个常量，被称为对数螺旋线常量；$\phi = \tan \phi_{SW} / (FS)$。

对极点（X_c，Y_c）分析出对数螺线破坏体极限平衡的力矩平衡等式，具体如下所示：

$$M_{W_L} = M_{E_{HL}} + M_{E_{VL}} + M_{C_L} \tag{8.27}$$

式中：M_{W_L} 为对数螺旋线破坏体自身重力 W_L 产生的力矩；$M_{E_{HL}}$ 为被动楔体作用于对数螺旋线破坏体上的法向力 E_{HL} 产生的力矩；$M_{E_{VL}}$ 为被动楔体作用于对数螺旋线破坏体上的切向力 E_{VL} 产生的力矩；M_{C_L} 为作用于对数螺旋线滑动面上的总黏聚力 C_L 产生的力矩。

等式（8.27）中的力矩 M_{W_L} 是驱使填埋体发生破坏的驱动力矩，而力矩 $M_{E_{HL}}$、力矩 $M_{E_{VL}}$ 和力矩 M_{C_L} 是抵抗填埋体发生破坏的抵抗力矩。等式（8.27）中的力矩可以通过修改 Leshchinsky 和 San(1994) 的推导结果，并结合图 8.6 的两种不同情况，得到力矩 M_{W_L} 的计算公式，可以分别表达为等式（8.30）和等式（8.32）。力矩 $M_{E_{VL}}$ 和力矩 $M_{E_{HL}}$ 可以从图 8.6 中直接得到，即等式（8.28）、等式（8.31）和等式（8.33）。力矩 M_{C_L} 可以通过修改 Vahedifard 等 (2014) 的推导结果得到，具体如等式（8.29）所示。这些等式的具体表达如下：

$$M_{E_{VL}} = E_{VL} (A e^{-\phi \beta_1} \sin \beta_1) \tag{8.28}$$

$$M_{C_L} = \frac{C_{SW}}{FS} \left[\int_{\beta_1}^{\beta_2} (A e^{-\phi\beta} \cos\beta)(A e^{-\phi\beta})(\cos\beta - \phi\sin\beta)\,d\beta \right.$$

$$\left. + \int_{\beta_1}^{\beta_2} (A e^{-\phi\beta}\sin\beta)(A e^{-\phi\beta})(\sin\beta + \phi\cos\beta)\,d\beta \right] \tag{8.29}$$

M_{W_L} 和 $M_{E_{HL}}$ 的计算公式有两种情况，分别表示如下：

①当 $B < H\cot\alpha$ 时，

$$M_{W_L} = \gamma_{SW} \int_{\beta_1}^{\beta_2} (A e^{-\phi\beta}\cos\beta - A e^{-\phi\beta_2}\cos\beta_2)(A e^{-\phi\beta}\sin\beta)(A e^{-\phi\beta})$$

$$\times (\cos\beta - \phi\sin\beta)\,d\beta - 0.5\gamma_{SW}(H\cot\alpha - B)^2\tan\omega$$

$$[A e^{-\phi\beta_1}\sin\beta_1 + (H\cot\alpha - B)/3] \tag{8.30}$$

$$M_{E_{HL}} = E_{HL}[A e^{-\phi\beta_1}\cos\beta_1 - (H - H\cot\alpha\tan\omega + B\tan\omega)/3] \tag{8.31}$$

②当 $B \geqslant H\cot\alpha$ 时，

$$M_{W_L} = \gamma_{SW}\int_{\beta_1}^{\beta_2}(A e^{-\phi\beta}\cos\beta - A e^{-\phi\beta_2}\cos\beta_2)(A e^{-\phi\beta}\sin\beta)(A e^{-\phi\beta})$$

$$\times (\cos\beta - \phi\sin\beta)\,d\beta \tag{8.32}$$

$$M_{E_{HL}} = E_{HL}(A e^{-\phi\beta_1}\cos\beta_1 - H/3) \tag{8.33}$$

考虑被动楔体作用于对数螺旋线破坏体上的法向力 E_{HL} 和被动楔体作用于对数螺旋线破坏体上的切向力 E_{VL} 的关系，有如下的关系等式：

$$E_{VL} = C_{SW}/FS_V + E_{HL}\tan\phi_{SW}/FS_V \tag{8.34}$$

将等式(3.21)代入等式(3.15)，整理后，可以得到：

$$M_{E_{VL}} = (C_{SW} + E_{HL}\tan\varphi_{SW})(A e^{-\phi\beta_1}\sin\beta_1)/FS_V \tag{8.35}$$

将等式(8.34)、等式(8.28)、等式(8.31)及等式(8.35)代入等式(8.27)，整理后可以得到在情况一条件下，E_{HL} 的计算公式如下：

$$E_{HL} = \left\{ \gamma_{SW}\int_{\beta_1}^{\beta_2}(A e^{-\phi\beta}\cos\beta - A e^{-\phi\beta_2}\cos\beta_2)(A e^{-\phi\beta}\sin\beta)(A e^{-\phi\beta})(\cos\beta - \phi\sin\beta)\,d\beta \right.$$

$$-0.5\gamma_{SW}(H\cot\alpha - B)^2\tan\omega[A e^{-\phi\beta_1}\sin\beta_1 + (H\cot\alpha - B)/3] - \frac{C_{SW}}{FS}$$

$$\int_{\beta_1}^{\beta_2}(A e^{-\phi\beta})^2\,d\beta - \frac{C_{SW}}{FS_V}(A e^{-\phi\beta_1}\sin\beta_1) \right\} \Big/ [A e^{-\phi\beta_1}\cos\beta_1$$

$$-(H - H\cot\alpha\tan\omega + B\tan\omega)/3 + A e^{-\phi\beta_1}\times\sin\beta_1\tan\phi_{SW}/FS_V]$$

$$\tag{8.36}$$

将等式(8.29)、等式(8.32)、等式(8.33)及等式(8.35)代入等式(8.27)，整理后，可以得到在情况二条件下，E_{HL} 的计算公式：

$$
\begin{aligned}
E_{HL} = \Bigg\{ &\gamma_{SW} \int_{\beta_1}^{\beta_2} (A e^{-\theta\beta} \cos\beta - A e^{-\theta\beta_2} \cos\beta_2)(A e^{-\theta\beta} \sin\beta)(A e^{-\theta\beta})(\cos\beta - \phi\sin\beta)\, d\beta \\
&-0.5\gamma_{SW}(H\cot\alpha - B)^2 \tan\omega [A e^{-\theta\beta_1} \sin\beta_1 + (H\cot\alpha - B)/3] - \frac{C_{SW}}{FS} \\
&\int_{\beta_1}^{\beta_2} (A e^{-\theta\beta})^2 d\beta - \frac{C_{SW}}{FS_V}(A e^{-\theta\beta_1} \sin\beta_1) \Bigg\} \Bigg/ \\
&(A e^{-\theta\beta_1} \cos\beta_1 - H/3 + A e^{-\theta\beta_1} \sin\beta_1 \tan\phi_{SW}/FS_V)
\end{aligned} \tag{8.37}
$$

对于对数螺旋线常量 A 的求解，可以通过分析对数螺旋线破坏体的几何外形特性得到。从图8.6中可以得到极点到点 O 的垂直距离为 $A e^{-\theta\beta_1} \cos\beta_1$；而极点到点 G 的垂直距离为 $A e^{-\theta\beta_2} \cos\beta_2$。从图中可以看出，点 O 与点 G 的垂直距离为 H。所以可以得到如下等式：

$$
H = A e^{-\theta\beta_1} \cos\beta_1 - A e^{-\theta\beta_2} \cos\beta_2 \tag{8.38}
$$

从等式(8.38)可以推导出 A 的计算公式如下：

$$
A = \frac{H}{e^{-\theta\beta_1} \cos\beta_1 - e^{-\theta\beta_2} \cos\beta_2} \tag{8.39}
$$

8.3.3 安全系数隐函数方程

通过力 E_{HP} 与力 E_{HL} 的平衡关系，可以推导出关于安全系数的隐函数方程式。被动楔体与对数螺旋线破坏体界面上的条件和被动楔体与主动楔体界面上的条件相同，因此有：①当假定 $FS_V = FS$ 时，垃圾填埋场关键破坏面上的安全系数隐函数方程式转换为最大安全系数（FS_{max}，即安全系数解的上限）隐函数方程式；如果最大安全系数隐函数方程式计算得到的 $FS_{max} < 1$，则需要重新假定 $FS_V = 1$，进行 FS_{max} 的计算；②当假定 $FS_V = \infty$ 时，垃圾填埋场关键破坏面上的安全系数隐函数方程式转换为最小安全系数（FS_{min}，即安全系数解的下限）隐函数方程式。具体安全系数隐函数方程式如下：

（a）最小安全系数 FS_{min} 的隐函数方程式

当 $B < H\cot\alpha$ 时，假定 $FS_V = \infty$，对等式(8.7)及等式(8.36)进行整理后可以得到一个关于 FS_{min} 的隐函数方程式，具体表达式如下：

$$[W_P(\cos\theta\tan\delta_P/FS - \sin\theta) + C_P/FS_{min}]/(\cos\theta + \sin\theta\tan\delta_P/FS_{min}) - \bigg\{\gamma_{SW}$$

$$\times\int_{\beta_1}^{\beta_2}(Ae^{-\phi\beta}\cos\beta - Ae^{-\phi\beta_2}\cos\beta_2)(Ae^{-\phi\beta}\sin\beta)(Ae^{-\phi\beta})(\cos\beta - \phi\sin\beta)\,d\beta - 0.5\gamma_{SW}$$

$$(H\cot\alpha - B)^2\tan\omega[Ae^{-\phi\beta_1}\sin\beta_1 + (H\cot\alpha - B)/3] - \frac{C_{SW}}{FS_{min}}\int_{\beta_1}^{\beta_2}(Ae^{-\phi\beta})^2\,d\beta\bigg\}\bigg/$$

$$[Ae^{-\phi\beta_1}\cos\beta_1 - (H - H\cot\alpha\tan\omega + B\tan\omega)/3] = 0 \tag{8.40}$$

当 $B \geqslant H\cot\alpha$ 时，假定 $FS_V = \infty$，对等式(8.7)及等式(8.37)进行整理后可以得到另一个关于 FS_{min} 的隐函数方程式，具体表达式如下：

$$[W_P(\cos\theta\tan\delta_P/FS_{min} - \sin\theta) + C_P/FS_{min}]/(\cos\theta + \sin\theta\tan\delta_P/FS_{min})$$

$$- \bigg\{\gamma_{SW}\times\int_{\beta_1}^{\beta_2}(Ae^{-\phi\beta}\cos\beta - Ae^{-\phi\beta_2}\cos\beta_2)(Ae^{-\phi\beta}\sin\beta)(Ae^{-\phi\beta})(\cos\beta - \phi\sin\beta)\,d\beta$$

$$- \frac{C_{SW}}{FS_{min}}\int_{\beta_1}^{\beta_2}(Ae^{-\phi\beta})^2\,d\beta\bigg\}\bigg/(Ae^{-\phi\beta_1}\cos\beta_1 - H/3) = 0 \tag{8.41}$$

(b)最大安全系数 FS_{max} 的隐函数方程式的推导

当 $B < H\cot\alpha$ 时，假定 $FS_V = FS$，对等式(8.7)及等式(8.36)进行整理后可以得到一个关于 FS_{max} 的隐函数方程式，具体表达式如下：

$$[(W_P + C_{SW}/FS_{max})(\cos\theta\tan\delta_P/FS_{max} - \sin\theta) + C_P/FS_{max}]/[(\cos\theta + \sin\theta\tan\delta_P/FS_{max}) + (\sin\theta - \cos\theta\tan\delta_P/FS_{max})\tan\phi_{SW}/FS_{max}] - \bigg\{\gamma_{SW}$$

$$\int_{\beta_1}^{\beta_2}(Ae^{-\phi\beta}\cos\beta - Ae^{-\phi\beta_2}\cos\beta_2)\times(Ae^{-\phi\beta}\sin\beta)(Ae^{-\phi\beta})(\cos\beta - \phi\sin\beta)\,d\beta - $$

$$0.5\gamma_{SW}(H\cot\alpha - B)^2\tan\omega[Ae^{-\phi\beta_1}\sin\beta_1 + (H\cot\alpha - B)/3] - \frac{C_{SW}}{FS_{max}}$$

$$\int_{\beta_1}^{\beta_2}(Ae^{-\phi\beta})^2\,d\beta - \frac{C_{SW}}{FS_{max}}(Ae^{-\phi\beta_1}\sin\beta_1)\bigg\}\bigg/[Ae^{-\phi\beta_1}\cos\beta_1 - (H - H\cot\alpha\tan\omega + $$

$$B\tan\omega)/3 + Ae^{-\phi\beta_1}\sin\beta_1\tan\phi_{SW}/FS_{max}] = 0 \tag{8.42}$$

若求解方程式(8.42)所得到的 $FS_{max} < 1$，关于 FS_{max} 的隐函数方程式需要重新计算。此时，假定 $FS_V = 1$，重新整理后，可以得到关于 FS_{max} 的隐函数方程式为：

$$[(W_P + C_{SW}/FS_{max})(\cos\theta\tan\delta_P/FS_{max} - \sin\theta) + C_P/FS_{max}]/[(\cos\theta + \sin\theta\tan\delta_P/FS_{max}) + (\sin\theta - \cos\theta\tan\delta_P/FS_{max})\tan\phi_{SW}] - \left\{ \gamma_{SW}\int_{\beta_1}^{\beta_2}(Ae^{-\phi\beta}\cos\beta - Ae^{-\phi\beta_2}\cos\beta_2)(Ae^{-\phi\beta}\sin\beta) \times (Ae^{-\phi\beta})(\cos\beta - \phi\sin\beta)d\beta - 0.5\gamma_{SW}(H\cot\alpha - B)^2\tan\omega[Ae^{-\phi\beta_1}\sin\beta_1 + (H\cot\alpha - B)/3] - \frac{C_{SW}}{FS_{max}}\int_{\beta_1}^{\beta_2}(Ae^{-\phi\beta})^2d\beta - C_{SW}(Ae^{-\phi\beta_1}\sin\beta_1) \right\}/[Ae^{-\phi\beta_1}\cos\beta_1 - (H - H\cot\alpha\tan\omega + B\tan\omega)/3 + Ae^{-\phi\beta_1}\sin\beta_1\tan\phi_{SW}] = 0 \tag{8.43}$$

当 $B \geqslant H\cot\alpha$ 时,假定 $FS_V = FS$,对等式(8.7)及等式(8.37)进行整理,可以得到另一个关于 FS_{max} 的隐函数方程式,具体表达式如下:

$$[(W_P + C_{SW}/FS_{max})(\cos\theta\tan\delta_P/FS_{max} - \sin\theta) + C_P/FS_{max}]/[(\cos\theta + \sin\theta\tan\delta_P/FS_{max}) + (\sin\theta - \cos\theta\tan\delta_P/FS_{max})\tan\phi_{SW}/FS_{max}] - \left\{ \gamma_{SW}\int_{\beta_1}^{\beta_2}(Ae^{-\phi\beta}\cos\beta - Ae^{-\phi\beta_2}\cos\beta_2) \times (Ae^{-\phi\beta}\sin\beta)(Ae^{-\phi\beta})(\cos\beta - \phi\sin\beta)d\beta - \frac{C_{SW}}{FS_{max}}\int_{\beta_1}^{\beta_2}(Ae^{-\phi\beta})^2d\beta - \frac{C_{SW}}{FS_{max}}(Ae^{-\phi\beta_1}\sin\beta_1) \right\}/[Ae^{-\phi\beta_1}\cos\beta_1 - H/3 + Ae^{-\phi\beta_1}\sin\beta_1\tan\phi_{SW}/FS_{max}] = 0 \tag{8.44}$$

若方程式(8.44)求得的 $FS_{max} < 1$,则关于 FS_{max} 的隐函数方程式需要重新计算。此时,假定 $FS_V = 1$,可以得到关于 FS_{max} 的隐函数方程式为:

$$[(W_P + C_{SW}/FS_{max})(\cos\theta\tan\delta_P/FS_{max} - \sin\theta) + C_P/FS_{max}]/[(\cos\theta + \sin\theta\tan\delta_P/FS_{max}) + (\sin\theta - \cos\theta\tan\delta_P/FS_{max})\tan\phi_{SW}] - \left\{ \gamma_{SW}\int_{\beta_1}^{\beta_2}(Ae^{-\phi\beta}\cos\beta - Ae^{-\phi\beta_2}\cos\beta_2) \times (Ae^{-\phi\beta}\sin\beta)(Ae^{-\phi\beta})(\cos\beta - \phi\sin\beta)d\beta - \frac{C_{SW}}{FS_{max}}\int_{\beta_1}^{\beta_2}(Ae^{-\phi\beta})^2d\beta - C_{SW}(Ae^{-\phi\beta_1}\sin\beta_1) \right\}/[Ae^{-\phi\beta_1}\cos\beta_1 - H/3 + Ae^{-\phi\beta_1}\sin\beta_1\tan\phi_{SW}] = 0 \tag{8.45}$$

8.3.4 最大与最小安全系数求解

为了使所求得的最小安全系数与最大安全系数的值在理论上是合理的,编制程序求解的时候,需要给出一定的判断条件来排除不合理的值。具体判断条件如下:

① $A = \dfrac{H}{Ae^{-\phi\beta_2}\cos\beta_2 - Ae^{-\phi\beta_2}\cos\beta_2} > 0$；

② 当 $B < H\cot\alpha$ 时，$X = Ae^{-\phi\beta_2}\sin\beta_2 - Ae^{-\phi\beta_1}\sin\beta_1 - (H\cot\alpha - B) > 0$；

当 $B \geqslant H\cot\alpha$ 时，$X = Ae^{-\phi\beta_2}\sin\beta_2 - Ae^{-\phi\beta_1}\sin\beta_1 > 0$；

③ 为了满足图 8.7 所示的对数螺旋线滑动面 OG 与填埋体背坡坡面 OD 的几何关系，有如下的判断条件，即 $\tan\alpha_L = \dfrac{Ae^{-\phi\beta_1}\cos\beta_1 - Ae^{-\phi\beta}\cos\beta}{Ae^{-\phi\beta}\sin\beta - Ae^{-\phi\beta_1}\sin\beta_1} > \tan\alpha$。

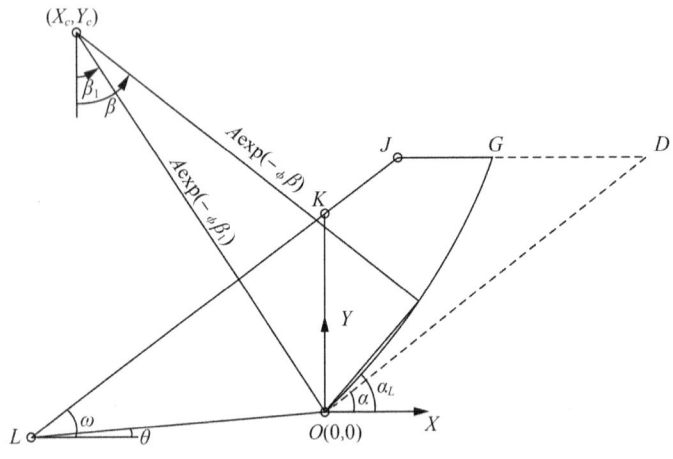

图 8.7　判断条件③所需满足的情形

满足判断条件①是显而易见的。满足判断条件②，是为了对数螺旋线滑动面能够通过填埋体顶部，即出现在 JD 范围内。满足判断条件③，是为了使对数螺旋线滑动面不至于和填埋体背部边坡相交。通过 MATLAB 软件编制出求解最小安全系数 $FS_{\min}$ 与最大安全系数 $FS_{\max}$ 的计算程序。

8.4　误差分析

平均安全系数 FS_{ave} 的表达式为：

$$FS_{\text{ave}} = \frac{FS_{\max} + FS_{\min}}{2} \tag{8.46}$$

由于实际的被动楔体与主动楔体（或对数螺旋线破坏体）界面上的安全系数 FS_V 的值不可能预先确定，所以真实的安全系数 FS_{true} 也不可能从推导的计算公式中直接求解得出。但是,填埋体的真实安全系数 FS_{true} 一定是处于最大安全系数 FS_{max} 和最小安全系数 FS_{min} 之间的。Qian 等(2003)通过推导证明:

$$\frac{|FS_{true} - FS_{ave}|}{FS_{true}} < \frac{FS_{ave} - FS_{min}}{FS_{min}} \tag{8.47}$$

换言之,FS_{true} 和 FS_{ave} 之间相对误差值的上限值为 δ,等于($FS_{ave} - FS_{min}$)/FS_{min};并且说明当 FS_{true} 和 FS_{ave} 之间相对误差值不大于5%的时候,可以用 FS_{ave} 代替 FS_{true} 来评价填埋场的稳定。

8.5 案例分析

8.5.1 基本介绍

对于目前多含有复合衬垫系统的填埋场的稳定分析来说,进行平移破坏模式下的稳定验算是必要的。然而,同时验算复合破坏模式下的稳定,显然可以降低失稳风险。本章通过对比平移与复合破坏模式下的安全系数(即平均安全系数),能够获得特定工况下填埋场破坏的关键模式(即平移破坏模式或复合破坏模式),从而能够进行更加合理的稳定验算。

本章参照《生活垃圾卫生填埋场岩土工程技术规范》(CJJ 176—2012),给出了八种典型土工合成材料界面抗剪强度的具体值,如表8.1所示。并且把峰值强度用于垃圾填埋场底部的衬垫界面,把残余强度用于填埋体背部边坡的衬垫界面。对于垃圾土的抗剪强度,参照《生活垃圾卫生填埋场岩土工程技术规范》(CJJ 176—2012)随机的选出了三种组合类型(即垃圾土类型1、垃圾土类型3及垃圾土类型4),剩下的一组是(垃圾土类型2)参照陈云敏等(2000)选取的。具体取值如表8.2所示。

表8.1 各种典型土工合成材料界面抗剪强度指标取值

编号	界面类型	峰值强度(用于底部)		残余强度(用于背部)	
		P (°)	cP (kN/m²)	A (°)	cA (kN/m²)
Ⅰ	光滑土工膜/土工织物	11	0	8	0
Ⅱ	粗糙土工膜/土工织物	30	5	15	2
Ⅲ	光滑土工膜/黏土	12	2	9	1
Ⅳ	粗糙土工膜/黏土	27	10	18	10

编号	界面类型	峰值强度（用于底部）		残余强度（用于背部）	
		P（°）	cP（kN/m²）	A（°）	cA（kN/m²）
V	光滑土工膜/GCL	10	0	9	0
VI	粗糙土工膜/GCL	28	3	16	0
VII	土工织物/土工网	27	0	14	0
VIII	土工织物/土工织物	20	2	12	1

表 8.2 不同类型垃圾土抗剪强度指标取值

类型	垃圾土类型 1	垃圾土类型 2	垃圾土类型 3	垃圾土类型 4
垃圾土内摩擦角（°）	12	17	25	28
垃圾土黏聚力（kN/m²）	15	6	0	5

对于静力条件下安全系数的对比，给出了 6 种工况，这些工况主要是基于特定的填埋场几何外形参数，如表 8.3 所示。这些条件下所涉及的垃圾土重力密度与饱和重力密度的基本取值一样，参照 Qian（2008）的取值，垃圾土的重力密度，$\gamma_{sw} = 10.2$ kN/m³。T 代表平移破坏模式，C 代表复合破坏模式。

表 8.3 静力条件下 6 种典型构型垃圾填埋场几何外形参数组合

填埋场几何外形参数	工况一	工况二	工况三	工况四	工况五	工况六
填埋体背部边坡高度，H（m）	30	50	30	30	30	30
填埋体在背坡坡顶处宽度，B（m）	50	50	30	50	50	50
填埋体背坡坡角，α（°）	18.4	18.4	18.4	26.6	18.4	18.4
填埋体前坡坡角，ω（°）	14	14	14	14	15.9	14
填埋场底部与水平面之间夹角，θ（°）	1.1	1.1	1.1	1.1	1.1	10

8.5.2 结果分析

（1）工况一

从表 8.4 中可以看出，衬垫界面类型 II/垃圾土类型 1、衬垫界面类型 IV/垃圾土类型 1、衬垫界面类型 IV/垃圾土类型 2、衬垫界面类型 IV/垃圾土类型 3 及衬垫界面类型 VI/垃圾土类型 1，在这五种组合工况下，复合破坏模式产生的安全系数比平移破坏模式所产生的要小。换句话说，在这些工况下，复合破坏模式是填埋场的关键破坏模式。

表 8.4　静力条件下安全系数对比(工况一)

衬垫界面类型	垃圾土类型 1		垃圾土类型 2		垃圾土类型 3		垃圾土类型 4	
	T	C	T	C	T	C	T	C
I	0.875	1.173	0.875	1.168	0.883	1.296	0.893	1.478
II	2.225	2.219	2.226	2.260	2.240	2.479	2.253	2.692
III	1.038	1.276	1.038	1.279	1.046	1.417	1.055	1.601
IV	2.581	2.219	2.581	2.260	2.589	2.479	2.600	2.691
V	0.883	1.122	0.882	1.113	0.888	1.236	0.896	1.418
VI	2.130	2.109	2.131	2.148	2.143	2.360	2.155	2.569
VII	1.907	1.984	1.908	2.020	1.921	2.223	1.934	2.429
VIII	1.539	1.672	1.540	1.695	1.550	1.874	1.562	2.070

(2) 工况二

从表 8.5 中可以看出,衬垫界面类型Ⅳ/垃圾土类型 1 与衬垫界面类型Ⅳ/垃圾土类型 2,在这两种组合工况下,复合破坏模式产生的安全系数比平移破坏模式所产生的要小。换句话说,在这些工况下,复合破坏模式是填埋场的关键破坏模式。

表 8.5　静力条件下安全系数对比(工况二)

衬垫界面类型	垃圾土类型 1		垃圾土类型 2		垃圾土类型 3		垃圾土类型 4	
	T	C	T	C	T	C	T	C
I	0.752	1.125	0.754	1.174	0.762	1.385	0.769	1.603
II	1.843	1.885	1.847	1.974	1.862	2.272	1.873	2.508
III	0.882	1.194	0.884	1.249	0.892	1.466	0.900	1.683
IV	2.133	1.861	2.136	1.949	2.145	2.244	2.154	2.480
V	0.773	1.089	0.773	1.133	0.779	1.342	0.785	1.560
VI	1.785	1.804	1.789	1.891	1.802	2.182	1.812	2.416
VII	1.602	1.724	1.606	1.809	1.620	2.092	1.631	2.322
VIII	1.296	1.485	1.300	1.561	1.311	1.816	1.32	2.040

（3）工况三

从表8.6中可以看出，衬垫界面类型Ⅳ/垃圾土类型1、衬垫界面类型Ⅳ/垃圾土类型2及衬垫界面类型Ⅳ/垃圾土类型3，在这3种组合工况下，复合破坏模式产生的安全系数比平移破坏模式所产生的要小。换句话说，在这些工况下，复合破坏模式是填埋场的关键破坏模式。

表8.6　静力条件下安全系数对比（工况三）

衬垫界面类型	垃圾土类型1		垃圾土类型2		垃圾土类型3		垃圾土类型4	
	T	C	T	C	T	C	T	C
Ⅰ	0.757	1.293	0.756	1.244	0.762	1.385	0.770	1.666
Ⅱ	1.899	2.084	1.900	2.070	1.912	2.301	1.925	2.594
Ⅲ	0.917	1.382	0.916	1.340	0.923	1.490	0.933	1.771
Ⅳ	2.347	2.125	2.346	2.110	2.353	2.343	2.363	2.636
Ⅴ	0.777	1.255	0.775	1.204	0.779	1.342	0.786	1.621
Ⅵ	1.817	2.006	1.817	1.987	1.834	2.212	1.840	2.503
Ⅶ	1.608	1.895	1.609	1.875	1.620	2.092	1.633	2.379
Ⅷ	1.332	1.674	1.331	1.647	1.341	1.839	1.352	2.121

（4）工况四

从表8.7中可以看出，衬垫界面类型Ⅱ/垃圾土类型1、衬垫界面类型Ⅳ/垃圾土类型1、衬垫界面类型Ⅳ/垃圾土类型2、衬垫界面类型Ⅳ/垃圾土类型3、衬垫界面类型Ⅵ/垃圾土类型1及衬垫界面类型Ⅵ/垃圾土类型2，在这6种组合工况下，复合破坏模式产生的安全系数比平移破坏模式所产生的要小。换句话说，在这些工况下，复合破坏模式是填埋场的关键破坏模式。

表8.7　静力条件下安全系数对比（工况四）

衬垫界面类型	垃圾土类型1		垃圾土类型2		垃圾土类型3		垃圾土类型4	
	T	C	T	C	T	C	T	C
Ⅰ	1.031	1.236	1.032	1.252	1.046	1.375	1.061	1.505
Ⅱ	2.757	2.725	2.760	2.771	2.781	2.960	2.801	3.123
Ⅲ	1.196	1.361	1.197	1.381	1.211	1.513	1.227	1.647
Ⅳ	2.926	2.659	2.927	2.705	2.944	2.891	2.961	3.053
Ⅴ	0.998	1.166	0.998	1.178	1.010	1.295	1.025	1.423
Ⅵ	2.605	2.561	2.608	2.606	2.627	2.790	2.646	2.951
Ⅶ	2.375	2.405	2.378	2.448	2.398	2.627	2.418	2.786
Ⅷ	1.848	1.927	1.850	1.962	1.868	2.124	1.886	2.273

（5）工况五

从表 8.8 中可以看出，衬垫界面类型Ⅱ/垃圾土类型 1、衬垫界面类型Ⅳ/垃圾土类型 1、衬垫界面类型Ⅳ/垃圾土类型 2、衬垫界面类型Ⅳ/垃圾土类型 3 及衬垫界面类型Ⅵ/垃圾土类型 1，在这五种组合工况下，复合破坏模式产生的安全系数比平移破坏模式所产生的要小。换句话说，在这些工况下，复合破坏模式是填埋场的关键破坏模式。

表 8.8 静力条件下安全系数对比（工况五）

衬垫界面类型	垃圾土类型 1		垃圾土类型 2		垃圾土类型 3		垃圾土类型 4	
	T	C	T	C	T	C	T	C
Ⅰ	0.777	1.084	0.776	1.069	0.782	1.185	0.791	1.374
Ⅱ	1.934	1.926	1.935	1.958	1.948	2.167	1.961	2.381
Ⅲ	0.926	1.170	0.925	1.163	0.933	1.290	0.942	1.481
Ⅳ	2.305	1.935	2.305	1.967	2.313	2.176	2.323	2.391
Ⅴ	0.794	1.043	0.793	1.023	0.797	1.134	0.805	1.323
Ⅵ	1.860	1.840	1.861	1.868	1.872	2.069	1.884	2.281
Ⅶ	1.658	1.736	1.659	1.761	1.671	1.954	1.684	2.162
Ⅷ	1.355	1.488	1.355	1.502	1.365	1.670	1.376	1.870

（6）工况六

从表 8.9 中可以看出，衬垫界面类型Ⅱ/垃圾土类型 1，在这种组合工况下，复合破坏模式产生的安全系数与平移破坏模式所产生的几乎相等。衬垫界面类型Ⅳ/垃圾土类型 1、衬垫界面类型Ⅳ/垃圾土类型 2 及衬垫界面类型Ⅵ/垃圾土类型 1，在这 3 种组合工况下，复合破坏模式产生的安全系数比平移破坏模式所产生的要小。换句话说，在这些工况下，复合破坏模式是填埋场的关键破坏模式。

表 8.9 静力条件下安全系数对比（工况六）

衬垫界面类型	垃圾土类型 1		垃圾土类型 2		垃圾土类型 3		垃圾土类型 4	
	T	C	T	C	T	C	T	C
Ⅰ	0.811	0.927	0.810	0.918	0.812	0.956	0.814	1.017
Ⅱ	2.310	2.310	2.310	2.330	2.314	2.425	2.318	2.514
Ⅲ	0.969	1.063	0.968	1.017	0.970	1.101	0.972	1.165
Ⅳ	2.489	2.322	2.489	2.437	2.491	2.514	2.494	2.525

衬垫界面类型	垃圾土类型 1		垃圾土类型 2		垃圾土类型 3		垃圾土类型 4	
	T	C	T	C	T	C	T	C
V	0.776	0.862	0.776	0.850	0.777	0.887	0.778	0.946
VI	2.170	2.162	2.171	2.180	2.174	2.271	2.177	2.357
VII	1.953	1.990	1.954	2.006	1.957	2.092	1.961	2.174
VIII	1.521	1.579	1.521	1.587	1.524	1.655	1.527	1.728

对不同情况下的安全系数进行对比，可以发现，平移破坏模式并不总是垃圾填埋场破坏的关键模式。在某些工况下，复合破坏模式表现为关键破坏模式。通过安全系数对比，有如下结论：

①相对于填埋体背部边坡上的衬垫界面抗剪强度来说，较低的垃圾土抗剪强度易诱发复合破坏模式的发生。

②随着填埋体背部边坡的高度、填埋体在背坡坡顶处的宽度或者填埋场底部与水平面之间的夹角增加，垃圾填埋场的关键破坏模式倾向于平移破坏模式。而随着填埋体背坡坡角的增大，垃圾填埋场的关键破坏模式倾向于复合破坏模式。

第 9 章

填埋场地震稳定分析

9.1 填埋场的地震荷载分析

9.1.1 填埋场地震动响应分析

地震时,从震源释放的能量以地震波的形式传到地表面并引起地面震动,实际从中国地震台网得到的强震记录表明,即使在 50 m 的范围内地震动也有明显的差异,具体表现为地震动在时空的复杂变化形式和分布(地震动的随机场)。对于平面尺寸较小的建筑物,忽略地震动的空间变化,采用一致激励法假定并进行分析,能够满足此类结构的抗震设计要求,但对于平面尺寸较大的结构,地震动的空间变化将对结构反应产生重要影响。

产生地震动空间变化的原因在于:①行波效应:空间不同点的距离与地震波的波长在同一数量级时,不同点之间地震动产生时间滞后;②部分相干效应:由于地球介质的不均匀性,地震波在介质中的反射和折射,使地震波在其传播方向的不同位置上叠加方式不同,由此产生各支点处地震动相干性的损失;③局部场地效应:空间不同点处的局部土层不同,使从基岩到地表的地震波中各种频率成分的含量不同。

地震反应分析是在工程领域评价结构抗震设计水平和结构安全性的一个重要方面,甚至是结构选型的关键因素,而多点地震动输入则是更加符合结构实际情况的地震动输入方式。

目前对垃圾填埋场的地震稳定性研究主要集中在均一地震动作用下的稳定性以及动力反应分析上,即对整个填埋体采用相同的地震动输入。在考虑竖向地震动作用时,也只是简单地把水平地震动乘以同一个系数作为竖向地震动,即认为水平地震动和竖向地震动是完全相关的,实际地震动是一个复杂的时间—空间过程,在地震分析中,是否考虑地震动时间—空间变化性,对工程稳定性有较大影响。近几年,多点地震动输入在大跨度空间结构、桥梁结构、生命线工程、大坝、边坡等地震分析中研究较多,但是对于垃圾填埋场的相关研究较少。

9.1.2 多点地震动的人工合成

(1)功率谱矩阵的生成

人工合成多点地震动的前提是生成功率谱矩阵:

$$\underline{S}(i\bar{\omega}_k) = \begin{bmatrix} S_1(\bar{\omega}_k) & S_{12}(i\bar{\omega}_k) & \cdots & S_{1n}(i\bar{\omega}_k) \\ S_{21}(i\bar{\omega}_k) & S_2(\bar{\omega}_k) & \cdots & S_{2n}(i\bar{\omega}_k) \\ \vdots & \vdots & & \vdots \\ S_{n1}(i\bar{\omega}_k) & S_{n2}(i\bar{\omega}_k) & \cdots & S_n(\bar{\omega}_k) \end{bmatrix} \tag{9.1}$$

式(9.1)功率谱矩阵中的对角线元素为自功率谱，其他元素为互功率谱。式中的下划线表示功率谱矩阵为复矩阵。

①平稳自功率谱模型

王君杰(1992)提出三种平稳自功率谱模型。

Kanai 模型：

$$S(\bar{\omega}) = \frac{1 + 4\xi_g^2 \dfrac{\bar{\omega}^2}{\bar{\omega}_g^2}}{\left(1 - \dfrac{\bar{\omega}^2}{\bar{\omega}_g^2}\right)^2 + 4\xi_g^2 \dfrac{\bar{\omega}^2}{\bar{\omega}_g^2}} S_0 \tag{9.2}$$

式中：$\bar{\omega}_g$ 为场地的基频；ξ_g 为场地的阻尼；S_0 为白噪声功率谱强度。

修正的 Kanai 模型，即胡聿贤模型：

$$S(\bar{\omega}) = \frac{\bar{\omega}^6}{\bar{\omega}^6 + \bar{\omega}_c^6} \frac{1 + 4\xi_g^2 \dfrac{\bar{\omega}^2}{\bar{\omega}_g^2}}{\left(1 - \dfrac{\bar{\omega}^2}{\bar{\omega}_g^2}\right)^2 + 4\xi_g^2 \dfrac{\bar{\omega}^2}{\bar{\omega}_g^2}} S_0 \tag{9.3}$$

式中：$\bar{\omega}_c$ 为低频截止频率。

Penzien 模型：

$$S(\bar{\omega}) = \frac{1 + 4\xi_g^2 \dfrac{\bar{\omega}^2}{\bar{\omega}_g^2}}{\left(1 - \dfrac{\bar{\omega}^2}{\bar{\omega}_g^2}\right)^2 + 4\xi_g^2 \dfrac{\bar{\omega}^2}{\bar{\omega}_g^2}} \frac{\dfrac{\bar{\omega}^4}{\bar{\omega}_f^4}}{\left(1 - \dfrac{\bar{\omega}^2}{\bar{\omega}_f^2}\right)^2 + 4\xi_f^2 \dfrac{\bar{\omega}^2}{\bar{\omega}_f^2}} S_0 \tag{9.4}$$

自功率谱密度模型的统计参数见表9.1。

表9.1 自功率谱密度模型的统计参数

震次	方向	Kanai			胡聿贤				Penzien				
		ξ_g	$\bar{\omega}_g$	S_0	ξ_g	$\bar{\omega}_g$	$\bar{\omega}_c$	S_0	ξ_g	$\bar{\omega}_g$	ξ_f	$\bar{\omega}_f$	S_0
5	N	0.60	2.73	2.66	0.60	2.73	0.31	2.66	0.60	2.73	0.52	0.48	2.66
	E	0.45	3.48	1.45	0.45	3.48	0.39	1.45	0.45	3.48	0.61	0.43	1.45
	V	0.62	7.26	0.19	0.62	7.26	0.39	0.19	0.62	7.26	0.34	0.42	0.19

震次	方向	Kanai			胡聿贤				Penzien				
		ξ_g	$\bar{\omega}_g$	S_0	ξ_g	$\bar{\omega}_g$	$\bar{\omega}_c$	S_0	ξ_g	$\bar{\omega}_g$	ξ_f	$\bar{\omega}_f$	S_0
39	N	0.26	1.11	23.94	0.26	1.11	0.50	23.94	0.26	1.11	0.59	0.50	23.94
	E	0.36	1.39	21.25	0.36	1.39	0.30	21.25	0.36	1.39	0.59	0.46	21.25
	V	0.50	5.48	3.52	0.50	5.48	1.04	3.52	0.50	5.48	0.59	1.04	3.52
43	N	0.44	2.82	10.07	0.44	2.82	0.20	10.07	0.44	2.82	0.47	0.27	10.07
	E	0.79	1.43	12.42	0.79	1.43	0.46	12.42	0.79	1.43	0.45	0.66	12.42
	V	0.49	8.40	1.55	0.49	8.40	0.65	1.55	0.49	8.40	1.01	0.61	1.55
45	N	0.55	1.64	23.54	0.55	1.64	0.26	23.54	0.55	1.64	0.37	0.31	23.54
	E	0.64	1.35	23.12	0.64	1.35	0.21	23.12	0.64	1.35	0.46	0.26	23.12
	V	1.02	3.08	2.64	1.02	3.08	0.18	2.64	1.02	3.08	0.51	0.23	2.64

注：S_0 的单位是 $10^{-3}\mathrm{m}^2/\mathrm{s}^3$。

Kanai 模型有一个明显的缺点，它不能真实地模拟地震动特低频(在工程意义上)成分。在 $\bar{\omega}_c$ 频率下，模型值与真实值之间相去甚远。如果建筑物的基本自由振动频率远大于 $\bar{\omega}_c$，以至于 $\bar{\omega}_c$ 以下频率成分的能量对建筑物地震反应的贡献可以忽略，则 Kanai 模型是真实地震动荷载的一个良好近似。但是有些建筑物的基本自由震动频率接近或小于(有些远小于)地震动的低频截止频率 $\bar{\omega}_c$，对于这些建筑物如仍使用 Kanai 模型来表达地震荷载显然是不恰当的。

胡聿贤模型和 Penzien 模型均能较好地模拟真实地震动的特低频(在工程意义上)成分，而基本上不改变其高频部分。但胡聿贤模型和 Penzien 模型仍有细节上的差别，胡聿贤模型为单峰模型，其修正的结果只是简单地将 Kanai 模型中的特低频成分"截掉"，而 Penzien 模型在低频部分可以有一个小峰点。就一次地震而言，如果地震动在低频处确有一个明显的峰点，则 Penzien 模型的模拟结果比胡聿贤模型的模拟结果稍好一些。然而地震动功率谱密度是一个统计特征，场地的自功率谱密度是将符合某些条件(场地类型、震级和震中距等)的所有强震观测资料(认为它们是同一随机过程的不同样本函数)放在一起进行统计平均求得的。可以预计，胡聿贤模型和 Penzien 模型的总体统计结果间的差异是微小的。然而，在模拟的精度基本相同的前提下，与 Penzien 模型相比，胡聿贤模型有函数形式简单、统计参数少的明显优点。因此，采用胡聿贤模型作为地震动荷载自功率谱密度的表达方式。

②平稳互功率谱模型

空间任意两点 i,j 的互功率谱为：

$$S_{ij}(i\bar{\omega}) = \sqrt{S_i(\bar{\omega})S_j(\bar{\omega})}\,\rho_{ij}(d_{ij},\bar{\omega})\mathrm{e}^{-i\bar{\omega}\frac{d_{ij}}{v_a(\bar{\omega})}} \tag{9.5}$$

式中：$\rho_{ij}(d_{ij},\bar{\omega})$ 为相干函数，是对两点同方向的地震动而言；d_{ij} 为连接两点的矢量在地震波入射方向上的投影，有正负之分；$v_a(\bar{\omega})$ 为视波速。

波速 $v_a(\bar{\omega})$ 重要而又难以确定，研究表明，$v_a(\bar{\omega})$ 随频率 $\bar{\omega}$ 的离散程度较大，在实际应用中一般简化为一固定值。

从工程应用的角度考虑，近似地认为相干函数与方位无关是完全可以接受的。至于同一点水平方向和竖直方向的相关性，水平与竖直分量的相关性总是小于两水平分量之间的相关性，给出的测量数据表明，水平与竖直分量的相干函数值，低频部分在 0.5 左右，高频部分略小于 0.3。至于两点不同方向的相干函数值，可假设为两点同向的相干函数值乘以同一点水平与竖直分量的相干函数值。采用 Feng 和 Hu 模型表示相干函数，即 $\rho_{ij}(d_{ij},\bar{\omega}) = \mathrm{e}^{-(\rho_1\bar{\omega}+\rho_2)|d_{ij}|}$。

（2）平稳多点地震动的合成

当要生成 n 个点的地震动时程时，其每个点的地震动时程都考虑了与其他 $n-1$ 个点地震动的空间相关性，该方法的合成公式为：

$$
\begin{cases}
u_1(t) = \sum\limits_{m=1}^{n}\sum\limits_{k=0}^{N-1}\alpha_{1m}(\bar{\omega}_k)\cos\left[\bar{\omega}_k t + \theta_{1m}(\bar{\omega}_k) + \varphi_{mk}\right] \\[2mm]
u_2(t) = \sum\limits_{m=1}^{n}\sum\limits_{k=0}^{N-1}\alpha_{2m}(\bar{\omega}_k)\cos\left[\bar{\omega}_k t + \theta_{2m}(\bar{\omega}_k) + \varphi_{mk}\right] \\[2mm]
\cdots \\[2mm]
u_n(t) = \sum\limits_{m=1}^{n}\sum\limits_{k=0}^{N-1}\alpha_{nm}(\bar{\omega}_k)\cos\left[\bar{\omega}_k t + \theta_{nm}(\bar{\omega}_k) + \varphi_{mk}\right]
\end{cases} \tag{9.6}
$$

式中：$\alpha_{nm}(\bar{\omega}_k)$ 和 $\theta_{nm}(\bar{\omega}_k)$ 是考虑第 n 个点与第 m 个点相关性的第 k 个频率成分的幅值与相位角，可以根据式（9.1）分解得到，它们都是确定性的量，取值满足第 n 个点与第 m 个点的相关性和相位特性。φ_{mk} 是随机相位角，它在（0，2π）区间上均匀分布，且当 $m \neq r$ 或 $k \neq s$ 时，φ_{mk} 和 φ_{rs} 相互独立。

（3）非平稳多点地震动的合成

分析结构反应输入由式（9.6）合成的多点地震动是不适宜的，因为实际的地震动在刚发生和结束时强度为零，因此需合成非平稳的多点、多向地震动，只需将式（9.6）各条地震动乘以各自的包络曲线。

$$\begin{cases} u_1(t) = f_1(t) \sum_{m=1}^{n} \sum_{k=0}^{N-1} \alpha_{1m}(\tilde{\omega}_k) \cos\left[\bar{\omega}_k t + \theta_{1m}(\tilde{\omega}_k) + \varphi_{mk}\right] \\[2mm] u_2(t) = f_2(t) \sum_{m=1}^{n} \sum_{k=0}^{N-1} \alpha_{2m}(\tilde{\omega}_k) \cos\left[\bar{\omega}_k t + \theta_{2m}(\tilde{\omega}_k) + \varphi_{mk}\right] \\[2mm] \qquad\qquad\qquad \cdots \\[2mm] u_n(t) = f_n(t) \sum_{m=1}^{n} \sum_{k=0}^{N-1} \alpha_{nm}(\tilde{\omega}_k) \cos\left[\bar{\omega}_k t + \theta_{nm}(\tilde{\omega}_k) + \varphi_{mk}\right] \end{cases} \tag{9.7}$$

包络曲线一般采用下式：

$$f(t) = \begin{cases} (t/t_1)^2, & t < t_1 \\ 1, & t_1 < t < t_2 \\ e^{-c(t-t_2)}, & t > t_2 \end{cases} \tag{9.8}$$

式中：t_1 为地震动平稳段开始的时间；t_2 为地震动平稳段结束的时间；c 为地震动衰减系数。

9.1.3 多点地震动荷载的确定

（1）多点地震动荷载的计算

先前的垃圾填埋场稳定性分析方法在考虑地震动作用时仅仅是在填埋体重心处施加一个朝向边坡外（不利于边坡稳定方向）的一个水平地震惯性力 Q_i，Q_i 的大小为地震系数乘以土条重量，这样仅仅是把地震动（这里指地震加速度）作为一个大小与方向随空间、时间不变的常量加以考虑，并且对整个填埋体施加的地震加速度也一样，而实际地震动的大小与方向都是随着时间不断变化，并且在空间上各个点也是不同的，为了克服先前垃圾填埋场稳定性分析方法对地震荷载处理的缺陷，通过对垃圾填埋场施加上节所介绍的人工合成的多点地震动加速度来对边坡在多点地震动作用下的稳定性进行分析。

将图 9.1 所示的垃圾填埋场划分为 n 个条块，假定地震动由滑裂面左下角入射，考虑地震动的多点、多向特性，地震动传至各个填埋体条块处的大小、方向不同，如图中第 i 个条块的水平向与竖向地震动加速度 a_{Hi}、a_{Vi} 与第 $j+1$ 个条块的大小不同、方向相反。规定水平方向地震加速度以指向滑动方向为正、反之为负，竖向地震加速度数值向下为正、向上为负。

对于图 9.1 中的多点、多向地震动作用下垃圾填埋场中第 i 个条块受力情况如图 9.2 所示，其中 Q_{Hi} 与 Q_{Vi} 为该填埋体条块所受到的水平方向与竖直方

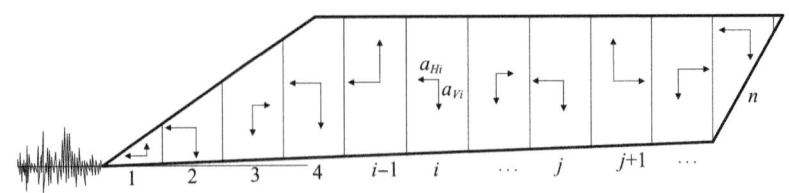

图 9.1 多点地震动分布

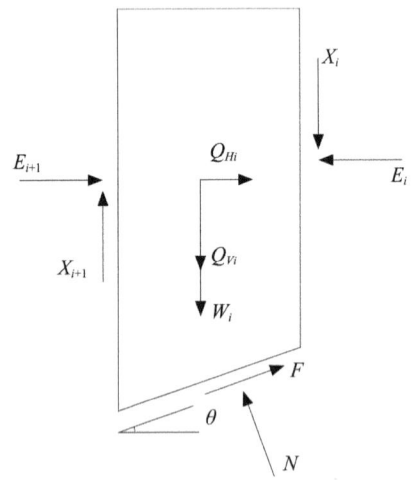

图 9.2 垃圾填埋体条块多点地震动分布

向的地震荷载,分别为:

$$Q_{Hi} = k_{Hi}(t)W_i \tag{9.9}$$

$$Q_{Vi} = k_{Vi}(t)W_i \tag{9.10}$$

式中:$k_{Hi}(t)$、$k_{Vi}(t)$ 分别定义为水平方向与竖直方向地震动力系数:

$$k_{Hi}(t) = \zeta a_i a_{Hi}(t)/g \tag{9.11}$$

$$k_{Vi}(t) = \zeta a_i a_{Vi}(t)/g \tag{9.12}$$

式中:g 为重力加速度;$a_{Hi}(t)$ 为第 i 个条块位置人工合成地震动水平方向加速度在 t 时刻的值;$a_{Vi}(t)$ 为第 i 个条块位置人工合成地震动竖直方向加速度在 t 时刻的值,可以由上节所介绍的多点、多向地震动合成方法所得。

（2）多点地震动荷载的参数取值

①地震作用效应折减系数 z 的取值

在强烈地震地面运动作用下，容许结构和非容许结构构件可以发生局部的损伤破坏，但结构整体不发生倒塌，因此建筑抗震设计的地震作用可以比抵抗地震需求的弹性地震作用小。现代建筑抗震设计规范中广泛采用确定量值的地震作用折减系数，把弹性抗震承载力需求调整到弹塑性水准。近年来，以随延性等级和周期变化而变化的地震作用折减系数在澳大利亚等设计规范中开始采用。尽管地震作用折减系数在世界各地规范中所表述的功能相同或相似，但地震作用折减系数的取值关系到技术指标、经济政策等问题，因此，不同地区规范采用的量值并不相同。

由于针对垃圾填埋场的地震折减系数研究较少，本文参考钢筋混凝土结构构件的抗震设计规范的要求。当采用动力法计算地震作用效应时，应取地震作用的效应折减系数为 0.35；当采用拟静力法计算地震作用效应时，仍按在地震惯性力中计入地震作用的效应折减系数 0.25 的规定。

②动态分布系数 α_i 的取值

关于边坡地震动力响应规律，国内外学者已经在实地监测中取得了一些宝贵成果。Davis 等（1973）在 San Fernando 地震的余震测量中，发现山顶的地震加速度相比山脚成倍增加。根据卡格尔山山上和山脚两点的强余震速度观测记录发现，山顶上地震持续时间显著延长，放大效应显著，且位移、速度、加速度三量的放大效应不同。王存玉等（1987）的振动模型实验表明：边坡顶部对振动的反应幅值较之边坡底部存在明显的放大现象（垂直向放大），边坡的边缘部位对振动的反应幅值较之内部（处于同一高度上的两点比较）也存在放大现象（水平向放大）。目前，边坡地震响应的监测资料很少，还需论证研究和积累经验，这也是造成《水利水电工程边坡设计规范》（SL 386—2007）（以下简称 SL 386—2007）规范中无法确定边坡动态放大系数的主要原因。

目前由不同行业规范给出的地震系数经验值在实际工程中得到普遍应用，其中以坝坡积累的工程经验最多，一些学者采用数值方法对边坡的动力响应规律进行了研究。

祁生文（2007）通过采用 FLAC3D 软件对边坡动力响应规律进行大量动力数值分析研究，发现了边坡动力响应的位移、速度、加速度三量放大系数等值线在边坡剖面上沿高程分布的节律性特点。对于一定的岩土体材料，当边坡高度在一定范围内时，边坡动力响应的位移、速度、加速度三量在铅直方向会出现放大作用，而当边坡高度超过这个范围时，边坡动力响应的三量分布会出现铅直方向的节律性特点。边坡边缘部位对振动的反应幅值较之内部存在放大现象,随着水平方向进一步延伸,位移、速度、加速度三量在水平方向也出现节律性的变化。边坡坡度的变化对位移、速度、加速度放大系数等值线图的分布形式有明显影响,坡度决定了三量分布的等值线方向和极值区的走向。

《水电工程水工建筑物抗震设计规范》(NB 35047—2015)结合大量的工程实践经验给出了具体的动态分布系数取值标准,对于坝高 $H \leqslant 40$ m,动态放大系数取梯形分布,坝顶的动态放大系数等于 $\beta(T)_{\max}$;当坝高 $H > 40$ m 时,在 $0 \sim 0.6 H$ 坝高处,动态放大系数 $\beta(T) = 1 + [\beta(T)_{\max} - 1]/3$;在 $0.6 \sim 1.0 H$ 坝高处取梯形分布,因此 $\beta(T)_{\max}$ 取 $2.0 \sim 3.0$。

参考各行业规范的结构抗震规范,动态放大系数最大值的取值区间为 $1.0 \sim 3.67$,但没有统一的认识。由于垃圾填埋场的填埋体动态响应特征与岩土体边坡及混凝土不同,因此,动态系数如何选取就成了关系垃圾填埋场稳定性的关键。参考现有工程结构的放大系数,选取 2.0、2.5、3.0 三个值进行动态分布系数的分析。

9.2 填埋场多点地震稳定性计算模型的建立

9.2.1 多点地震动作用下垃圾填埋场计算模型

本书采用楔形体分析法计算安全系数,垃圾填埋场的计算模型如图 9.3 所示[基于 Qian 等(2003)改进]。整个填埋体被分为两部分:位于背部边坡上引起滑动破坏的主动楔体、在底部衬垫上阻碍填埋场滑动的被动楔体。

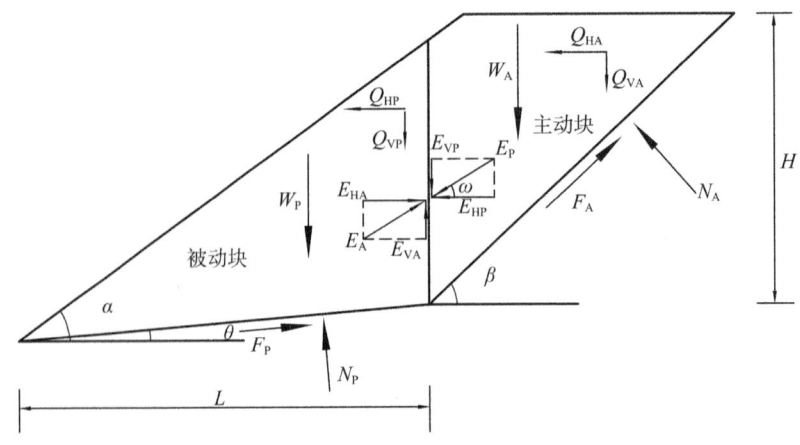

图 9.3 多点地震作用的垃圾填埋体受力情况

在图 9.3 的计算模型中,设 X 为水平方向,Y 为竖直方向,W_A、W_P 分别为主动楔体、被动楔体的重力;N_A 和 F_A 分别为背部边坡作用在主动楔体上的法向力和切向力;E_{HA} 和 E_{VA} 分别为被动楔体作用在主动楔体上的法向力和切向力,E_A 为 E_{HA} 和 E_{VA} 的合力;E_{HP} 和 E_{VP} 分别为主动楔体作用在被动楔体上的法向力和切向力,E_P 为 E_{HP} 和 E_{VP} 的合力;N_P 和 F_P 分别为填埋场底部作用在被动楔体上的法向力和切向力;Q_{HA}、Q_{VA} 分别为主动楔体上的水平地震力和竖直地震力;Q_{HP}、Q_{VP} 分别为被动楔体上的水平地震力和竖直地震力;H 为填埋场后坡的高度;L 为填埋场底部的水平距离;α 为填埋场前坡坡角;β 为填埋场后坡坡角;θ 为填埋场底部与水平面之间的夹角;ω 为主、被动楔体之间作用力与主、被动楔体界面法线方向的夹角。

9.2.2 多点地震动作用下垃圾填埋场力的平衡

被动楔体在 Y 方向上满足力的平衡条件,可得:

$$W_P + E_{VP} + Q_{VP} = N_P \cdot \cos\theta + F_P \cdot \sin\theta \tag{9.13}$$

$$F_P = C_P/FS_P + N_P \cdot \tan\delta_P/FS_P \tag{9.14}$$

$$E_{VP} = C_{SW}/FS_V + E_{HP} \cdot \tan\phi_{SW}/FS_V \tag{9.15}$$

这里假设:

$$m_{sw} = \tan\phi_{SW}/FS_V \tag{9.16}$$

$$n_{sw} = C_{SW}/FS_V \tag{9.17}$$

式(9.14)中:δ_P 为被动块与衬垫接触面的摩擦角。

将式(9.16)、式(9.17)代入式(9.15)得:

$$E_{VP} = n_{sw} + E_{HP} \cdot m_{sw} \tag{9.18}$$

将式(9.14)~式(9.18)代入式(9.13)得:

$$W_P + Q_{VP} + n_{sw} + E_{HP} \cdot m_{sw} = N_P \cdot \cos\theta + C_P \cdot \sin\theta/FS_P + N_P \cdot \sin\theta \cdot \tan\delta_P/FS_P \tag{9.19}$$

被动楔体在 X 方向上满足力的平衡条件,可得:

$$F_P \cdot \cos\theta = E_{HP} + Q_{HP} + N_P \cdot \sin\theta \tag{9.20}$$

将式(9.14)代入式(9.20)得:

$$N_P = \frac{E_{HP} + Q_{HP} - C_P \cdot \cos\theta / FS_P}{\cos\theta \cdot \tan\delta_P / FS_P - \sin\theta} \tag{9.21}$$

将式(9.21)代入式(9.19)得：

$$E_{HP} = [(W_P + Q_{VP} + n_{sw}) \cdot (\cos\theta \cdot \tan\delta_P / FS_P - \sin\theta) - Q_{HP} \cdot \cos\theta -$$
$$Q_{HP} \cdot \sin\theta \cdot \tan\delta_P / FS_P + C_P / FS_P] \div (\cos\theta + \sin\theta \cdot$$
$$\tan\delta_P / FS_P - m_{sw} \cdot \cos\theta \cdot \tan\delta_P / FS_P + \sin\theta \cdot m_{sw}) \tag{9.22}$$

主动楔体在 Y 方向上满足力的平衡条件，可得：

$$W_A + Q_{VA} = F_A \cdot \sin\beta + N_A \cdot \cos\beta + E_{VA} \tag{9.23}$$

$$F_A = C_A / FS_A + N_A \cdot \tan\delta_a / FS_A \tag{9.24}$$

$$E_{VA} = C_{sw} / FS_V + E_{HA} \cdot \tan\phi_{sw} / FS_V \tag{9.25}$$

将式(9.16)、式(9.17)代入式(9.25)得：

$$E_{VA} = n_{sw} + E_{HA} \cdot m_{sw} \tag{9.26}$$

将式(9.24)~式(9.26)代入式(9.23)得：

$$N_A \cdot (\cos\beta + \sin\beta \cdot \tan\delta_a / FS_A) = W_A + Q_{VA} - n_{sw} - E_{HA} \cdot m_{sw}$$
$$- C_A \cdot \sin\beta / FS_A \tag{9.27}$$

主动楔体在 X 方向上满足力的平衡条件，可得：

$$F_A \cdot \cos\beta + E_{HA} = N_A \cdot \sin\beta + Q_{HA} \tag{9.28}$$

将式(9.24)代入式(9.28)得：

$$N_A = \frac{C_A \cdot \cos\beta / FS_A + E_{HA} - Q_{HA}}{\sin\beta - \tan\delta_a \cdot \cos\beta / FS_A} \tag{9.29}$$

将式(9.29)代入式(9.27)得：

$$E_{HA} = [(W_A + Q_{VA} - n_{sw}) \cdot (\sin\beta - \cos\beta \cdot \tan\delta_a / FS_A) - C_A / FS_A + Q_{HA} \cdot$$
$$\cos\beta + Q_{HA} \cdot \sin\beta \cdot \tan\delta_a / FS_A] \div (\cos\beta + \sin\beta \cdot \tan\delta_a / FS_A +$$
$$m_{sw} \cdot \sin\beta - m_{sw} \cdot \cos\beta \cdot \tan\delta_a / FS_A) \tag{9.30}$$

因为 $E_{HA} = E_{HP}$，$FS_A = FS_P = FS$，所以垃圾填埋场的最大安全系数 FS_{max}，最小安全系数 FS_{min} 均可以计算。

垃圾填埋场形状或尺寸计算：

当 $(H + L \cdot \tan\theta) / \tan\alpha \leqslant L$ 时，

$$C_{SW} = c_{sw} \cdot H \tag{9.31}$$

$$C_A = c_a \cdot H / \sin \beta \tag{9.32}$$

$$C_P = c_p \cdot L / \cos \theta \tag{9.33}$$

$$W_A = 0.5 \cdot \rho_{sw} \cdot g \cdot H^2 / \tan \beta \tag{9.34}$$

$$W_P = 0.5 \cdot \rho_{sw} \cdot g \cdot [L - (H + L \cdot \tan \theta) / \tan \alpha + L] \cdot (H + L \cdot \tan \theta)$$
$$- 0.5 \cdot \rho_{sw} \cdot g \cdot L^2 \cdot \tan \theta \tag{9.35}$$

当 $(H + L \cdot \tan \theta) / \tan \alpha > L$ 时,

$$C_{SW} = c_{sw} \cdot L \cdot (\tan \alpha - \tan \theta) \tag{9.36}$$

$$C_A = c_a \cdot H / \sin \beta \tag{9.37}$$

$$C_P = c_p \cdot L / \cos \theta \tag{9.38}$$

$$W_A = 0.5 \cdot \rho_{sw} \cdot g \cdot [H^2 / \tan \beta - (H + L \cdot \tan \theta - L \cdot \tan \theta)^2 / \tan \alpha] \tag{9.39}$$

$$W_P = 0.5 \cdot \rho_{sw} \cdot g \cdot L^2 \cdot (\tan \alpha - \tan \theta) \tag{9.40}$$

9.2.3 多点地震动作用下垃圾填埋场安全系数的确定

基于前文的假设,经分析可以得出,当 $FS \geqslant 1$ 时,取 $FS_V = FS$;当 $FS < 1$ 时,取 $FS_V = 1$,可以计算垃圾填埋场的最大安全系数 FS_{max}。当取 $FS_V = \infty$,即没有考虑垃圾填埋体剪切强度的影响时,可以计算垃圾填埋场的最小安全系数 FS_{min}。

FS_{max} 可以通过下式计算:

$$[(W_P + Q_{VP} + C_{SW}/FS) \cdot (\cos \theta \cdot \tan \delta_P/FS - \sin \theta) - Q_{HP} \cdot \cos \theta - Q_{HP} \cdot \sin \theta \cdot \tan \delta_P/FS + C_P/FS] \div (\cos \theta + \sin \theta \cdot \tan \delta_P/FS - \tan \phi_{SW} \cdot \cos \theta \cdot \tan \delta_P/FS^2 + \sin \theta \cdot \tan \phi_{SW}/FS) = [(W_A + Q_{VA} - C_{SW}/FS) \cdot (\sin \beta - \cos \beta \cdot \tan \delta_a/FS) - C_A/FS + Q_{HA} \cdot \cos \beta + Q_{HA} \cdot \sin \beta \cdot \tan \delta_a/FS] \div (\cos \beta + \sin \beta \cdot \tan \delta_a/FS + \tan \phi_{SW} \cdot \sin \beta/FS - \tan \phi_{SW} \cdot \cos \beta \cdot \tan \delta_a/FS^2) \tag{9.41}$$

FS_{min} 可以通过下式计算:

$$[(W_P + Q_{VP}) \cdot (\cos \theta \cdot \tan \delta_P/FS - \sin \theta) - Q_{HP} \cdot \cos \theta - Q_{HP} \cdot \sin \theta \cdot \tan \delta_P/FS + C_P/FS] \div (\cos \theta + \sin \theta \cdot \tan \delta_P/FS) = [(W_A + Q_{VA}) \cdot (\sin \beta - $$

$\cos\beta \cdot \tan\delta_a / FS) - C_A / FS + Q_{HA} \cdot \cos\beta + Q_{HA} \cdot \sin\beta \cdot \tan\delta_a / FS] \div (\cos\beta +$

$\sin\beta \cdot \tan\delta_a / FS)$ (9.42)

然而，根据前文假设，真实的 m_{sw}（或者 FS_V）并不能确定，所以真实的 FS_{true} 并不能通过式(9.41)、(9.42)求解得到，本节采用 FS_{min} 和 FS_{max} 的平均值 FS_{ave} 来代替垃圾填埋场真实的安全系数，下面分析 FS_{true} 和 FS_{ave} 之间的误差。

平均安全系数 FS_{ave} 为：

$$FS_{ave} = (FS_{max} + FS_{min})/2 \qquad (9.43)$$

真实的安全系数 FS_{true} 和平均安全系数 FS_{ave} 之间的误差为 $|FS_{true} - FS_{ave}|$，FS_{true} 和 FS_{ave} 之间的相对误差为 $|FS_{true} - FS_{ave}|/FS_{true}$。如果 $FS_{true} < FS_{ave}$，那么 FS_{true} 处在 FS_{ave} 和 FS_{min} 之间。由于 $FS_{min} < FS_{true}$，那么 $FS_{ave} - FS_{true} < FS_{ave} - FS_{min}$，可得：

$$(FS_{ave} - FS_{true})/FS_{true} < (FS_{ave} - FS_{min})/FS_{min} \qquad (9.44)$$

如果 $FS_{true} > FS_{ave}$，那么 FS_{true} 处在 FS_{ave} 和 FS_{max} 之间。由于 $FS_{true} < FS_{max}$，$FS_{ave} < FS_{true}$，那么 $FS_{true} - FS_{ave} < FS_{max} - FS_{ave}$，可得：

$$(FS_{true} - FS_{ave})/FS_{true} < (FS_{max} - FS_{ave})/FS_{ave} \qquad (9.45)$$

由于 $FS_{max} - FS_{ave} = FS_{ave} - FS_{min}$，那么 $|FS_{true} - FS_{ave}| < FS_{ave} - FS_{min}$，或者 $|FS_{true} - FS_{ave}| < FS_{max} - FS_{ave}$。由于 $(FS_{max} - FS_{ave})/FS_{ave} < (FS_{ave} - FS_{min})/FS_{min}$，可得

$$|FS_{true} - FS_{ave}|/FS_{true} < (FS_{ave} - FS_{min})/FS_{min} \qquad (9.46)$$

因此，如果利用平均值 FS_{ave} 来代替真实值 FS_{true}，那么误差的上限值为 $FS_{ave} - FS_{min}$ 或者 $FS_{max} - FS_{ave}$，FS_{ave} 和 FS_{true} 相对误差的上限值为 $(FS_{ave} - FS_{min})/FS_{min}$。

由于合成的多点地震动曲线中，每个时间点加速度均不相同，则相应的 FS_{ave} 也不同(图9.4)。如何选取安全系数，对垃圾填埋场的稳定性分析至关重要。从安全角度出发，选取与多点地震动时程曲线对应的安全系数时程曲线中的最小值作为垃圾填埋场安全性分析的依据。

同时，由于多点地震动的人工合成中存在程序自动生成的随机相位角 φ_{mk}，由于它的随机生成性，在编程运行中会导致两次计算结果不一致(图9.4中的 $FS_{ave1} \neq FS_{ave2}$)，采用多次计算并从中选取安全系数的最小值作为垃圾填埋场稳定性评价的依据。

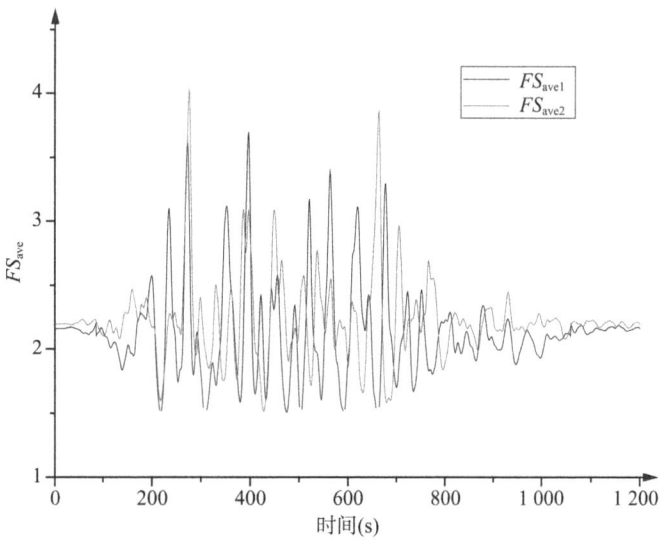

图 9.4 FS_{ave1}、FS_{ave2} 与时间的曲线

9.3 填埋场多点地震稳定性分析算例

9.3.1 计算模型的建立

为了验证本文编制的垃圾填埋场多点地震稳定性分析程序的可靠性,本小节通过一算例分析了垃圾填埋场滑移稳定性。

计算参数选取如表 9.2 所示。由于多点地震动的人工合成中已经考虑了加载距离因素,本文为计算方便,每 20 m 选取一个地震动作用加载点。

表 9.2 算例计算参数取值

c_{sw}	ϕ_{SW}	α	β	θ	L	H	c_a	c_p	δ_a	δ_p	ρ_{sw}	g	α_i	ζ
3.0	30°	33.7°	60°	2°	200	40	3.0	3.0	15°	15°	1.04×10^3	9.8	2.5	0.25

注:c_{sw}、c_a、c_p 单位为 kN/m^2;ρ_{sw} 单位为 kg/m^3。

根据前章分析,垃圾填埋场整体滑移失稳时,有两种滑面Ⅰ、Ⅱ(在衬垫之上或之下)。在计算整体滑移稳定性时,借鉴 Qian(2003)的研究方法,选取两者抗剪强度参数的较小者用于稳定性计算。

对于局部滑移失稳的滑面,以垃圾填埋场坡顶为起点,每间隔 20 m 作为一

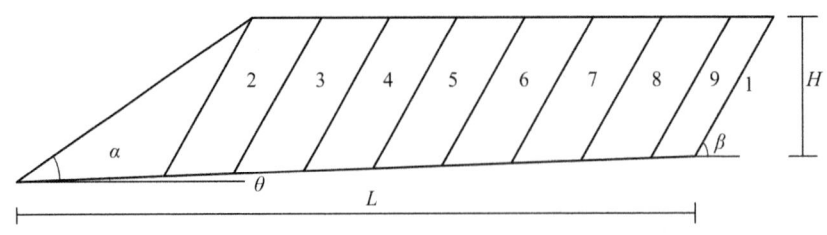

1.5HL:1V；$\alpha=33.7°$；$\beta=60°$；$\theta=2°$

图 9.5　算例计算模型

个潜在的滑移面计算（图 9.5）。

9.3.2　安全系数真实值误差分析

图 9.6 为滑移面 1 在不同地震加速度峰值（0.05g、0.1g、0.2g、0.4g）作用下，FS_{ave}、FS_{max}、FS_{min} 的时程曲线。利用公式（$FS_{ave}-FS_{min}$）/FS_{min} 计算平均值 FS_{ave} 来代替真实值 FS_{true}，计算结果表明误差大多在 3%～5%，采用平均值 FS_{ave} 来代替真实值 FS_{true} 的方法是可靠的。

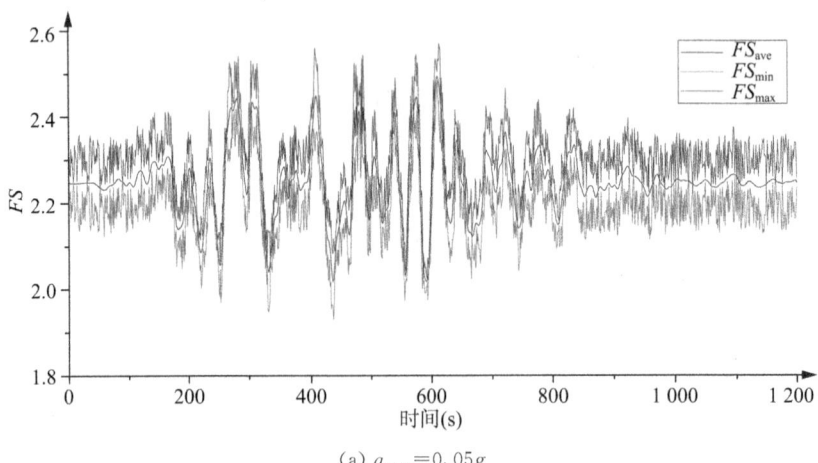

（a）$a_{max}=0.05g$

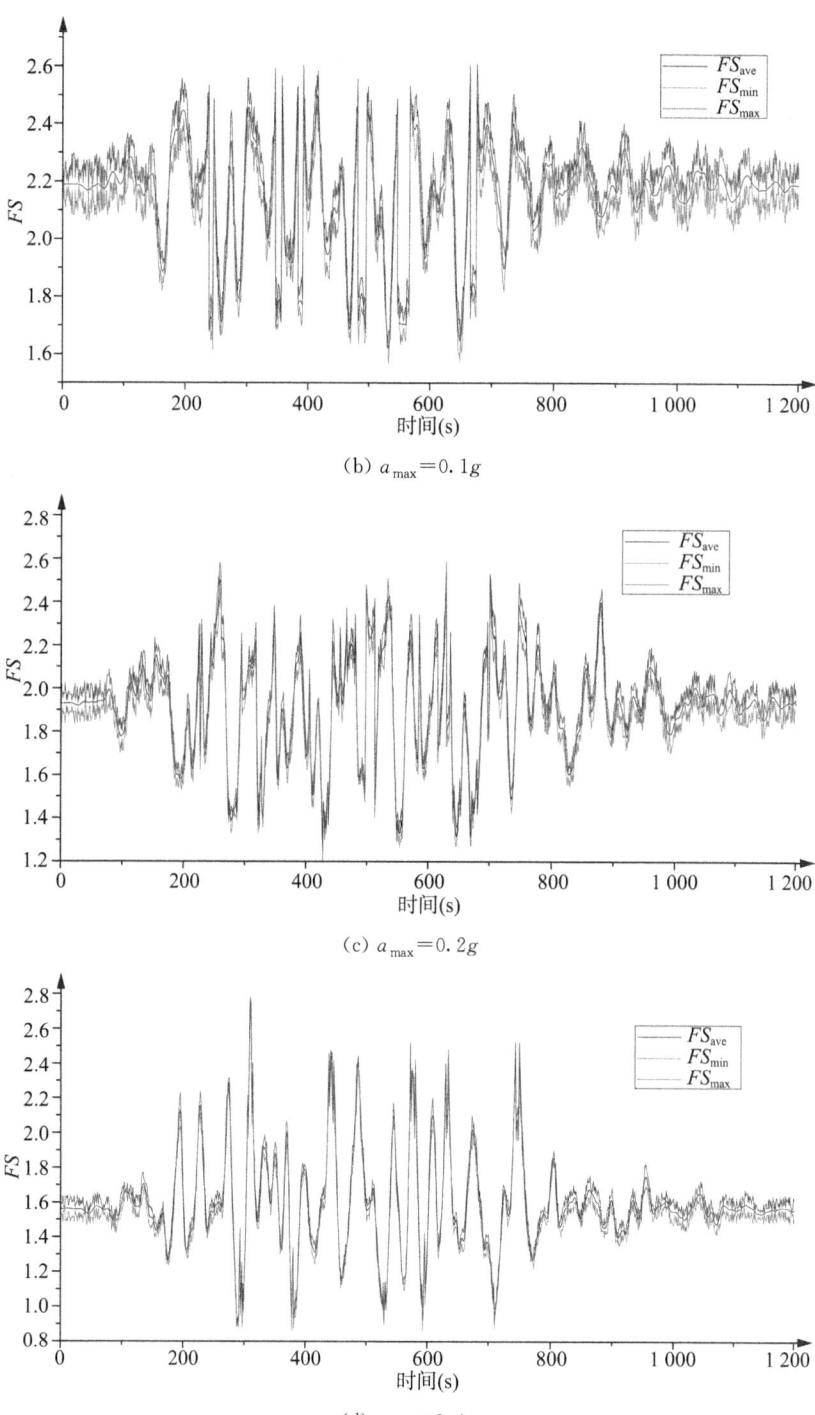

(b) $a_{max}=0.1g$

(c) $a_{max}=0.2g$

(d) $a_{max}=0.4g$

图9.6 不同地震加速度峰值作用 FS_{ave}、FS_{max}、FS_{min} 的时程曲线(滑面1)

9.3.3 计算次数的确定

选取经多次计算的安全系数最小值作为垃圾填埋场稳定性评价的依据。随之而来，计算次数（样本容量）的确定成为抽样调查理论和实践中普遍关注的一个问题。计算次数（样本容量）过小，则估计量方差过大，统计推断的可信度降低，或者在进行假设检验时，犯第二类错误的概率变大；而计算次数（样本容量）过大，会浪费人财物力，且调查周期长，从而丧失抽样调查相对于全面调查的优点。所以，如何寻找一个合适的样本量，既能使样本充分地代表总体，又能保证抽样调查耗时少、费用低，这成为抽样理论和实践都必须要面对和回答的课题。

从统计学角度看，影响样本容量的因素主要包括：

①被调查对象的差异程度，即总体方差。总体方差越大，样本量也越多。

②允许误差数值的大小（又称极限误差 Δ）。允许误差同样本量成反比，允许误差越小，样本量越多；反之，允许误差越大，样本量越小。

③调查结果的可靠程度，即概率度 t 值的大小。可靠程度要求高，样本量应当多些；反之，可以少些。

对简单随机样本，通常我们希望控制总体均值或总值估计值的相对误差 r，即对于样本均值 $\bar{y}$，我们要求：

$$P\left\{\left|\frac{\bar{y}-\bar{Y}}{\bar{Y}}\right|<r\right\}=P\left\{\left|\frac{N\bar{y}-Y}{Y}\right|<r\right\}=1-\alpha \tag{9.47}$$

当 n 相当大时，$\bar{y}$ 近似服从正态分布 $N[\bar{Y},V(\bar{y})]$，其中：

$$V(\bar{y})=(1-f)\frac{S^2}{n} \tag{9.48}$$

由于

$$1-\alpha=P\left\{\left|\frac{\bar{y}-\bar{Y}}{\bar{Y}}\right|<r\right\}=P\left\{\left|\frac{\bar{y}-\bar{Y}}{\alpha_{\bar{y}}}\right|<\frac{r\bar{Y}}{\alpha_{\bar{y}}}\right\} \tag{9.49}$$

所以

$$\frac{r\bar{Y}}{\alpha_{\bar{y}}}=\mu_{\alpha/2} \tag{9.50}$$

其中 $U_{\alpha/2}$ 为标准正态分布 $N(0,1)$ 的上侧 $\alpha/2$ 分位数。

可得：

$$\left(\frac{r\overline{Y}}{u_{\alpha/2}}\right)^2 = V(\overline{y}) = \frac{N-n}{N}\frac{S^2}{n} = \left(\frac{1}{n}-\frac{1}{N}\right)S^2 \tag{9.51}$$

解出：

$$n = \left(\frac{u_{\alpha/2}S}{r\overline{Y}}\right)^2 \bigg/ \left[1 + \frac{1}{N}\left(\frac{u_{\alpha/2}S}{r\overline{Y}}\right)^2\right] \tag{9.52}$$

样本量 n 的大小取决于总体的一个标志，就是总体的变异系数 $\dfrac{S}{\overline{Y}}$，它常常比 S 更稳定，便于事先估计。在实际工作中，可先进行少量抽样，预先估计出 $\dfrac{S}{\overline{Y}}$，代入式(9.52)即可粗略估计样本量 n。

一般，我们取：

$$n_0 = \left(\frac{u_{\alpha/2}S}{r\overline{Y}}\right)^2 \tag{9.53}$$

作为 n 的首次近似(其中 $\dfrac{S}{\overline{Y}}$ 用事先得到的估计值替代)。

若 $\dfrac{n_0}{N}$ 比较大，则取：

$$n = \frac{n_0}{1 + \dfrac{n_0}{N}} \tag{9.54}$$

根据上述方法，确定 $\alpha = 0.05$，对算例中九个滑移面分别在 $0.05g$、$0.1g$、$0.2g$、$0.4g$ 地震荷载作用下的安全系数进行统计，其所需计算次数(样本容量)统计如表 9.3 所示。

表 9.3 各滑面所需样本容量统计

地震加速度峰值	滑面 1	滑面 2	滑面 3	滑面 4	滑面 5	滑面 6	滑面 7	滑面 8	滑面 9
$0.05g$	10	9	11	8	13	14	15	17	14
$0.1g$	14	13	16	11	13	12	14	16	18
$0.2g$	23	16	19	14	16	17	22	20	21
$0.4g$	26	18	19	23	21	17	19	19	24

由上表可得，随着地震加速度峰值的增大，所需计算次数（样本容量）呈增大态势，且计算次数最多为 26 次。为方便编制计算程序，将计算次数统一为 50 次，并选取最小安全系数作为评价稳定性的依据。

9.4 地震动参数的影响分析

9.4.1 视波速的影响

为研究多点地震荷载作用下视波速变化对垃圾填埋场稳定性的影响规律，在地震加速度 $a_{max} = 0.2g$ 情况下，计算了视波速 v_a 为 250 m/s、500 m/s、1 000 m/s、2 000 m/s 时的安全系数，并与规范算法进行对比。有代表性的滑移面 1、2、4、6、8 绘图如图 9.8 所示。

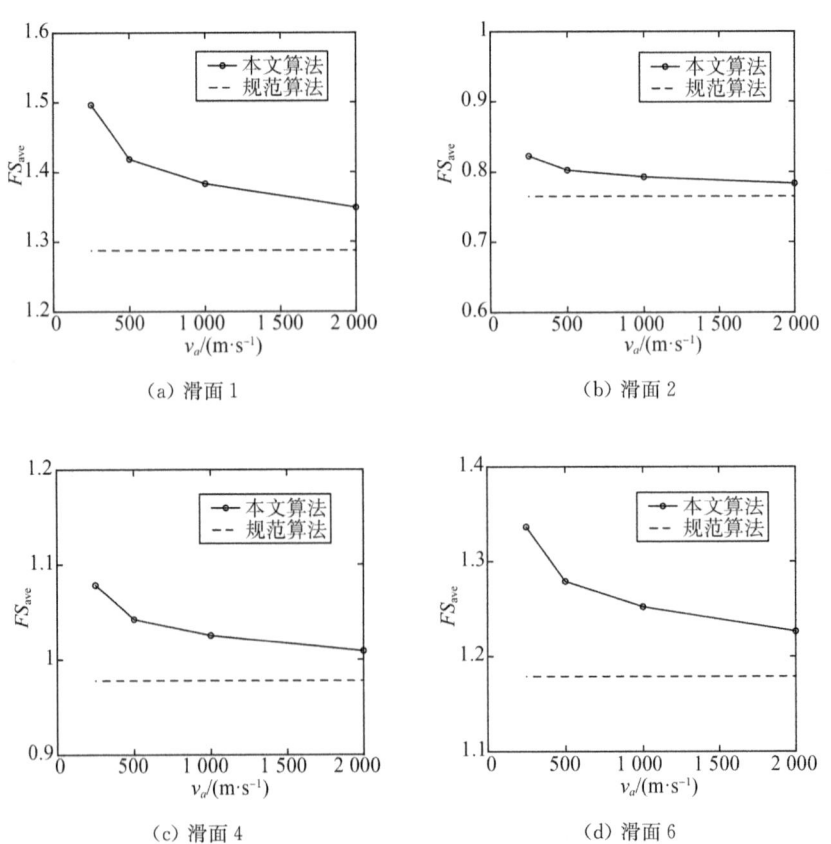

（a）滑面 1　　　　　　　　　（b）滑面 2

（c）滑面 4　　　　　　　　　（d）滑面 6

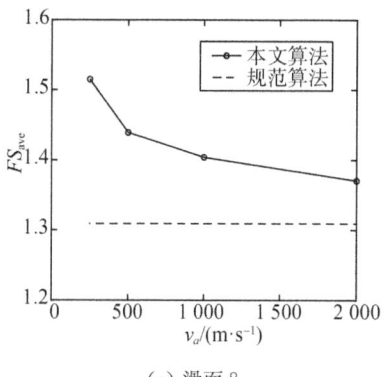

(e) 滑面 8

图 9.7　稳定性系数与视波速的关系

　　①对于同一个滑移面,多点地震动作用下垃圾填埋场的稳定性系数总是大于规范算法中单点地震动作用下稳定性系数;随着视波速 v_a 从 250 m/s 增大至 500 m/s、1 000 m/s、2 000 m/s,多点地震作用下垃圾填埋场的稳定性系数呈减小趋势,其减小幅度随着视波速的增大而变缓。

　　②在视波速 v_a 较小时,多点地震动作用下稳定性系数与规范算法中单点地震动作用下稳定性系数相差较大,随着视波速 v_a 的增大,这两种不同地震作用下的稳定性系数差值越小。由于行波效应作用的结果,波速越慢,与规范算法的一致激励作用相比滞后现象越明显;随着波速的加快,这种滞后现象明显好转。这说明随着视波速 v_a 的增大,多点地震动的行波效应对于卫生填埋场的稳定性影响逐渐减小。

　　③从图 9.5 的算例计算模型可以看出,滑面 2、4、6、8、1 距坡顶的距离分别为 0 m、40 m、80 m、120 m、152.64 m,而距多点地震动的入射点(坡角)的距离分别为 44.21 m、84.21 m、124.21 m、164.21 m、196.85 m。从图 9.7 的稳定性系数与视波速关系图可以看出,随着滑移面与多点地震动入射点(坡角)距离的增大,多点地震作用下稳定性系数与规范算法的稳定性系数的差值呈增大趋势。这表明在填埋体横向尺寸较小时,视波速的变化对稳定性系数的变化影响较小[图 9.8(b)滑面 2],一般可以不考虑视波速的变化对垃圾填埋场稳定性的影响,而随着垃圾填埋场的横向扩容,稳定性系数变化率会达到 16% 以上[(1.49−1.28)/1.28=0.164],此时必须考虑视波速的变化对垃圾填埋场稳定性的影响。

9.4.2　地震峰值加速度的影响

　　为研究多点地震荷载作用下地震峰值加速度变化对垃圾填埋场稳定性的影

响规律，本节在视波速 v_a 为 500 m/s 情况下，计算了地震峰值加速度 $a_{max}=$ $0.05g$、$0.1g$、$0.2g$、$0.4g$，动态分布系数分别为 2.0、2.5、3.0 时的安全系数，并与规范算法进行对比。有代表性的滑面 1、2、4、6、8 如图 9.8 所示。

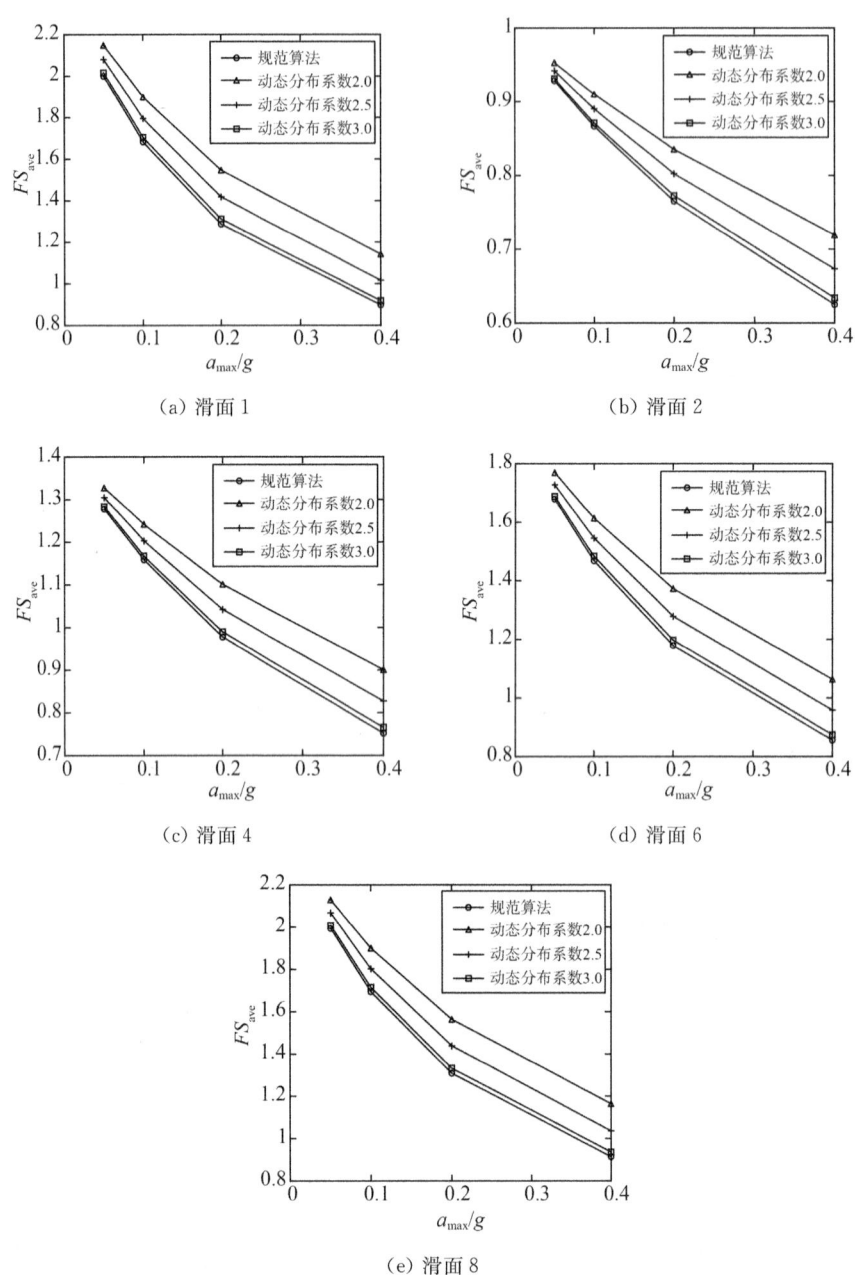

图 9.8 稳定性系数与地震峰值加速度、动态分布系数的关系

分析表明：

①对于同一个滑面，在相同地震峰值加速度时，多点地震动作用下垃圾填埋场的稳定性系数总是大于规范算法中单点地震动作用下稳定性系数。

②无论规范算法的一致激励还是文中的多点地震动作用，随着地震峰值加速度的增大，稳定性系数都表现出减小的趋势，其减小趋势随着地震峰值加速度的增加呈减缓趋势。这说明，地震峰值加速度越大，两种算法计算的稳定性系数相差越大，采用多点地震作用计算的稳定性系数越接近实际情况。

9.4.3　动态分布系数的影响

如前文所述，边坡内各点对振动的反应有在垂直向和水平向的放大现象，而由于目前边坡地震响应的监测资料很少，SL 386—2007 规范中也没有明确如何确定边坡动态放大系数。参考现有工程结构的放大系数，选取 2.0、2.5、3.0 三个值进行动态分布系数的分析。

从图 9.8 可以看出，动态分布系数对垃圾填埋场稳定性系数的影响较为明显，并且随着地震峰值加速度的增加，不同动态分布系数的差值呈增大趋势。以滑面 1 为例，地震峰值加速度 a_{max} 为 0.05g 时，动态分布系数 2.0 与 3.0 的变化率为 $(2.14-2.01)/2.14=0.061$；而相同情况对于 a_{max} 为 0.4g 时，其变化率为 $(1.14-0.92)/1.14=0.193$。这表明地震峰值加速度值越大时，动态分布系数的选取越需慎重。

第 10 章

地表污水池

10.1 衬垫系统

地表污水池常用来贮存或处置有害废弃物,其装置必须与衬垫和过滤汇集系统适配。该系统要有一个上部衬垫(土工膜)和一个复合下部衬垫(在土工膜和压实黏土),在衬垫之间有渗漏检测层和集水层。上部衬垫和复合衬垫防渗的材料要能够阻止有害成分在有效期内进入衬垫,下部衬垫等组件应该尽量减少有害成分的转移。如果上部衬垫出现损坏,则下部衬垫将充当第二道防御。如图 10.1 所示,复合衬垫下部要有至少厚度为 91 cm 压实黏土,渗透系数(k)不超过 1×10^{-7} cm/s。

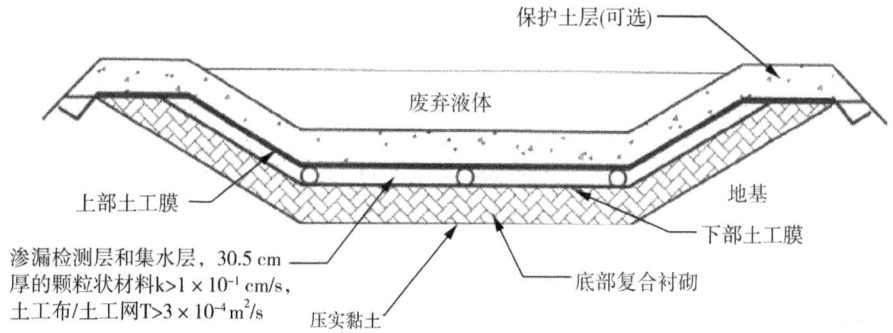

图 10.1 带底部复合双层衬垫的有害废弃物地表污水池横截面

上部土工膜厚度至少为 0.76 mm,并且有保护性土层或土工织物层覆盖。如果土工膜没有被覆盖或直接接触废弃物,则厚度至少为 1.14 mm。为了防止被破坏或满足接缝要求,有些土工膜可能更厚,如果采用高密度聚乙烯(HDPE)衬垫建议厚度在 $1.52 \sim 2.54$ mm。

两层衬垫(即上部土工膜之下和下部土工膜之上)之间有渗漏检测系统和渗滤液收集和导排系统。顾名思义,这两个系统的目的就是在有效年限内及封闭后期阶段尽早检测、导排有害成分,所以底坡坡度应大于 1%。如图 10.1 所示,若采用粒状材料,则该层厚度要大于 30.5 cm,渗透系数要大于 1×10^{-1} cm/s;若采用合成排水材料,导水系数(T)要大于 3×10^{-4} m²/s。这两种材料要对废料的化学成分具有抗性并能在有效年限内尽量减轻淤堵。

上述对双层衬垫的设计可能会由于垃圾填埋池实施单独填埋而被搁置,因为如果实施单独填埋,废弃物只包含铸造炉排放的或金属模具压铸产生的有害废弃物。

图 10.2 显示使用被渗漏检测和集水层隔开的两个复合（土工膜和压密土层）衬垫，压密土层上部和集水层之间放置一种分隔土工织物，用来防止土颗粒移动到集水层中，这种双复合材料衬垫应该能够确保污水池中的有害化学成分不会逸散。

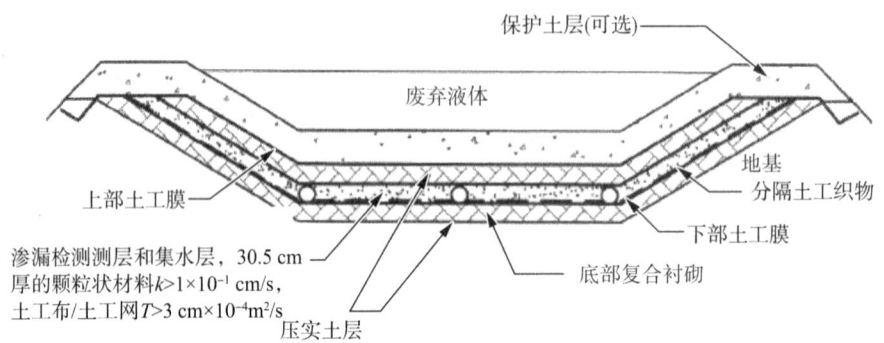

图 10.2 采用双复合材料衬垫的有害废弃物地表污水池横截面示意图

一般情况下，包含无害废弃物的地表污水池使用单复合材料衬垫也是可以的，这些衬垫会有 61 cm 厚的压密土层，渗透系数小于或等于 $1×10^{-6}$ cm/s。在采用复合材料衬垫系统的情况下，一般建议使用渗滤液导排系统。

10.2 地表污水池的设计

10.2.1 初步设计

在地表污水池的初步设计阶段，要考虑以下几个方面的因素：①场地地形条件；②场地气候条件；③场地地质条件；④地表水系及水力条件。

使用最新的场地地形图，在地形图上标记近一百年的洪水位线、洼地、山谷、山脊等场地地形特征。理论上来说，表面的污水池应尽可能地减少开挖和填埋。也就是说，污水池尽可能布置在洼地区域，且要尽可能地远离百年一遇的洪水泛滥区域，布置在洼地可以最大限度地减小污水池蓄水堤坝的修建高度。

场地气候特征，例如降雨、蒸发、冻融循环及风向循环等，会影响地表污水池设施的选址、尺寸和设计。雨水流入污水池，会给污水池带来多余水体；将污水池选在百年一遇的洪水泛滥平原地区，需要增加必要的保护措施，如保护堤坝工程、流入流出控制工程;蒸发对污水池是有利的,它可以减少多余的水体,但是在污水池建造之前要进行空气质量监测;北方地区,由于气候原因,土层存在冻融现象,冻融条件影响防渗衬砌和污水池侧壁的渗透系数和剪切强度,在初步设计阶段,必须考虑这些潜在的影响,可以采取在衬垫上部添加保护层的措施,保护层的厚度不小于最大冻融深度的土体厚度。

场地的地层条件是影响污水池选址和设计的关键因素,对地层条件的调查包括:①查明土层的强度、压缩系数及渗透性,尽量避开压缩性高、孔隙度高、地下水位浅的地层;②尽量避开断裂构造和孔隙含水率高的浅部地区,通常来说,灰岩易形成岩溶通道,要尽量避免,污水池可选在深厚的、密实的原状页岩地区;③对于地震多发及易发地区的污水池要进行专门边坡设计;④在污水池设计初级阶段,要对修建防渗衬垫、堤坝以及其他保护措施所需要材料的可行性及适应性进行评估,如抗侵蚀性。

在污水池设计阶段,地表水力特征也起着很重要的作用,如果污水池靠近地表水体,会直接增加水体污染的风险。另外,在污水池初步设计阶段,需要研究浅层地下水的存在可能造成衬垫隆起和工程建设过程中产生大量生产用水等施工和设计问题。因此,需要调查研究的内容包括:①地表水流的来源及流量;②饱和带深度;③地表水流的季节性影响;④上层滞水的影响。

10.2.2 地表污水池结构

在确定污水池结构(形状、大小和深度)之前,需要确定污水池的类型,如图10.3所示,污水池可以分为以下三种类型:

(1)处理类型的地表污水池[图10.3(a)]:此类污水池是一种处理废水的设施,流入和流出的废水必须是稳态的或者间歇性的;另外,在进行水平衡估算时,要考虑降雨和蒸发条件。

(2)储存类型的地表污水池[图10.3(b)]:此类地表污水池主要起削峰填谷的调节作用。

(3)无排放的地表污水池[图10.3(c)]:此类污水池主要是依靠当地的自然蒸发条件进行污水的蒸发和处理。

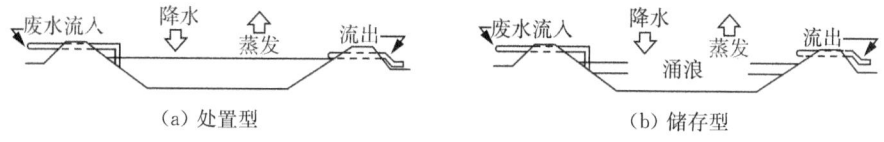

(a)处置型　　　　　　　　　　　　　(b)储存型

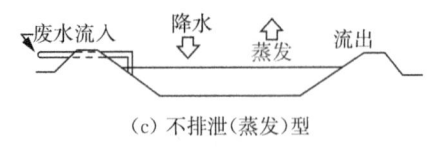

（c）不排泄（蒸发）型

图 10.3　地表污水池的类型

目前,矩形的地表污水池是最常见、最经济的形状。污水池的深度取决于需要容纳的废水量,而深度及废水高程取决于:①废水流入流出速率;②浪潮高度;③降雨;④风速;⑤堤坝坡度。图 10.4 中,正常运营水位（d_n）仅考虑了废水的流入、流出情况,最大运营水位考虑了最大暴雨情况（百年一遇的暴雨,历时24 h）,考虑其他因素影响的水位详见图 10.4。其中,正常运营水位（d_n）可通过下式进行估计:

$$d_n = \frac{(Q_i - Q_o)t}{S}$$

式中:Q_i 为平均滞留时间 t 内的废水流入最大速率;Q_o 为最大流出速率;S 为废水表面积;求得的 d_n 为污水池定期清理情况下的深度,在进行正常运营水位计算时,要将沉积物厚度考虑在内。

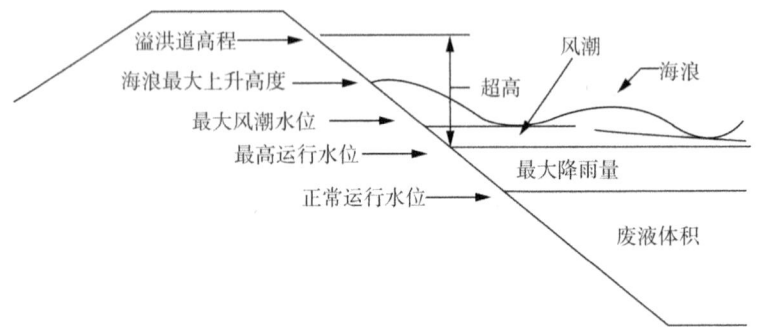

图 10.4　污水池各设计水位

最大运营水位可利用以下三种方法的一种进行估计:①水力模型;②水预算方法;③暴雨设计模型。为了获得使用这些方法所需的更进一步的信息,需要进行标准的水力试验。

如图 10.4 所示,超高是指最大运营水位和可以通过溢洪道排放的水位之间的高度,由涌浪和风潮引起的超高水位会提高堤坝的安全系数。

10.2.3 结构设计

地表污水池设计时要考虑到各方面的结构设计问题，包括：①场地地基条件评价；②边坡设计；③衬垫结构；④土工膜保护层；⑤渗漏监测和导排系统；⑥排气层；⑦废水水位控制系统；⑧地表水管理系统。

（1）场地地基条件评价

污水池下部的地层要能够承受废弃物和堤坝施加的荷载，评价时主要考虑两方面的因素：①压缩性和最终沉降量；②剪切强度和地基承载力。压缩性高的细粒土层和含煤土层在附加应力下易发生不均匀沉降，不均匀沉降可能会导致堤坝和衬砌产生拉裂缝。如果地基土层是饱和的松散无黏性土，在地震情况下也会发生类似的情况。图10.5举例说明了地表污水池堤防不均匀沉降产生的影响。对于地基沉降差及承载力，可以根据岩土工程标准进行估算。

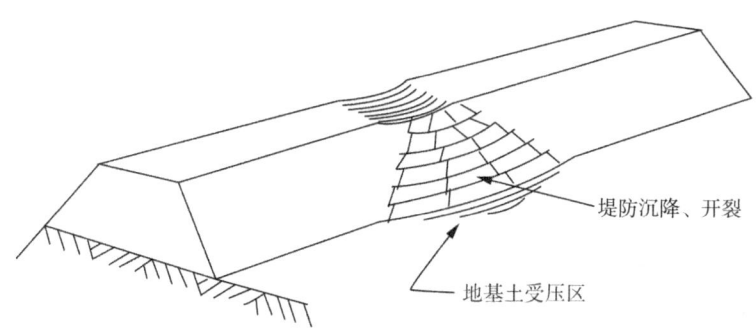

堤防沉降、开裂

地基土受压区

图10.5 地表污水池堤坝沉降产生的影响

（2）边坡设计

如图10.6所示，地表污水池需要进行以下几种类型边坡的稳定性分析：①人工切坡；②堤坝边坡；③双层衬砌接触面边坡。人工切坡及堤坝边坡稳定性分析要考虑以下几种工况：①开挖完成后的短期稳定性；②稳定渗流工况或永久稳定性；③水位骤降；④地震工况。采用标准的岩土边坡稳定性分析方法进行稳定性分析，如改进的毕肖普条分法和Spencer条分法。

（3）衬砌结构

如图10.1和图10.2所示，地表污水池衬砌结构通常选用以下的一种：①带底部复合衬垫结构的双层衬垫结构；②双层复合衬垫结构。

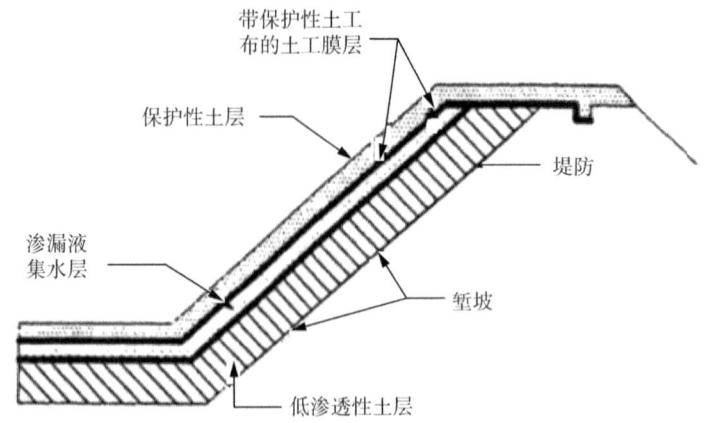

图 10.6 进行边坡稳定性分析的污水池堤防、开挖斜坡和垫层界面等示意图

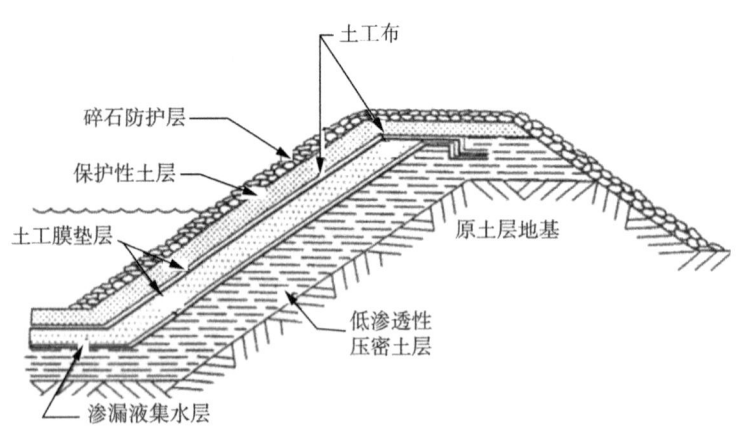

图 10.7 污水池的保护层横截面示意图

（4）土工膜保护层

如图 10.7 所示，在衬垫上部添加一层土或者土工布保护层，可以防止土工膜由于上部建设操作荷载和风化作用造成的损坏。在允许任何施工设备进驻衬垫上部以前，必须要铺设至少 46 cm 的保护层。

（5）渗漏检测和渗滤液收集和导排

如图 10.1 和图 10.2 所示，在双层衬垫结构间设置渗漏检测系统和渗滤液收集和导排结构是必要的，需要为这个结构设计一个排水层，可以快速检测并收集导排那些可能穿透上层防渗衬垫的废水。排水层材料可以采用多种类型排水材料，只要满足渗透系数不小于 1 cm/s。如果选用颗粒状材料，颗粒必须是圆形或次圆形的,且颗粒直径要小于 3/8 in。如果排水层直接置于防渗衬垫上部,则排水层材料必须和污水池的废弃物化学相容。渗滤液检测、收集和排除结构的细节如图 10.8 所示。

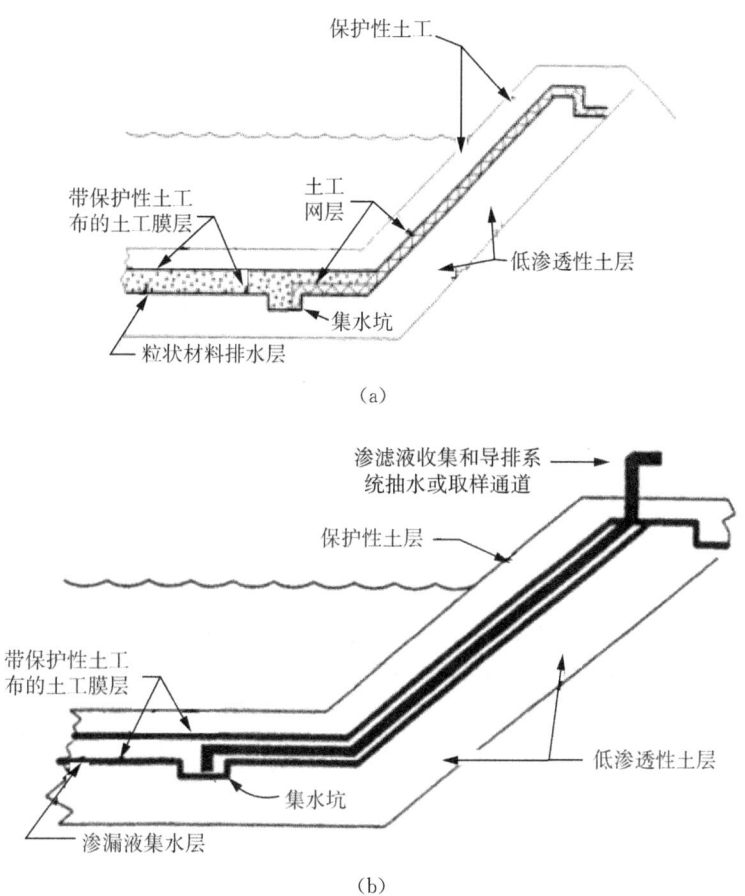

（a）

（b）

图 10.8 渗滤液检测、收集和导排结构的示意图

（6）排气层

场地建设地区,如果存在气源,则需要在防渗垫层底部设计排气层,选用的排气层材料可以为颗粒材料或土工合成材料,如图 10.9 所示。

（7）废水水位控制

废水泄漏是地表污水池运营产生的最大环境污染风险。因此,应当设计合适的、可靠的水位控制结构,如溢洪道或阀门。

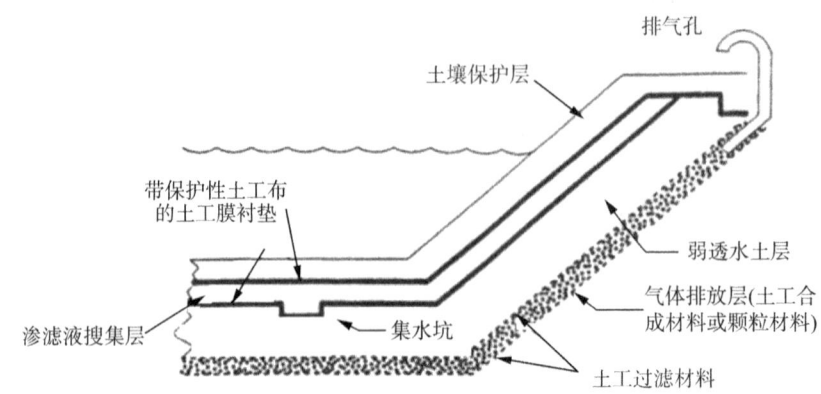

图 10.9　具有气体排放层和顶部排气孔的垫层设计

（8）地表水管理

地表污水池中的污水应当与来自周围地区的径流隔离。因此，为了隔离来自周围地区的地表水径流和改变来自周围地区的地表水径流的流向，应当建立导流建筑物，如戗堤和沟渠。

10.3　盖层设计

通常来说，容纳废水的地表污水池不需要添加盖层，但是很多情况下，盖层是减少空气污染的一个重要举措，而且盖层还可以保护蓄水池，防止蓄水池由于降雨增加不必要的水体。组成盖层的材料不能和蓄水池内的化学成分发生反应，且材料应具有耐风化性。常用的盖层有两种，分别是永久盖层和可拆卸盖层。

10.3.1　永久盖层

永久盖层有两种形式：固定盖层和浮动式盖层。

（1）固定盖层。这类盖层主要用于结构较小（跨度小于 4.6 m）的储水池，如储水罐。对于这种类型的盖层，土工膜需要固定在储水罐的上边缘处。

这里有大型的地表污水池设计和安装了固定的混凝土顶板结构的案例，例如，某垃圾场的一个约为 30 m×90 m 渗滤液蒸发池上安装了立柱支撑的混凝土顶部结构（没有围墙）。这个顶部结构用来防止雨水流进污水池。

（2）浮动式盖层。相比固定盖层来说，浮动式盖层更适合那些跨度比较大的地表污水池,对于跨度小的污水池,采用固定盖层更经济。浮动式盖层直接放置于储存液体之上,并随着储水池水位的上下浮动而浮动。如图 10.10 和图 10.11 所示,此类盖层具有一个用来收集地表水的界线明确的污水坑,从图中可以看出,漂浮物是由轻质泡沫或者珠状聚合物材料组成,这些漂浮物通常附着在盖层下侧。盖层的防渗衬垫材料可以是 CSPE 或 HDPE 土工膜,材料属性主要包括抗拉强度、抗撕裂强度、抗穿刺强度和抗冲击性。风力可以增加材料的拉力及剪力,边缘锚固很重要,图 10.12 展示了锚固的细节。

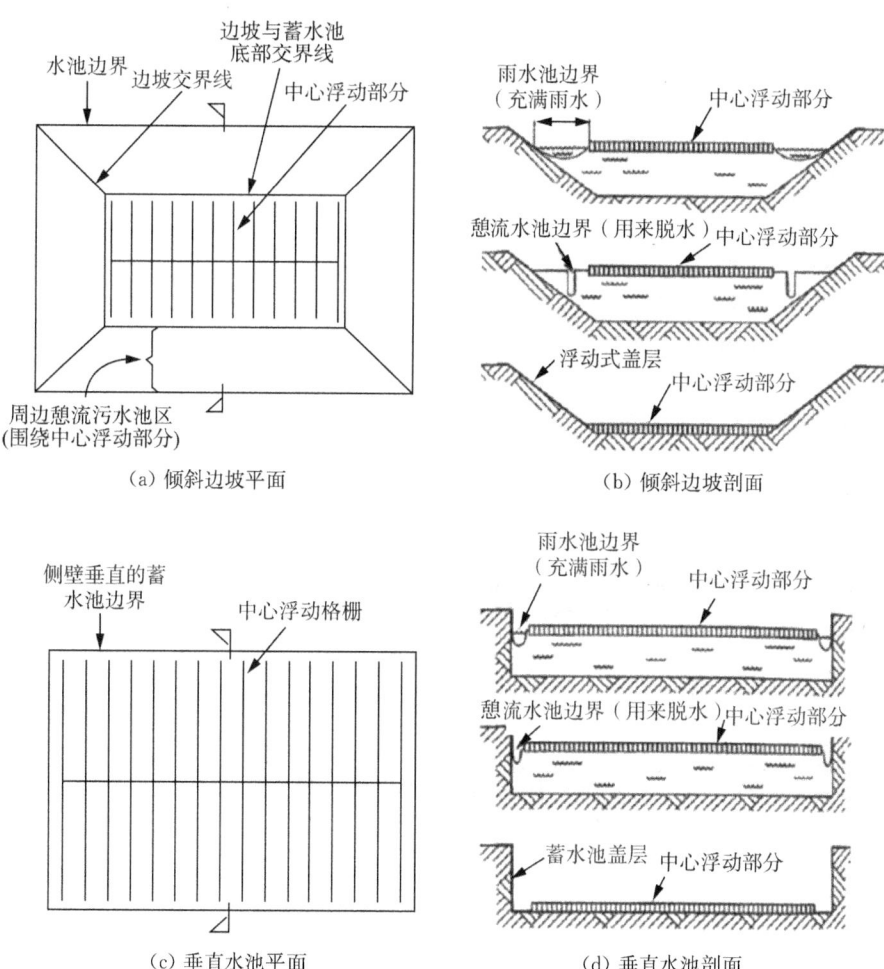

(a) 倾斜边坡平面

(b) 倾斜边坡剖面

(c) 垂直水池平面

(d) 垂直水池剖面

图 10.10 地表污水池浮动式盖层

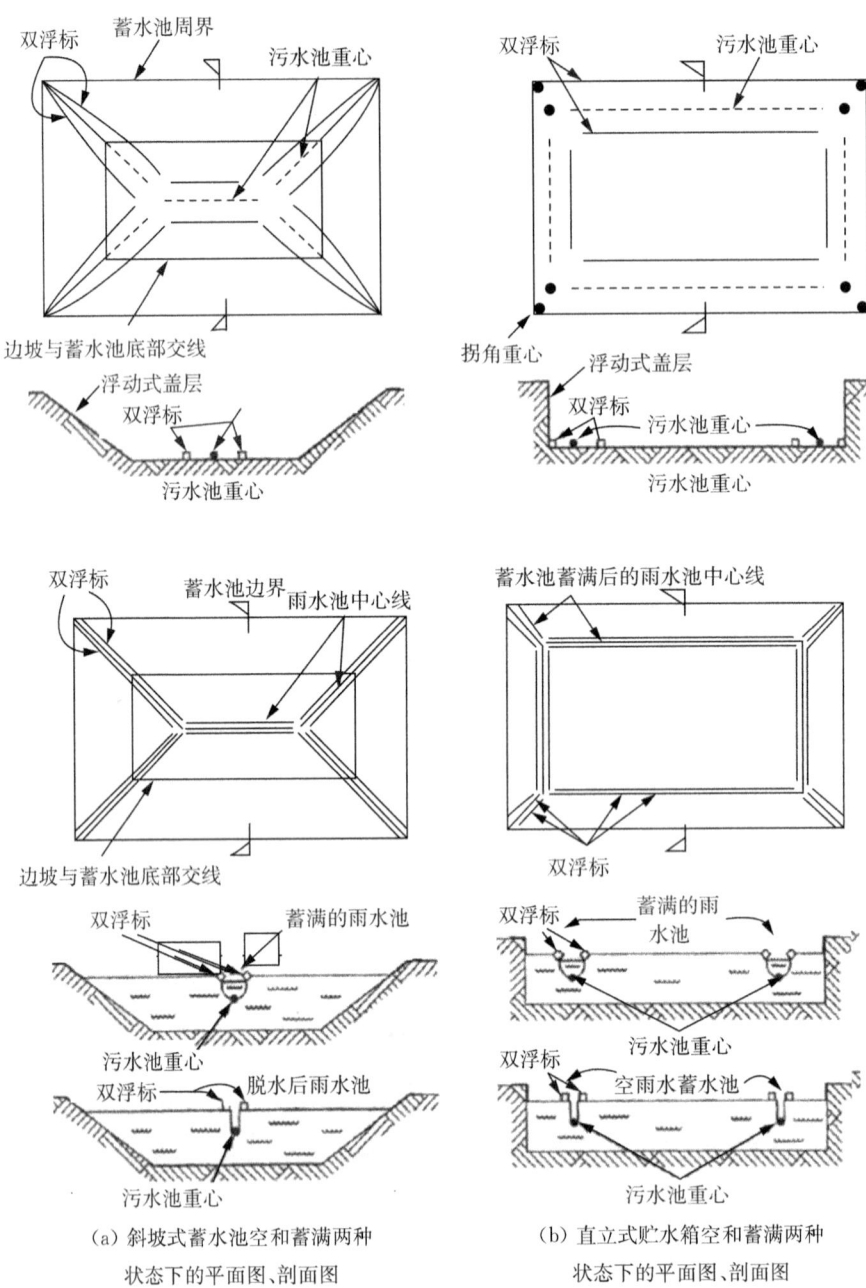

（a）斜坡式蓄水池空和蓄满两种
状态下的平面图、剖面图

（b）直立式贮水箱空和蓄满两种
状态下的平面图、剖面图

图 10.11　地表蓄水池盖层污水坑设计

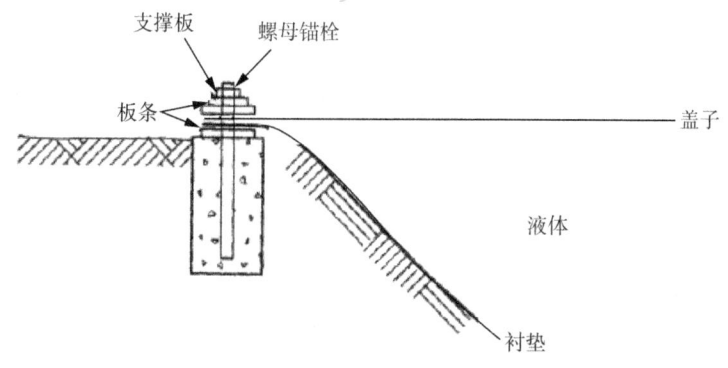

（a）盖子和衬砌锚固组合在一起的形式

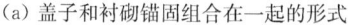

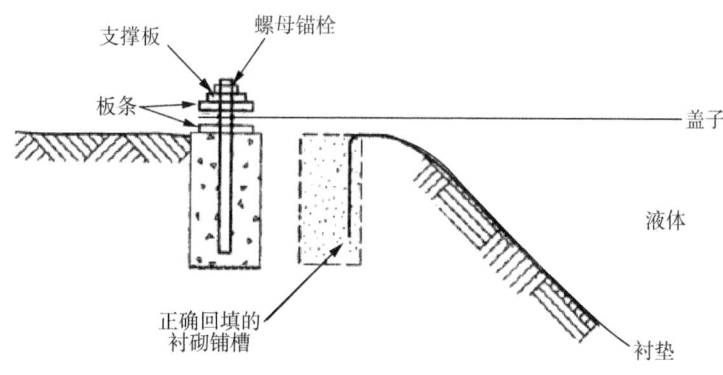

（b）盖子和衬砌锚固分隔的形式

图 10.12　浮动式盖层和边缘的土工膜锚固的组合形式

10.3.2　可拆卸盖层

对于渗滤液储水池来说，应尽可能防止雨水流入污水池中的渗滤液里。出于这种目的，污水池盖层可选用可拆卸的充气土工膜盖层。这种可拆卸的充气盖层主要优点是能够在雨季时盖上，防止雨水流入污水池；在夏季时移除，使得污水池蒸发量达到最大。

广泛应用于浮动式及可拆卸式盖层上的土工膜为加筋聚丙烯（PP-R）材料，其抗拉强度约为 200 lb/ft、抗撕裂强度约为 100 lb/ft，且还可以抵抗高强度紫外线。

用来储存有害废弃物的污水池必须是封闭的，以防给人们的健康及环境带来威胁；对于用于储存无害废弃物的污水池，还没有要求封闭它。储存有害废弃物的污水池有两种封闭方式：

①清理封闭（或移除），就是移除废弃物并取样检查，去污后填埋；

②就地封闭，就是治理场地的污染土质，然后在治理过的废弃物上方添加一个最终覆盖层，最终覆盖层必须达到最低规范要求。

如果场地没有采取清理封闭，则需要进行封闭后维护及检测。场地最终封闭后，后期维护的时间为 30 年，需要提交一份书面的后期维护计划，计划内容至少要包含：①检测频率；②设施组件检查清单；③修复损坏设施组件采取的补救措施计划说明；④监测和采样频率。

第 11 章

地下水监测

利用垃圾填埋场的地下水监测结果,可以评价其设计合理性、性能以及发现存在的泄漏。通过地下水监测项目,可以及时地发现问题,并采取适当措施使得污染最小化。

11.1 地下水的监管要求

图 11.1 所示的流程图总结了对垃圾填埋场的地下水监测和修复计划的监管要求,主要由地下水监测系统、监测监控计划、评估监控方法和修复计划等四部分组成,具体包括:

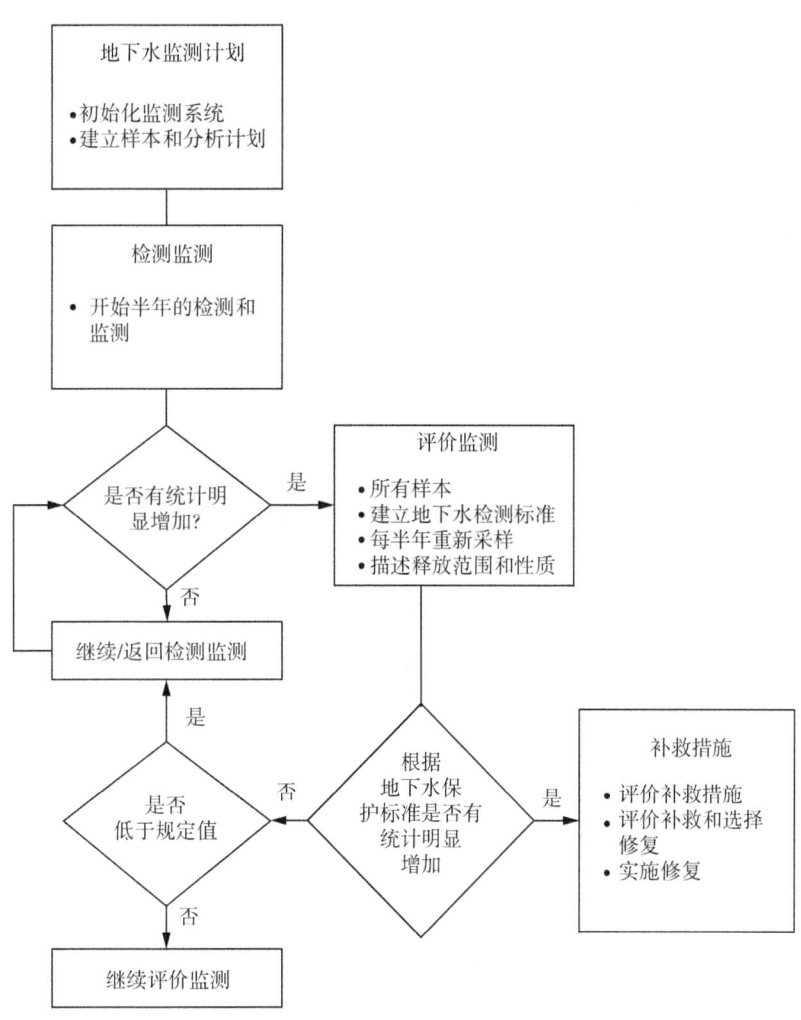

图 11.1 地下水检测和评价监测

①地下水监测项目计划中要有足够数量的、不同位置和深度合适的井；

②监测井必须位于上游和下游地下水经过的地方，可以是废物边界或在指定的废物边界距离（不超过 150 m）范围内；

③地下水监测的采样和分析过程必须一致，保证监测结果精确；

④采集样本，建立地下水质量数据库，必须符合统计过程；

⑤采用规定的评价地下水质量数据统计方法；

⑥所有垃圾填埋场都需要监控，详细列出监测的化学成分清单。这些化学组分，包含 15 种无机化学物质和 47 种有机化合物，如表 11.1 所示。

表 11.1 监测的化学成分清单

无机成分		31	0-二氯苯;1,4 二氯苯
1	锑	32	反 1-4-二氯-2-丁烯
2	砷	33	1,1 二氯乙烷;亚乙基氯
3	钡	34	1,2-二氯乙烷;亚乙基二氯
4	铍	35	1,1-二氯乙烯;偏二氯乙烯
5	镉	36	顺-1,2 二氯乙烯;顺-1,2 二氯乙烯
6	铬	37	反-1,2 二氯乙烯;反 1,2-二氯乙烯
7	钴	38	1,2 二氯丙烷;丙二氯甲烷
8	铜	39	顺 1,2-二氯乙烯
9	铅	40	反 1,3-二氯乙烯
10	镍	41	乙苯
11	硒	42	2-己酮;甲基异丁酮
12	银	43	溴;溴甲烷
13	铊	44	氯甲烷;甲基氯
14	钒	45	三溴甲烷;溴甲烷
15	锌	46	二氯甲烷;溴甲烷
有机成分		47	甲基乙基酮;丁酮;2-丁酮
16	丙酮	48	甲基碘;碘甲烷
17	丙烯腈	49	4-甲基戊酮;甲基异丁基
18	苯	50	苯乙烯
19	溴氯甲烷	51	1,1,1,2-四氯乙烷
20	一溴二氯甲烷	52	1,1,2,2-四氯乙烷
21	三溴甲烷;三溴甲烷	53	四氯乙烯;四氯乙烷
22	二硫化碳	54	甲苯
23	四氯化碳	55	1,1,1-三氯乙烷;三氯乙烷
24	氯苯	56	1,1,2-三氯乙烷
25	氯乙烷、乙基氯化物	57	三氯乙烯;三氯乙烷
26	氯仿、三氯甲烷	58	三氯氟甲烷;CFC-11
27	二溴氯甲烷,氯化氰	59	1,2,3-三氯丙烷
28	1,2-二溴-3-氯丙烷;DBCP	60	乙酸乙烯
29	1,2 二氯乙烷;乙基二溴;EDB	61	氯乙烯
30	0-二氯苯;1,2 二氯苯	62	二甲苯

在垃圾填埋场有效生命期和封闭保护期内,如果没有潜在的危险物质从垃圾填埋场迁移到浅层含水层中,应暂停地下水监测。其中"没有潜在迁移"必须基于:

①影响污染物转化和运移的物理、化学和生物过程等的特定场地野外数据收集和分析。

②预测迁移到浅层含水层的最大污染物浓度,以评价对人类健康和环境的影响。

11.2　地下水监测系统

地下水监测系统的目的在于阻止由于垃圾填埋场泄漏所造成的地下水污染。早期的污染检测,在敏感体明显受影响之前,对补救措施的建立和实施留有足够时间是非常重要的。为了达到这个目的,监测井必须位于距离废物边界的实际距离最近的浅层含水层内。因为监测计划是在封闭后实施,所以监测井的选址、设计和安装需要同时考虑地下水流动的现有条件和预期变化。

实际上,地下水监测系统设计包括:①现场水文地质条件的调查;②监测井的布置;③监测井的设计和施工;④采样与分析;⑤监测数据统计分析。

11.2.1　现场水文地质条件

水文地质条件调查的目的在于获取特定数据,使得地下水监测计划合理实施。这些特定数据的建立包括:①最上部含水层的横向与纵向范围;②上部和下部封闭单元/层的横向与纵向范围;③废物管理单元场地的地质情况,如地层岩性和构造背景;④最上部含水层化学特性,和相对于地下水化学与单元中废物封闭层的化学特性;⑤地下水流动,包括:在最上部含水层地下水流的垂直和水平方向、最上部和任何水力连接含水层的水力梯度的垂直与水平组成、构成最上部含水层与其围层材料的渗透系数、最上部含水层地下水流的平均水平流速。

要弄清水文地质条件和全面了解场地的水文地质条件情况,需要完成查阅文献、弄清场地地质情况和场地的水文地质情况。

11.2.2　监测井布置

在已经了解场地的水文地质情况之后,需要确定监测井的数量和横向与纵向位置,布置监测井需要考虑以下几个因素:①场地的地质条件;②地下水的流动方向和速度,包括季节性的和暂时性的波动;③含水层的渗透系数信息;④污染物的物理化学特征。

地下水监测系统需要至少一个上游或背景监测井和三个下游监测井，使得地下水质量能做出统计学上有意义的比较。上游和下游监测井的实际数量由现场特定条件确定。在复杂地质条件的场地中，需要大量的监测井，上游或背景监测井用来评估场地地下水背景质量，而下游井用来监测来自废物处理区域的任何污染晕。

监测井的地下水样本，必须代表上游的背景地下水质量和下游监测点的地下水质量。监测井的横向与纵向布置需要非常具体，必须仔细规划井的放置。监测井布置在离废物处理区域边界的最近距离，以备在污染物运移前进行检测。

监测井需放置在沿着废物处理区域的外侧边缘，达到阻止潜在的污染物运移目的。地下水流动的方向和梯度，在监测井布置中，是两个主要考虑的因素。也必须考虑潜在污染物运移通道的数量和空间分布，以及能作为污染物运移通道的地层深度和厚度。在各向同性的水文地质区域，地下水的流动方向、梯度以及污染物的化学物理特征，都将最终决定井的布置。

分析检测效率模型（MEMO）（Wilson et al.，1992），是协助选择监测井位置的计算机辅助分析方法，协助监测井网络设计。该模型模拟了来自场地的假想污染物羽流和量化了在羽状污染监测中替代井网络设计的效率。监测效率为监测面积在总面积中的比例，例如，监测效率90%意味着总区域的90%将会被监测到而剩下的10%不会被监测到。MEMO 的图解说明（图 11.2），定义了潜在源区内的潜在化学来源点，在每个潜在来源点上使用分析污染物迁移软件得到一个污染晕。如果羽状污染迁移在超出指定边界之前被监测井拦截，则来源点认定为被监测到。在检查并确定来自点释放的羽状污染是否被监测到之后，计算出监测效率并成图显示化学释放没有被监测到的区域。该模型中污染运移是基于二维分析运移模型（Domenico and Robbins，1985；Domenico，1987）建立的，包括了平流、扩散、弥散、阻滞（吸附）和一介衰减。

在水文地质和地质环境多变的复

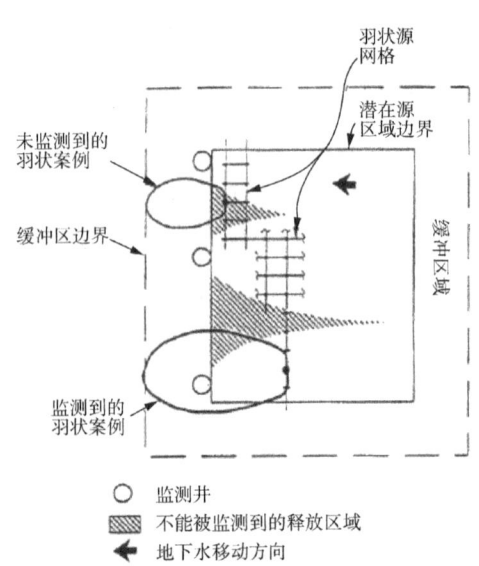

图 11.2　运用 MEMO 监测井网络的选择

杂场地,监测井布置变得更为复杂,潜在运移路径受场地地质条件影响,包括不同的渗透、断裂带和土壤化学。影响地下水流动的人类活动因素,包括沟渠、填充区域、地下管道、建筑物、渗滤液收集系统和其他相邻的垃圾处理区域。

如图 11.3 所示,一个复合地下水监测系统可以监测多个垃圾填埋场或垃圾填埋场单元,该系统的目的是在能提供同样信息的情况下减少监测井的数量。

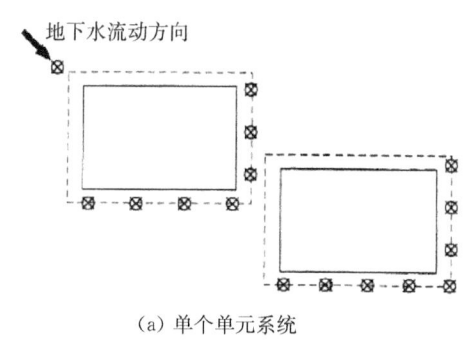

(a) 单个单元系统

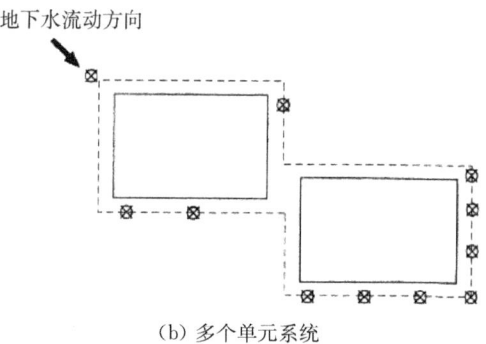

(b) 多个单元系统

图 11.3 单个单元与多个单元监测系统比较

在井位置选择上,需要考虑由于潮汐引起地下水季节性变化、湖河阶段性波动、井的抽水、土地利用方式等因素。受这些因素影响,地下水流方向会发生改变。在许多情况下,监测井会沿着废物处理区域所有边界布置。季节性波动可能引起中心井在短时期内表现出顺梯度,但这样能保证释放物能被监测到。

和横向布置一样,根据场地水文地质条件和潜在污染物的化学和物理性质,围绕废物处理区域布置地下水垂直井。潜在污染物运移通道和潜在羽状污染的位置、大小和几何特征受制于场地的地质条件、水文地质条件和污染物特征。监测井的深度和测试深度应该能监测到释放到地下的任何污染物。

来自废物处理区的潜在污染物的化学和物理特征,在布置垂直井中扮演着非常重要的角色,污染物的属性,如溶解性、密度和分配系数,将会影响监测井的布置和测试长度。例如，DNAPL（重非水相液体）将下沉到含水层的底部并随地质梯度（不是水文地质梯度）运移，这就需要垂直布置的监测井满足相应的地质特征深度。另一方面，LNAPL（轻非水相液体）沿着含水层表面移动，这就需要在含水层表面设置井和井的测试。为了在含水层的选择区域采样，需要确定井的测试长度。在单个位置进行多深度的监测，需要安装监测井群，每个监测井都能测到预期的深度。

监测井设计和施工将会影响采集样本的精度，监测井必须依据场地的水文地质数据进行设计。图 11.4 展示了典型监测井的组成和监测井设计。

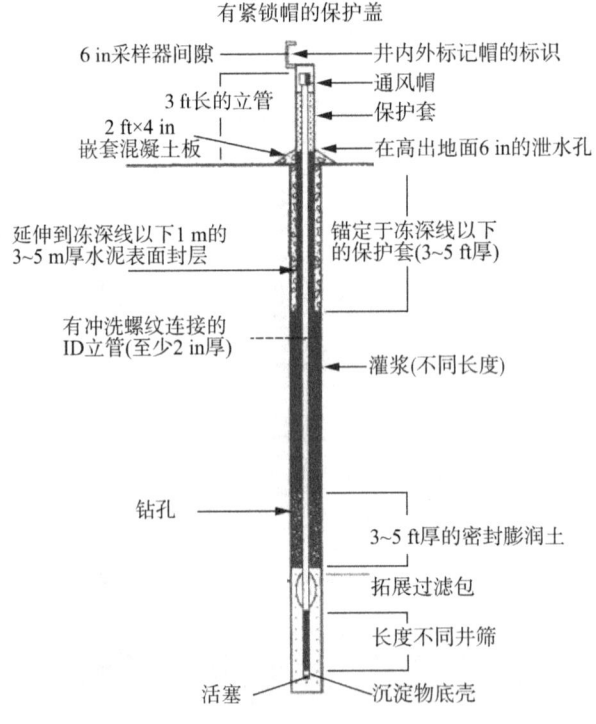

图 11.4　单套管监测井设计

11.2.3　采样与分析

地下水样本采集来自垃圾填埋场使用期和封闭后的每个井，监测频率应满足对地下水污染物的监测要求。分析地下水背景条件，如水流方向、速度和地下水季节性波动，有助于确定合适的场地监测频率。频率范围通常由季到年。

对于指定填埋场来说，根据监测数据，筛选出能反映地下水质量发生变化的化学组分清单。如果对每个样本都分析影响地下水质量的许多参数,那么花费是很大的。为了节省开支,只选择可能渗入地下水的污染物和其他污染运移的地球化学指标(如 pH、传导率),这些都被称为样本参数。表11.2列出了基本的地下水监测潜在参数。

表 11.2 基本地下水监测的潜在参数

分类	制定参数
现场测量参数	温度、pH、指定传导率、溶氧性、Eh 氧化还原能力、浊度
渗滤液指标	总有机碳(TOC 过滤)、pH、电导率、锰(Mn)、铁(Fe)、氨(NH_4,如N)、氯、钠(Na)、生物耗氧量(BOD)、化学耗氧量(COD)、挥发性有机物组成(VOCs)、总卤代化学物(TOX)、总石油碳氢化合物(TPH)、总溶解物体(IDSs)
附加主要水质量参数	碳酸氢根离子(HCO_3^-)、硼(B)、碳酸盐、钙(Ca)、氟(F)、镁(Mg)、硝酸盐(如 N)、氮(溶解 N)、钾(K)、二氧化硫(SO_2)、硅(H_2SiO_4)、锶(Sr)、总溶解固体(IDS)
少量或微量无机物	饮用水标准的无机物初始背景采样中含有:砷、钡、镉、铬、铅、汞、硒、银;持续监测任何成分显示背景接近或者超过饮用水

注:隐含的参数应根据特定的现场情况考虑

采样过程需要保证采样质量和避免地下水样本交叉污染。典型采样过程,包括检查井裂缝、套管松弛,测量水位高程、清除井中积水,用筒或泵采集地下水和参数的现场试验(如 pH 和溶解氧)。

为了避免改变样本质量,地下水样本需直接放入无污染容器。不同的容器类型和保存方法(如 pH 调整,化学物添加和制冷)用于分析不同的化学组成。

11.2.4 统计分析和监测数据

根据收集到地下水监测数据,将分析确定释放的污染物是否从垃圾填埋场转移到地下水中。异常数据可能受到抽样的不确定性、实验室错误或在自然现场条件下的季节性变化等因素的影响。因此,统计过程经常用于确定水质是否发生统计明显变化,以及量化差异是否仅仅由所列出因素造成的。

一个适当的统计过程能极大地减少潜在释放物信息误差,统计过程包括历史数据统计、场地地下水条件、场地实际运作和季节的变化。评价地下水监测数据的常用方法包括:

①参数方差分析(ANAOV)。此分析以及基于秩(非参数)的方差分析,试图用于确定不同井中是否有明显的不同平均浓度成分。

②方差区间。方差区间是根据从数据设计到包含群体的一部分的间隔统计而建立的，如所有样本测量的 95%。这些间隔能用于下游井的数据和上游井的数据比较。

③预测区间。此区间从一群或特定样本值概率分布中预测可以知道未知样本值，预测区间能同时用于下游井和上游井（井间对比）的比较，对于同一井还可以用于比较现用数据和之前数据。

④控制图。图源于历史数据，因此，只能接近于最初没有被污染的井。

11.3 检测监测计划与评估

在已经检测的单个或多个污染物中，一旦有统计明显增加现象，就存在由其他不相关的垃圾填埋场因素引起污染的可能性，就必须进行评估。在检测中，导致非垃圾填埋场因素引起浓度增加的原因有：①污染物来源并非来自已监测的垃圾填埋场；②地下水质量的自然变化；③分析误差；④统计误差；⑤采样误差。

如果这种浓度的增加是由非垃圾填埋场因素造成的，附加的措施可能就不需要，仍然采用原地下水监测计划。但是，如果这些因素被排除在外，那么必须进行监测计划的评估。

评估监测计划的目的在于评价污染物转移的速率、范围和浓度。典型的评估监测，包括所有上游和下游井的重新采样，分析比基本监测计划还要多的参数，可能还需要安装附加监测井确定任何污染物污染的程度。

如果评价监测结果显示，在已建立地下水保护标准中单个或更多成分的浓度没有明显的统计增加，则仍然执行初始地下水监测计划。但在这些成分中有任何一种统计明显增加，则需利用附加监测井确定污染物的性质和范围。

第 12 章

填埋场关闭后的场地利用

所有垃圾填埋场最终都将达到其允许容量,这意味着它们将不能再接收任何废弃物。当这种情况发生时,垃圾填埋场必须被关闭和监控一段时间(一般来说是 30 年)。垃圾填埋场的关闭通常是通过构建最终覆盖系统完成的。那么怎样处理封闭的垃圾填埋场成为人们关心的问题。对于已封闭垃圾填埋场的最终用途有很多选择,包括遗址公园、自然中心、娱乐中心、高尔夫球场和商业建筑等,实际的最终用途也有可能是几种不同用途的组合。

封闭垃圾场的最终利用有利有弊。由于垃圾填埋场通常比他们临近建筑结构大得多,种植树木、草地、灌木等,有助于使大型垃圾填埋场看上去更美观;由于城市土地是稀缺资源,可以利用位于城市地区已关闭的垃圾填埋场作休闲、商业或工业用途。封闭垃圾填埋场最终用途的缺点包括垃圾填埋气体的排放、不均匀沉降和渗滤液的渗流。垃圾填埋气包括很难闻并可能引起突然燃烧的甲烷气体,在垃圾填埋场通常浓度很高并且它们是不均匀而难以预测的,这导致了设计垃圾填埋场基础结构较困难。渗滤液流出可能发生在垃圾填埋场的较低海拔地区,进行补救工作的成本较高。但是,所有这些问题必须得到解决,因为它们可能会限制垃圾填埋场的最终用途。

理想情况下,垃圾填埋场的最终用途应该在最初的规划和设计期间讨论。最终用途的选择会极大地影响垃圾填埋场的最终形状和坡度。然而,大多数垃圾填埋场的最终用途问题是在垃圾填埋场已经运行几年或者关闭的时候讨论的,因此使得最终用途的设计成为一个困难和具有挑战性的任务。

12.1 填埋场关闭后的开发利用

关闭的垃圾填埋场最终用途可以被分为:①甲烷能源的产生与利用;②重新启用关闭后的垃圾填埋场;③娱乐用途;④商业以及工业用途。虽然不常见,但是也有关闭后的垃圾填埋场进行了住宅开发。然而,住宅开发会受限于公众的消极态度和增加垃圾填埋场的责任风险。

12.1.1 甲烷的产生与利用

垃圾填埋气体(主要包括甲烷和二氧化碳)是厌氧菌分解有机废物的产物。甲烷无色、无味,轻于空气,并且当它积攒到与空气体积比为 5%～15% 时即为它的爆炸浓度。为了控制垃圾填埋气体,需要使用一个包括垂直提取井、气体管道、风机单元以及可能有的令气体安全燃烧的燃烧装置的收集系统。这些采集井被放置在垃圾填埋场场地的各个位置。一个提取井通常是将一个直径为 8 in

的管子放在一个直径为 36 in 的钻孔中。如果产生的气体是有用的，每个提取井都被连接到气体管线，将这些气体运到一个地方进行有益利用。由于甲烷的热值为 500 Btu/ft³，几乎是天然气的一半，因此可以利用其作燃料。

一个甲烷利用系统中，在提取井收集到这些气体之后，甲烷会在泵的作用下相继通过气体洗涤装置、气体压缩装置和驱动型发电机。某垃圾填埋场产生了足够的用于发电的气体，发电量高达 4.3 MW·h，能够为某市 7 500 个家庭和商家供电。作为一个长期供应源的例子，这个特殊的填埋气采集设备预计将在垃圾填埋场完全关闭之前运行至少 20 年。

一些垃圾填埋场也可能将甲烷排放掉而不是利用这种天然能源。作为一个垃圾填埋场，它的位置使得甲烷收集变得可行，并且在其周围还设计了一个收集因废物分解产生甲烷气体的周边排水系统。因此，甲烷可以用作加热源以及转换成电力产品，随着垃圾填埋场越来越多地出现，在垃圾填埋场安装甲烷收集装置既环保又有益用途。

12.1.2 关闭后重新开放

一旦一个垃圾填埋场的填埋量达到了它的设计容量，它会被关闭并且维护一段时间（通常是 30 年）。现在出现一个新的选择，就是重新开放这些已关闭的垃圾填埋场。这样做的好处是可以避免开放另一个垃圾填埋场，或者至少可以让新的垃圾填埋场延期开放。已关闭的垃圾填埋场重新开放有两种方式：①通过垂直或横向扩容（图 12.1）；②通过垃圾填埋场的开采来增加垃圾填埋场的容量。

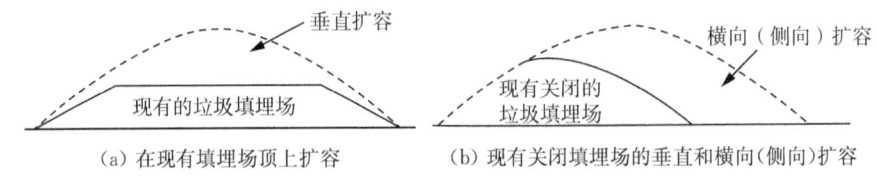

（a）在现有填埋场顶上扩容　　（b）现有关闭填埋场的垂直和横向（侧向）扩容

图 12.1　垃圾填埋场关闭后再启用的背负式填埋方式

重新开放一个已关闭的垃圾填埋场最常用的方法是"背负式生产"或者垂直扩张，即将更多的废弃物放在现已经封顶的垃圾填埋场顶上，如图 12.1 所示。

已关闭的垃圾填埋场重新开放的另一种方法，是回收已经被垃圾填埋场处置的可循环产品。在回收再利用执行之前，这些可循环的物品已经在垃圾填埋场被处置了。这些可回收的产品，如塑料和金属，不会像食物残渣这样的有机物被分解，仍然完好无损，等待被回收。这种循环或者回收是采用传统的露天开采技术,挖掘垃圾填埋场来回收金属、玻璃、塑料和可燃物。用推土机将旧废物推进液压挖掘机,液压挖掘机会把大的金属物体挑出来回收利用,并且将其他的废物放在传送带上运送出去。

也可以使用一些振动筛来代替网分离回收物品。第一道筛子分离较大的材料,如纺织品、废金属、轮胎和建筑垃圾。第二道筛子会寻找瓶子以及瓶盖等物品。之后,已分解的土壤以及之前被用作日常覆盖的土壤可以被回收重新利用,不需要买新鲜的覆盖物。被振动筛或者网过滤后获得的材料主要包括可能被回收的材料和可燃材料,例如瓶子、罐子、塑料、纸和轮胎。可回收的材料理所当然会被回收利用,但是可燃材料可能会被放回垃圾填埋场或者用作燃料。

12.1.3 娱乐用途

目前,已关闭的垃圾填埋场被广泛地应用于建造娱乐设施,比如高尔夫球场、自然或休闲公园、动物庇护所、网球场、滑雪场和滑雪道、停车场或者相似的低值设施等。特别是,很多已关闭的垃圾填埋场被成功地用于建造高尔夫球场。对于任何有效的创造性用途来说,需要设计解决的主要任务是覆盖层、树和景观,以及沉降问题。

（1）覆盖层

关闭的垃圾填埋场覆盖层仅仅是防止侵蚀和雨水渗入。如果覆盖层要在长期运行期间实现它的工程作用,那么它需要被看作是一个自我调节,具有植物群落、土壤和水文地质相互交错的综合景观。例如,当设计一个通常种植树的公园或者动物庇护所时,需要考虑到纵深和斜坡。覆盖层也被切割并被设计得有平台、有洼地,这样使它看起来更自然却又不失功能。有陡坡的公园需要在陡坡上设置衬垫防止陡坡滑动。对于种草区,6 in 的表层土就足够了,但是对于树木植被区则需要至少 3.5 ft 的区域,因为树木根系发育得更深。所以表层土的 pH 可能不得不改变,以便覆盖层供养植被。覆盖土的类型也很重要,因为预期要种植树木的地点需要有富含腐殖质的上覆土。

（2）树和景观

垃圾填埋场的植被从树到草都要仔细挑选。垃圾填埋场的许多东西都会随着时间的推移而变化。尽管覆盖层是作为一个屏障,但它不可能完全不透水,允许与环境有一些交互。在垃圾填埋场,水、氧气、有机物和机械稳定性通常不足。由于地表压实而增加的地表径流以及由生物分解引起的土壤温度升高可能导致干旱情况。垃圾和覆盖层之间结构的不连续抑制了向地表排水。此外,垃圾填埋场的覆盖土可能经常养分含量低,不满足 pH 范围。因此,树的品种要适应不良的土壤条件,同时要考虑到当地气候。树要被种在深层土壤中,因为深层土壤能保持更多水分并且提供更深的根部生长空间。对树来说,不当的种植操作与垃圾填埋场条件相比对树的危害更大,建议为植树准备一个有富含腐殖质的表层土的覆盖层,推荐最小深度范围在 0.2~1 m 并含有腐殖质的表层土。

木本和草本植物会在近地表形成一个根系网,并且它们这种扩散生长方式更适合斜坡。这有助于最大化斜坡的稳定性,防止腐蚀和冲刷。推荐有浅层的扩散生长根系,并能适应极端气候的植物,这些植物能够较好地生长在垃圾填埋场。只要甲烷和渗滤液控制好,草通常会更容易在垃圾填埋场生长。其他植物和花通常会在覆盖层上很好地生长,但是有些草本植物应该在木本植物生长良好之后再种植,因为木本植物可以提供保护。植物种类多了之后,昆虫的种类也会相应增多。这样同样会帮助吸引到更多的野生动植物,例如各种各样的鸟类。

（3）沉降

垃圾填埋场关闭后,由于废物还在不断分解,沉降就会发生。尽管垃圾每天都被机械压实,这种情况还是会出现。在预测沉降时,最大的问题是垃圾填埋场的垃圾种类不总是相同的,这意味着会有不同的沉降率和整体沉降。例如,有一个关闭的垃圾填埋场现在改造成了一个有铺砌和未铺砌的自行车线路的公园,其总的占地包括三个垃圾填埋场单元,其中的一个仍然在发生沉降并产生甲烷。为了避免沉降问题,这个单元没有被作为公园的一部分。许多公园都有体育运动场地,例如由垃圾填埋场改造成的公园,其路面可能开始变得不平整,因此在路面上又添加了薄层的覆盖土试图消除这种不平整,但是随着时间推移,这种措施并不能起到帮助作用。在经过专业的调查研究后,三种可以应用于其他垃圾填埋场的消除不平整的方法被提了出来:第一种是利用动态压实,通过从一定高度抛下一个质量较大的重物来压实土壤;第二种是用平均 7 ft 厚的填土回填整个场地;第三种安装一个由石头和土工格栅结构组成的系统,使它在沉降地区之间起到"桥梁"作用。这个特殊的场地被 8~10 ft 的填土所回填,土工格栅网被安置在运动场地表下 3 ft 来加固运动场,充当桥梁架起每一个由沉降产生的凹槽,这些在垃圾填埋场里的凹槽可能继续发生沉降。总的来说,能够阻止沉降的持久方案,首先,是要使得娱乐场地保持简单,例如使用非永久的易屈服的材料;其次,是步行和骑行线路,可以用碎石和岩粉铺设来抵抗不均匀沉降;最后,当垃圾填埋场场地变得更加稳定时,例如有了铺砌的人行道、棒球场和足球场以及休息室等,永久建筑可以被添加进来。应该准备一幅好场地的预测沉降地形图,便于指导设计和这些设施的运行。

12.1.4　商业和工业用途

关于垃圾填埋场被建造成建筑物、路和停车场等用于商业和工业用途的例子,已有很多。之所以这样,是因为在一些垃圾填埋场场地中安置有长期监测系统,能更好地了解垃圾填埋场是怎样随时间变化的。在建造这些设施包括零售店、仓库、写字楼和生产设施时,需要考虑:①总沉降和差异沉降;②施工人员的施工能力、健康和安全;③建筑物对垃圾填埋场的影响;④垃圾填埋场环境对嵌入式设施部件的影响(例如基础和管道)。

由废物自重和额外荷载(改变坡度和基础荷载)所引起的长期沉降,通常会导致差异沉降,并由此引起建筑物支撑系统的倾斜、停车场地面积水、路面开裂、公用设施线路的破损以及支撑建筑物荷载的桩基础的下拉荷载。应该准备不同时间段的预测沉降图,便于指导设计和设施的运行。

12.2　设计思考

在设计已关闭垃圾填埋场的最终利用时,很多工程问题都会集中出现。这些问题的优先级会随着具体的最终利用的不同而不同。表 12.1 列举了一些垃圾填埋场关闭后最终利用的相关因素,以及把已关闭的垃圾填埋场用作商业和工业开发时,所包含的综合设计过程和多种设计问题。

表 12.1　与垃圾填埋场最终利用有关的因素

因素	填埋场最终利用								
	住宅	轻工业	耕种	畜牧	运动场所	娱乐	林地	公共开放空间	野生动物
沉降	√	√	√	×	√	√̷	○	○	○
渗滤液	√	√̷	√	√̷	√̷	×	√̷	√̷	○
气体	√	√̷	√	√̷	√	×	√̷	×	○
污染	√	×	√	×	×	×	×	×	×
垃圾/灾害	√	√̷	√	√̷	√	√̷	○	√̷	○
植物生长	√	○	√	√	√	√	×	○	○
土体强度	√	○	√̷	×	√	√	×	√̷	○
土体剖面	√	○	√̷	√	√̷	√̷	○	○	○

注:√—主要考虑;√̷—重点考虑;×—适当考虑;○—一般考虑

12.2.1　设计过程

当关闭的垃圾填埋场被考虑用于包括永久建筑物的商业和工业开发时，应该有以下四步设计过程：①分析历史文件资料和地质勘察报告；②确定场地的特性（边界条件）；③对预测的差异沉降率作出设计；④确定将来检查和维护的要求。

第一步是查看资料，包括最初垃圾填埋场的分阶段填埋计划、垃圾填埋场运营的顺序、现在的地形地貌/公共事业设备和填埋气收集系统以及之前的用途和地形地貌。经考虑后决定沉降监测点的布置。建议应该每2~4个月观测一次，并且观测时间不得少于一年，最好是两年，为预测将来的沉降率提供充足的实验数据。地质勘查报告能够提供场地的特征，例如障碍层深度和废弃物的等值线图，以及预期沉降的等值线图。

第二步是明确导致差异沉降的场地的限制条件（边界条件）。垃圾填埋场地的差异沉降，通常是由于废物的种类和填埋深度不同以及障碍层上的填埋物深度不同引起的。设计必须考虑柔性或硬性的边界条件。柔性边界条件是指在可识别水平位移的区域发生了差异沉降，其典型起因是垃圾填埋场底部废物的深度或者地形发生变化、废物的成分或时期不同、垃圾填埋场覆盖层厚度以及之前的用途。图12.2描述了柔性边界条件以及他们将来对沉降后海拔高度的影响。

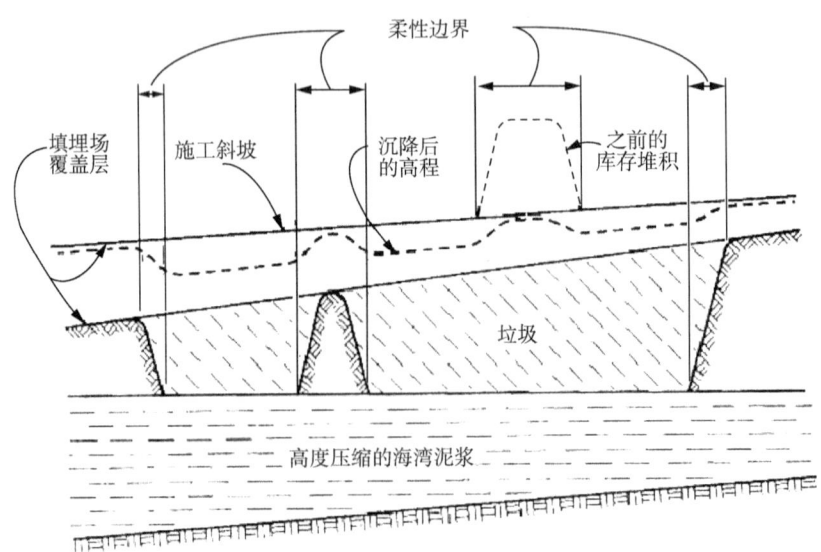

图 12.2　柔性边界条件

硬性边界条件(人为界线)发生在由深基础支撑的建筑物边缘,在建筑与场地的交接处会有突然的沉降变化。硬性边界条件大多与桩基支撑建筑物和填埋场废物支撑的场地建筑联系在一起。垂直切变的原因包括支撑建筑物边缘、隔离桩帽和地基梁以及与图 12.3 中所述相似的垂直因素。

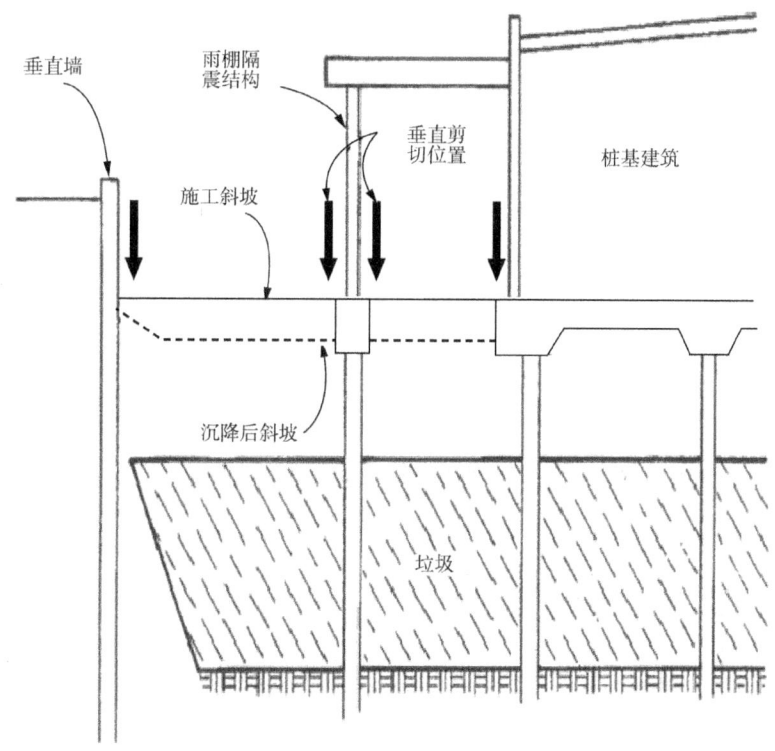

图 12.3　硬性边界条件

第三步是设计不均匀沉降。

第四步是确定检查和维护要求。虽然设计是要尽量减少维护需要,但是检查和维护是对任何在垃圾填埋场上设备的持续要求。检查和维护包括沉降监测、路面状况、铰链板和实用连接。

除了基础建设,完成斜坡、现场设施和与建筑物有联系的行人/公共设施等的设计应考虑到并容许有不均匀沉降。这对于斜坡路面和其他在沉降增加方向上的表面加固是一个很好的设计实践,用以确保将来不返工。由于沉降引起 1%～2%坡面变化在深的垃圾填埋场场地是常见的现象,因此道路应该使用柔性材料,例如沥青混凝土,要避免或者限制使用硅酸盐水泥混凝土和其他一些非柔性材料。将建筑物和停车场连接起来的一种方法是使用铰链板系统来适应垂直位移(图 12.4)。如果可能，填埋场区域内的公共设施应该减少，设计应该提供积极有效的溢出和泄漏监测系统。场地设施设计应该考虑到附加填土预计沉降形成的极限坡度。

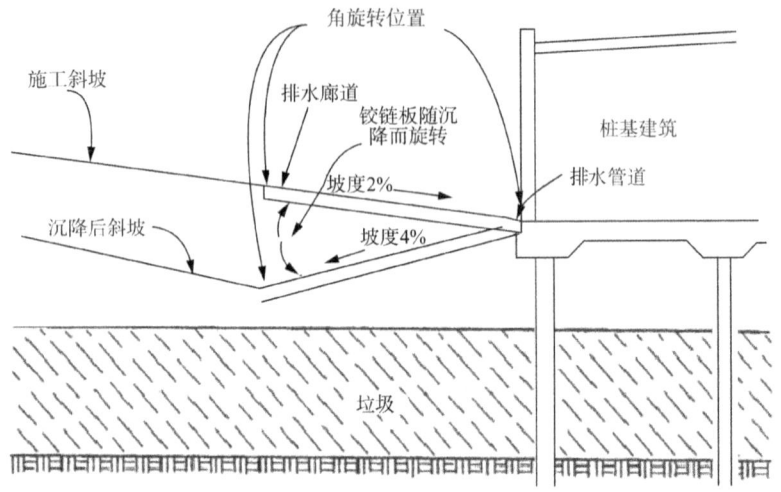

图 12.4　建筑入口处的铰链板

12.2.2　设计问题

　　与关闭的垃圾填埋场最终用途有关的主要设计问题中，尤其与商业和工业用途有关的问题有：①沉降和地基系统；②气体收集；③边坡稳定；④排水系统。

　　(1) 沉降和地基系统

　　垃圾填埋场上设施总沉降是通过将废弃物沉降和填埋场地下软黏土的固结沉降相加来估算的。软黏土的固结沉降量可以用标准的岩土工程程序计算出来，与废弃物的沉降相比，这个沉降并不重要。对于已关闭的垃圾填埋场上建筑物来说，废弃物沉降几乎总是地基选择的控制因素。

　　废弃物因其自重以及外部荷载而发生沉降。外部荷载包括每天覆盖的土壤、额外的废弃物填埋层、最终覆盖物的建筑物与道路等设施。

　　产生废弃物沉降的过程有：

　　①物理和机械过程，包括粒子的重新定向，细料移动到更大的空隙，以及空隙空间的塌陷；②化学过程，包括腐蚀、燃烧和氧化；③溶解过程，包括液体渗流溶解可溶性物质形成渗滤液；④随着时间推移，生物分解有机物，这个过程取决于废弃物中现有有机物的数量和湿度。

　　一般来说，废弃物沉降类似于有机土壤，尤其是泥炭。明显的沉降发生在废弃物堆放过程中以及废弃物堆放后物理和机械作用过程的短时间内。随后是大量的附加沉降,在之后的一段时间内以缓慢的速率进行沉降。最初的沉降是最重要的,随后的长期沉降是次要的。

Sowers(1973)提出了集中估算沉降的方法是以固结理论为基础的。通常在工程实践中用来估算废弃物沉降,计算不同层的主沉降公式是:

$$S = H \frac{C_c}{1+e_0} \log \frac{P_0 + \Delta P}{P_0} \tag{12.1}$$

式中:S 为土层的主沉降;H 为废弃物层的初始厚度;C_c 为主要压缩指数;e_0 为土层的初始孔隙率;P_0 为现有的作用在中层土上的覆盖层土压力;ΔP 为作用在中层土上的覆盖层压力增量。较老的垃圾填埋场(10 到 15 年)主要受到附加荷载,$C_c/(1+e_0)$ 的范围在 0.1～0.4。总的主沉降是通过将废弃物堆放过程中各层废弃物的主沉降相加来估算的。Sharma(2000)提出废弃物的主沉降发生在填埋废物的 1～4 个月。因此所有的主沉降直到垃圾填埋场关闭后才能停止。

主沉降之后发生的沉降是与时间相关的沉降,或者叫二次沉降(ΔH)。与废弃物自重有关的沉降 ΔH 为:

$$\Delta H = \Delta H_{(sw)} = C_{\alpha(sw)} H \log \frac{t_2}{t_1} \tag{12.2}$$

式中:$\Delta H_{(sw)}$ 是废弃物堆放后 t_2 时间的沉降;t_1 是最初沉降的时间(通常是 1～4 个月);H 是废弃物填埋层的厚度;$C_{\alpha(sw)}$ 是基于自重的二次压缩系数。通常 $C_{\alpha(sw)}$ 值的范围在 0.1～0.4。附加荷载作用下的沉降 ΔH,包括由于最终覆盖以及如建筑和公路等建设产生的沉降,通过下式计算:

$$\Delta H = \Delta H_{(EL)} = C_{\alpha(EL)} H \log \frac{t_2}{t_1} \tag{12.3}$$

式中:$\Delta H_{(EL)}$ 为在附加荷载施加后 t_2 时间的沉降;t_1 为主沉降的时间,大部分会在荷载施加时产生并且可能在附加荷载施加后四个月时间里持续沉降;H 为废弃物充填的厚度;$C_{\alpha(EL)}$ 为与附加荷载相关的二次压缩系数。较老的废弃物充填已经进行了一段时间的分解作用(通常是 10～15 年),$C_{\alpha(EL)}$ 在 0.01～0.07。$C_{\alpha(sw)}$ 和 $C_{\alpha(EL)}$ 的取值是根据场地的特殊环境条件和废弃物充填中的有机物含量决定的。C_α 的值越高表明有机物含量越高,湿度越大或者废弃物分解程度更高。根据三个不同垃圾填埋场的沉降监测数据,Sharma(2000)计算的 $C_{\alpha(EL)}$ 是 0.02,$C_{\alpha(sw)}$ 取值范围是 0.19～0.28。

在知道废弃物沉降的基础上,还需要仔细考虑要建造什么类型的建筑或覆盖层。在许多例子中，二次沉降能够造成地基破坏或者不利的变形。为了减少二次沉降，实施一种或几种场地改良的方法有：①超载并监测沉降量；②动力压实；③灌浆或注入粉煤灰。如果这些方法实施起来不够经济有效，那么建筑物应该设计能够容许预期沉降的地基系统。浅层地基能够用来支撑荷载较轻的建筑，但是深层地基尤其是桩基础可以用来支撑更大荷载的建筑物。

图 12.5 展示了能够被应用于已关闭的垃圾填埋场的典型浅层地基基础，其中包括独立扩展基础、格栅基础或者底板基础，能够用于容许不同沉降的建筑。图 12.6 展示了可调节柱基是怎样用于轻荷载建筑的。

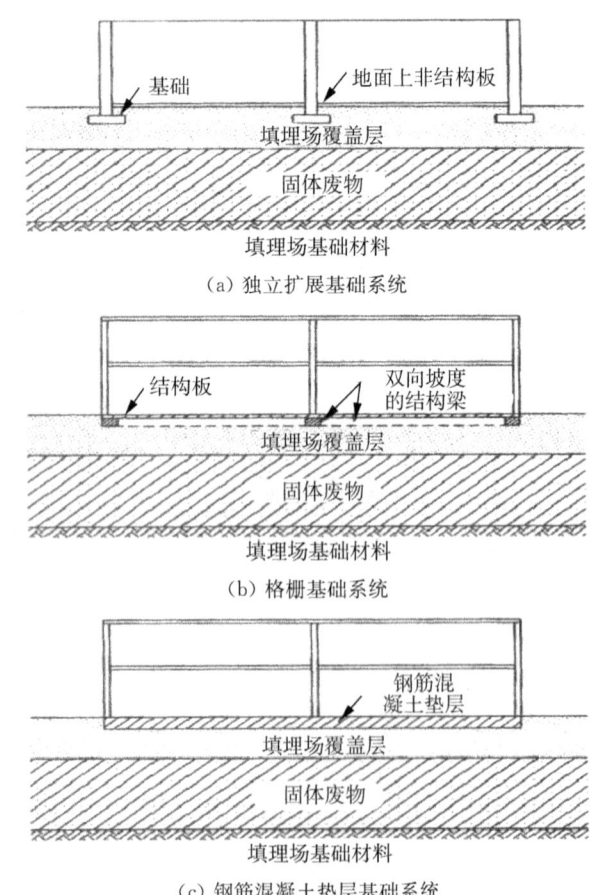

（a）独立扩展基础系统

（b）格栅基础系统

（c）钢筋混凝土垫层基础系统

图 12.5　垃圾填埋场的浅层地基类型

（2）气体收集

当废弃物分解时所产生的气体大约 50% 是甲烷，可能有火灾和爆炸危险，并且也可能对健康产生危害。为了将填埋气的火灾爆炸和健康危害最小化，在

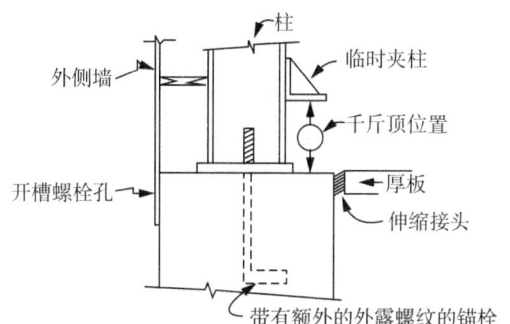

图 12.6　可调节柱基

垃圾填埋场上以及垃圾填埋场和相近的建筑之间都设有控制系统。这个填埋气控制系统可能是主动的，也可能是被动的。在被动控制系统中，砾石沟槽或者安装在砾石沟槽中的多孔管可以用于收集和移除填埋气。在主动控制系统中，填埋气的动态被机械控制。垂直或者水平的填埋气收集井，或者两者兼具被安装用于收集填埋气。鼓风机使得填埋气收集井能够处于真空。填埋气收集起来被点燃或者用作有益能源。

（3）边坡稳定

垃圾填埋场通常建成堆或山，其边坡稳定同样需要考虑。边坡稳定性受填土和覆盖层的性质所控制。如果这些因素没有被考虑到，边坡的稳定性可能成为问题；边坡可能被侵蚀，甚至产生滑坡。这些性质决定了在填土之上建什么建筑。在垃圾填埋场上，增加建筑或开发利用会增加作用在边坡上的下滑力。因此，进行分析时需要考虑到作用在填土上现有以及以后的附加荷载。

（4）排水和渗滤液收集

废弃物沉降将会改变最终地表的坡度，并且可能影响排水和最后覆盖层的侵蚀。废弃物的差异沉降可能导致：①因坡度倒转，导致地表形成水注；②最后覆盖系统上出现裂缝。根据沉降估算，封闭后需要减小斜坡坡度并且建立维护措施。在暴雨工况下，最终的覆盖斜坡应该能够恰当排水，否则会对斜坡造成侵蚀。应该设计排水和渗滤液收集系统，防止带有污染物的雨水流到场外，污染周围的地下水和植被。

参考文献

尚文涛,2012.多点地震作用下卫生填埋场稳定性分析方法研究[D].南京:河海大学.

阮晓波,2015.基于对数螺旋线滑动面的垃圾填埋场稳定解析解研究[D].南京:河海大学.

Aziz N, Schroeder P R, Lloyd C M, 1992. The Hydrologic Evaluation of Landfill Performance (HELP) Model[M]. Hazardous Waste Engineering Research Laboratory, USEPA, Cincinnati, OH.

Fungaroli A A, Steiner R L, 1979. Investigation of sanitary landfill behavior[M]. Municipal Environmental Research Laboratory, Office of Research and Development, USEPA, Cincinnati, OH.

Kavazanjian E, 1999. Seismic design of solid waste containment facilities[C]//Proceedings of the 8th Canadian Conference on Earthquake Engineering. Vancouver, British Columbia, Canada.

Kavazanjian E, Matasovic N, Bonaparte R, et al, 1995. Evaluation of MSW properties for seismic analysis[C]//Proceedings of the Specialty Conference on Geotechnical Practice in Waste Disposal, Part 1 (of 2). ASCE: 1126-1141.

Landva A O, Clark J I, 1990. Geotechnics of waste fill[M]// Landva A O, Knowles G D. Geotechnics of Waste Fills: Theory and Practice, ASTM STP 1070, Landva, A. , and Knowles, G. D. (eds.). ASTM, West Conshohocken, FA.

Oweis I S, Khera R P,1990. Geotechnology of waste management[J]. [S. l]:[s. n].

Sharma H D, Dukes M T, Olsen D M, 1990. Field measurements of dynamic moduli and Poisson's ratios of refuse and underlying soils at a landfill site[J]. Geotechnics of Waste Fills-Theory and Practice, ASTM STP, 1070: 57-70.

Sharma H D, Lewis S P, 1994. Waste containment systems, waste stabilization, and landfills: design and evaluation[M]. John Wiley & Sons.

Zornberg J G, Jernigan B L, Sanglerat T R, et al, 1999. Retention of free liquids in landfills undergoing vertical expansion [J]. Journal of Geotechnical and Geoenvironmental Engineering, 125(7): 583-594.

Benson C H, Daniel D E, Boutwell G P, 1999. Field performance of compacted clay liners [J]. Journal of Geotechnical and Geoenvironmental Engineering, 125(5): 390-403.

Daniel D E, 1996. Geosynthetic clay liners. Part Two: Hydraulic properties[J]. Geotechnical

Fabrics Report, 14(5):22-26.

Garcia-Bengochea I, Lovell C W, Altschaeffl A G, 1979. Pore distribution and permeability of silty clays[J]. Journal of the Geotechnical Engineering Division, 105(7):839-856.

Gerry B S, Raymond G P, 1983. The in-plane permeability of geotextiles[J]. Geotechnical Testing Journal, 6(4): 181-189.

Knitter C C, Haskell K G, Peterson M L,1993. Use of Low Plasticity for Soil Liners and Covers[C]//Proceedings of the 3rd International Conference on Case Histories in Geotechnical Engineering. St. Louis, MO:1255-1259.

Koerner R M,1996. Geosynthetic clay liners. Part one: An overview[J]. Geotechnical Fabrics Report, 14(3):157-170.

Koerner R M, Daniel D E, 2020. A suggested methodology for assessing the technical equivalency of GCLs to CCLs[M]//Geosynthetic clay liners. CRC Press: 73-98.

Lambe T W, 1958. The structure of compacted clay[J]. American Society of Civil Engineers, 84(2):1-35.

Lambe T W, Whitman R V, 1969. Soil Mechanics[M]. Wiley, New York.

Mitchell J K, Hooper D R, Campenella R G, 1965. Permeability of Compacted Clay[J]. Journal of Soil Mechanics & Foundations Division, 91(4):41-65.

Olsen H W, 1962. Hydraulic Flow Through Saturated Clays[J]. Clays & Clay Minerals, 11(1):131-161.

Sivapullaiah P V, Sridharan A, Stalin V K, 2000. Hydraulic conductivity of bentonite-sand mixtures[J]. CanadianGeotechnical Journal, 37(2): 406-413.

Yong R N, Warkentin B P, 1975. Soil Properties and Behavior[J]. Geotechnical Engineering, 5:449.

Druschel S J, Underwood E R,1993. Design of Lining and Cover System Sideslopes[C]// Geosythetics'93, IPAI, Vancouver, British Columbia, Canada.

Fayer M J, 2000. UNSAT-H version 3. 0: Unsaturated soil water and heat flow model theory, user manual, and examples[R]. Pacific Northwest National Lab (PNNL), Richland, WA (United States).

Giroud J P, Bonaparte R, 1989. Leakage through liners constructed with geomembrane liners-Parts I and II and technical note[J]. Geotextile and Geomembranes, 8(2): 27-67.

Koerner R M,1998. Designing with geosynthetics[M]. Regents/Prentice Hall.

Koerner R M, Hwu B L,1991. Stability and tension considerations regarding cover soils on geomembrane lined slopes[J]. Geotextiles and Geomembranes, 10(4): 335-355.

Moore C A, 1980. Landfill and surface impoundment performance evaluation manual[M].

USEPA, Cincinnati, OH.

Narejo D, Corcoran G, 2002. Geomembrane Protection Design Manual[M]. GSE Lining Technology Inc. , Houston, TX.

Narejo D, Koerner R M, Wilson-Fahmy R F, 1996. Puncture protection of geomembranes Part II: Experimental[J]. Geosynthetics International, 3(5): 629-653.

Schroeder P R, Aziz N M, Lloyd C M, et al, 1994a. The hydrologic evaluation of landfill performance (HELP) model: user's guide for version 3[M]. Risk Reduction Engineering Laboratory, Office of Research and Development, USEPA, Washington, DC.

Simon A L, Korom S E, 1997. Hydraulics, 4th ed. , Prentice Hall, Upper Saddle River, NJ.

Swanson D, 1987. Formula helps determine wind load characteristics of fabric[J]. Int. Fabr. Prod. Rev. :6.

Wong J, 1977. The design of a system for collecting leachate from a lined landfill site[J]. Water Resources Research, 13(2): 404-410.

Zornberg J G, Giroud J P, 1997. Uplift of geomembranes by wind-extension of equations[J]. Geosynthetics International, 4(2): 187-207.

Fayer M J, Jones T L, 1990. UNSAT-H Version 2. 0: Unsaturated soil water and heat flow model[R]. Pacific Northwest National Lab. (PNNL), Richland, WA (United States).

Hutson J L, Wagenet R J, 1992. Leaching Estimation and Chemistry Model[R]. New York State College of Agriculture and Life Sciences, Cornell University, Ithaca, NY.

Kmet P, 1982. EPA's 1975 Water Balance Method: Its Use and Limitations[R]. Department of Natural Resources, State of Wisconsin, Madison, WI.

LaGatta M D, Boardman B T, Cooley B H, et al, 1997. Geosynthetic clay liners subjected to differential settlement[J]. Journal of Geotechnical and Geoenvironmental Engineering, 123(5): 402-410.

Scharch P E, 1985. Water Balance Analysis Program for the IBM-PC Micro Computer[R]. Department of Natural Resources, State of Wisconsin, Madison, WI.

Schroeder P R, Dozier T S, Zappi P A, et al, 1994b. The hydrologic evaluation of landfill performance (HELP) model: Engineering documentation for version 3[M]. Risk Reduction Engineering Laboratory, Office of Research and Development, USEPA, Washington, DC.

Hater G R, 2000. Leachate Recirculation, Landfill Bioreactor Development and Data Acquisition at Waste Management[C]//Landfill Methane Outreach Program, Third Annual LMOP Conference.

Isenberg R H, Law J H, O'Neil J H, et al,2001. Geotechnical aspects of landfill bioreactor design: is stability a fatal flaw? [C]//Proceedings of the 6th Annual Landfill

Symposium. 51-62.

Kavazanjian E, Hendron D, Corcoran G T, 2001. Strength and stability of bioreactor landfills [C]//Proceedings of the SWANA Landfill Symposium. 63-70.

Koerner R M, Soong T Y, 2000. Stability assessment of ten large landfill failures[M]// Advances in transportation and geoenvironmental systems using geosynthetics. 1-38.

Chang M H, 2002. A 3D slope stability analysis method assuming parallel lines of intersection and differential straining of block contacts[J]. Canadian Geotechnical Journal, 39(4): 799-811.

Chang M H, 2005. Three-dimensional stability analysis of the Kettleman Hills landfill slope failure based on observed sliding-block mechanism[J]. Computers and Geotechnics, 32(8): 587-599.

Qian X, Koerner R M, Gray D H, 2003. Translational failure analysis of landfills[J]. Journal of Geotechnical and Geoenvironmental Engineering, 129(6): 506-519.

Chang M H, 1992. Slope stability analysis of lined waste landfills[D]. Berkeley: University of California, Berkeley.

Chang M H, Mitchell J K, Seed R B, 1999. Model studies of the 1988 Kettleman Hills landfill slope failure [J]. Geotechnical Testing Journal, 22(1): 61-66.

Thiel R, 2001. Peak vs. residual shear strength for landfill bottom liner stability analyses [C]//Proceedings of the 15th GRI Conference. Folsom, PA: 40-70.

Fowmes G, Dixon N, Jones D R V, 2007. Landfill stability and integrity: the UK design approach[C]//Proceedings of the Institution of Civil Engineers: Waste and Resource Management, 160(WR2): 51-61.

Baker R, Garber M, 1978. Theoretical analysis of the stability of slopes[J]. Géotechnique, 28(4): 395-411.

Leshchinsky D, San K C, 1994. Pseudostatic seismic stability of slopes: Design charts[J]. Journal of Geotechnical Engineering, 120(9): 1514-1532.

陈云敏, 王立忠, 胡亚元, 等, 2000. 城市固体垃圾填埋场边坡稳定分析 [J]. 土木工程学报, 33(3): 92-97.

王君杰, 江近仁, 1992. 线性系统在非平稳随机激励下的响应[J]. 地震工程与工程振动, 12 (1): 25-36.

Davis L L, West L R, 1973. Observed effects of topography on ground motion[J]. Bulletin of the Seismological Society of America, 63(1): 283-298.

王存玉, 王思敬, 1987. 边坡模型振动实验研究[M]//中国科学院地质研究所. 岩体工程地质力学问题(七). 北京: 科学出版社.

祁生文,伍法权,严福章,等, 2007. 岩质边坡动力反应分析[M]. 北京:科学出版社.

Wilson C R, Einberger C M, Jackson R L, et al, 1992. Design of ground-water monitoring networks using the Monitoring Efficiency Model (MEMO)[J]. Groundwater, 30(6): 965-970.

Sharma H D, 2000. Solid waste landfills: Settlements and post-closure perspectives[M]// Environmental and Pipeline Engineering 2000. 447-455.

Sowers G F, 1973. Settlement of waste disposal fills[C]//Proceedings of the 8th International Conference on Soil Mechanics and Foundation Engineering.

Vahedifard F, Leshchinsky B A, Sehat S, et al, 2014. Impact of cohesion on seismic design of geosynthetic — reinforced earth structures [J]. Journal of Geotechnical and Geoenvironmental Engineering, 140(6): 04014016.

Qian X, 2008. Limit equilibrium analysis for translational failure of landfills under different leachate buildup conditions[J]. Journal of Water Science and Engineering, 1 (1): 44-62.

Domenico P A, 1987. An analytical model for multidimensional transport of a decaying contaminant species— ScienceDirect[J]. Journal of Hydrology, 91(1-2):49-58.

Domenico P A, Robbins G A, 1985. A new method of contaminant plume analysis[J]. Ground Water, 23(4):476-485.